✦

우리가 수학을 사랑한 이유

우리가
수학을 사랑한 이유

✦

불가능한 꿈을 실현한 29명의 여성 수학자 이야기

전혜진 지음 | 다드래기 그림
이기정 감수

지상의책

수학의 역사 속 자신만의
무늬를 남긴 이들의 이야기

비록 지금은 소설을 쓰고 있지만, 저는 대학교에서 수학을 전공했습니다. 어떤 전공을 선택하면 개론 시간에라도 그 전공의 역사에 대해서 배우기 마련인데, 특히 수학은 역사가 길다 보니 한 학기짜리 '수학사'라는 과목이 따로 있을 정도였지요. 하지만 뜻밖에도, 이 책에 나오는 여러 여성 수학자 가운데 '수학사' 강의에서 이름이라도 들어본 사람은 아마 '에미 뇌터'뿐이었던 것 같습니다. 그것도 다비트 힐베르트에 대해 배우던 중에 잠깐 이야기가 나왔던 것 같네요.

당시 수학 분야에서 스테디셀러였던 교양서, 사이먼 싱이 쓴 《페르마의 마지막 정리》에서 소피 제르맹에 대해 알게 되었고, 또 컴퓨터공학과 수업에서 에이다 러브레이스와 그레이스 호퍼에 대해 들었습니다. 그때는 이미 21세기가 시작된 뒤였고, 수학과에도 여성 교수님이 계셨지만, 여전히 수학에서 여성은 이방인처럼 느껴지곤 했습니다. 아니, 그때까지도 '여학생은 남학생보다 수학을 못한다', '남학생과 여학생의 학력 차이는 어디에서 오는가' 같은 기사가 신문에 실리기도 했고, 겨우 학부 과정에서도 굳이 수학과에 오는 여학생들은 조금 '특이하다'는 식으로, 같은 과의 동기 남학생들이 수군거리기도 했으니까요.

지금은 시대가 달라졌습니다. 대략 2005년에서 2010년 무렵부터 여학생들의 수학 성적은 남학생들과 동등해졌습니다. 여학생이 수학을 못한다면 그것은 성차별적인 편견이 주입된 결과일 뿐, 남녀의 수학 성적 격차는 선천적인 문제가 아니라는 이야기도 나왔습니다. 심지어 2017년에는 "수학까지 여학생 우세…… 남학생 성적, 세계의 고민거리"* 같은 웃지 못할 신문 기사가 나기도 했습니다. 여학생이 수학을 못할 때는 선천적인 문제라고 말하던 이들이, 남학생이 수학을 못하는 상황에 이르자 세계의 고민거리라며 남학생 특성 맞춤형 교육이 필요하다고 말하다니. 정말 한심하기 이루 말할 수 없는 소리였지요.

　여성과 남성이 동등한 지적 능력을 갖고 있다고 말하면, 때로는 반발하면서 과거의 역사에 이름을 남긴 학자 대부분은 남성이었다고 주장하는 사람들도 있습니다. 사실 과거의 역사를 돌이켜볼 때, 여성 수학자가 무척 드물기는 합니다. 이는 여성에게 수학이 어울리지 않아서가 아니라 그들이 수학을 공부할 길이 아예 막혀 있었기 때문이겠지요. 이 책에서 소개하는 수학자들 역시 마찬가지입니다. 그들 중 상당수는 여성이 수학을 공부할 수 없는 환경에서 태어났지만, 본인의 강한 의지와 가족이나 스승의 도움으로 수학을 공부해나갔습니다. 수학을 공부하기 위해 남자 이름으로 가명을 쓰고, 위장 결혼을 하고, 밀항을 하기도 했습니다. 여성이기 때문에, 혹은 피부색 때문에, 혹은 전쟁으로 혼란한 나라에서 태어나 어려움을 겪기도 했습니다. 여성이기 때

---

*　조선일보, 2017.12.19.

문에 강단에 서지 못하고, 심지어 죽임을 당하기도 했습니다. 하지만 그럼에도 불구하고, 수학을 계속해나가겠다는 그들의 의지는 꺾이지 않았습니다. 저는 지금 이 책을 읽는 분들께 그럼에도 불구하고 계속 앞으로 나아가려는 불굴의 마음과, 수학의 역사 속에서 이들이 놓아나간 계단들을 보여드리고 싶었습니다.

수학은 한두 사람의 천재가 이룩해나가는 학문이 아닙니다. 수많은 수학자가 계속 자신의 계단을 놓아가며, 거인의 어깨 위에 올라 더 높은 세계를 바라보듯이 발전해온 학문이자, 같은 시대의 수학자들이 때로는 편지를 주고받고, 때로는 전 세계를 여행하며, 때로는 인터넷으로 서로 교류하며 함께 이룩해온 학문입니다. 시대를 씨줄 삼아, 동시대의 동료들을 날줄 삼아, 여성 수학자들이 여러 어려움 속에서도 굴하지 않고 길고 긴 수학의 역사라는 태피스트리에 자신의 수학을 무늬처럼 짜 넣어간 이야기는, 지금 수학을 사랑하는 우리에게도 감동을 주지 않을까 생각합니다.

이 책에서 다루는 여성 수학자들 중에는, 현대의 관점에서 볼 때는 수학뿐 아니라 다른 분야에서 더 업적을 쌓은 이들도 많습니다. 메리 서머빌은 천문학자이자 교육자였고, 플로렌스 나이팅게일은 보건학자이자 통계학자였으며, 허사 에어턴도 물리학자이자 발명가였습니다. 또한 아직 컴퓨터공학이 수학과 완전히 분리되기 전, 컴퓨터와 공학에 기여한 이들에 대해서도 다루고 있습니다. 이것은 수학이라는 학문에서 여러 분야가 분화해나갔기 때문이기도 하고, 여성이 수학을 공부할 길이 막혀 있던 시절, 수학에 대한 사랑과 관심을 양분 삼아 더 넓은 세계로 나아갔던 여성들을 두루 소개하고 싶었기 때문이기도 합니다. 이들이 과학을 비롯한 다른 분야로, 또 닿을 수 없었던 세계로 나아갔던 사다리가 수학이었듯이, 아직 청소년인 독자님들도 수학을 사다리 삼아 새로운 미래로 나아갈 방향을 찾기를 바랍니다.

여성 수학자들의 삶을 통해 지금의 청소년들에게 용기를 주는 책을 함께 만들고 싶다며 제게 이 책을 써볼 것을 권해주신 지상의책 출판사에 감사드립니다. 홍임식 교수님에 대해 쓰는 데 많은 도움을 주신 성균관대 이상구 교수님, 그리고 오희 교수님과 최영주 교수님께 감사드립니다. 무엇보다도 이 책의 내용을 살펴봐주시고, 수학적인 내용을 다듬을 수 있도록 아낌없는 도움을 주신 이기정 교수님께 더할 수 없는 깊은 존경과 감사를 드리고 싶습니다.

그리고 그 모든 마음을 담아서, 불가능해 보이는 꿈이라도 멈추지 않고 할 수 있는 일을 계속해나갈 용기를, 이 책을 읽는 모든 독자님들께 전하고 싶습니다.

2021년 11월
전혜진

차례

테아노
Θεανώ

(기원전 5세기)

피타고라스 학파를 이끈 여성 수학자

아카데미는 불타고 있었다. 피타고라스의 제자들은 어둠 속에서 뛰어나왔지만, 곧이어 덤벼든 폭도들의 칼에 찔려 하나둘씩 쓰러졌다. 연기가 밤하늘을 가득 메워 별조차 보이지 않는 밤이었다.

그날 밤, 피타고라스의 제자들 가운데 서른여덟 명이 살해당했다. 제자들은 자신들의 희생을 무릅쓰고 스승만은 살리려 했지만, 피타고라스 역시 메타폰티온으로 도망치던 중 끝내 살해당하고 말았다.

피타고라스 학파를 무너뜨리고 학자들을 살해한 것은 크로톤 시민들이었다. 일설에 따르면, 이 무렵 피타고라스의 제자인 한 장군이 크로톤을 침공해 온 시바리스의 군대를 막아내고, 나아가 시바리스를 공격해 점령했다. 그런데 크로톤 사람들은 이 장군이 전쟁에서 얻은 노획품들을 나누지 않고, 피타고라스 학파에 그대로 갖다 바쳤다고 생각한 것이다.

하지만 시민들에게 그런 소문을 퍼뜨려 반란을 사주한 사람은 바로 크로톤의 유력한 정치인 킬론이었다. 과거 킬론은 피타고라스 학파에 들어오려 했지만 끝내 입학 허가를 받지 못했는데, 이에 앙심을 품고 복수할 기회를 노리고 있었던 것이다. 아무리 철학자이자 수학자로 온 지중해에 명성을 떨치고 있던 피타고라스라고 해도, 권력자의 집요한 복수를 당해낼 수는 없었다.

"이제 피타고라스 학파도 다 끝났군."

"테아노 부인이 아직 학교에 남아 있다더군. 여기 남아 있으면 고초가 심할 텐데."

사람들은 이제 피타고라스의 업적도 명성도 모두 끝났다고 생각했다. 피타고라스의 아내인 테아노는 다행히 살아남았지만, 그 역시 딸들을 데리고 고향으로 돌아갈 것이다. 그러고 나면 피타고라스 학파를 입에 올리는 사람도, 그 업적을 기억하는 사람도 더는 없을 거라고 생각했다. 하지만 테아노는 포기하지 않았다.

"폭력이 사람의 목숨을 앗을 수는 있어도 우리의 학문까지 빼앗아 갈 수는 없다. 비록 네 아버지와 다른 제자들은 죽었지만, 피타고라스 학파의 연구까지 잊히게 할 수는 없어. 다행히 살아남은 우리가, 기록할 수 있는 것들을 기록해야 할 것이다."

테아노가 결연하게 말하자 딸인 다모가 목소리를 낮추며 대답했다.

§ **피타고라스**(Πυθαγόρας, 기원전 570~기원전 495)

고대 그리스의 수학자이자 철학자. 소아시아의 사모스섬 출신으로, 젊어서는 밀레토스 학파의 창시자이자 철학의 아버지라 불린 탈레스의 문하에서 공부했으며, 이후 탈레스의 조언으로 이집트에 유학해 기하학과 천문학을 배웠다.

피타고라스는 만물의 근원이 수이며, 셀 수 있는 수, 즉 자연수를 통해 우주의 규칙을 이해할 수 있다고 생각했다. 또한 한계를 지을 수 없는 무한을 '잴 수 없는incommensurable' 것으로 여겼다. 이러한 생각은 수학이라기보다는 고대의 우주론과 미학, 음악 이론 등을 하나로 묶어낸 철학에 가까웠지만, 한편으로는 이러한 생각에서 증명과 연역, 추상과 같은 수학 개념들이 만들어졌다. 이러한 개념들은 이후 과학·철학 전반에 지대한 영향을 미쳤다.

그는 신비주의 공동체이자 학문 공동체인 피타고라스 학파를 이끌었고, '피타고라스 정리'와 '피타고라스 음계'라 불리는 순정 5도를 반복해 겹친 음률을 남겼다.

"어머니. 아버지께서 제게 아버지의 연구 기록들을 맡기셨어요. 설령 무슨 일이 있더라도 저는 이 연구 기록들을 지켜내겠다고 맹세했습니다."

"장하구나, 다모. 우리가 학교를 재건하고 죽은 제자들의 연구를 복원해야 한다. 그것만이 떠난 이들의 죽음을 헛되이 하지 않는 길이야."

테아노와 다모는 풀 한 포기 남지 않은 폐허 앞에서 손을 맞잡았다.

● ● ●

피타고라스가 탈레스의 문하에서 공부를 마치고 돌아왔을 무렵, 사모스섬은 폴리크라테스의 지배하에 있었다. 독재자 폴리크라테스는 공동 통치자였던 동생들을 살해하고 권력을 독차지한 뒤 주변 도시국가들을 마구 공격하고 있었다.

"아무리 고향이라도 이런 곳에서는 살 수 없지."

피타고라스는 폭정을 피해 다시 고향을 떠났다. 그는 이탈리아반도 남부의 크로톤에 정착하고, 이곳에서 피타고라스 학파를 설립했다.

피타고라스 학파는 기하학과 천문학, 수학, 음악 등을 연구하는 한편, 피타고라스의 가르침에 따라 명상을 하고 금욕적인 생활을 하는 공동체를 꾸려갔다. 피타고라스의 제자들은 공동체 밖에 살면서 영적인 가르침만을 따르는 이들과 재산을 헌납하고 공동체에 투신해 함께 살아가는 이들로 크게 나뉘었는데, 수학은 진리에 다가가는 비밀스러운 지식으로 여겨져 공동체 안에 들어온 제자들에게만 전수되었다. 피타고라스는 리라의 현의 길이와 음정 사이에 비례가 존재한다는 사실을 발견했고, 사물의 근원과 현실을 이해할 수 있는 규칙들을 숫자 속에서 찾아 이를 기하학적 지식과 연결했다. 삼각수·사각수·오각수와 피타고라스 정리 등이 그 대표적인 예였다.

피타고라스의 철학을 배운 젊은이들은 요즘으로 치면 새로운 학문에 관심이 많은 엘리트들이었다. 이들은 나이가 들며 크로톤은 물론 주변 도시국가의 정치에 참여했고, 피타고라스 학파는 그들을 연결하는 하나의 정치 세력으로 거듭났다. 이에 기존의 정치 세력이나 피타고라스 학파에 속하지 못한 이들은 피타고라스의 제자들을 중심으로

정치 세력이 형성되는 것을 심각한 위협으로 받아들였다.

"사물의 기원이니, 영혼의 윤회니. 뜬구름 잡는 이야기만 늘어놓는 놈들이 정치라니. 정치가 무슨 애들 장난인 줄 알아?"

"시작은 고상한 학문 이야기였을지 몰라도, 지금은 피타고라스 학파가 아니면 정치에 끼워주지도 않는 분위기잖나. 이러다가는 그 수학자의 제자들이 온 그리스의 정치를 다 엉망으로 만들어버리겠어."

"그런데다가 피타고라스는 아카데미에 여자들도 받아들였다지. 남녀가 모여서 공부한답시고 무슨 음탕한 짓이나 하는 건 아닌지 모르겠군."

"제대로 된 학자라면 상상도 못 할 일이지. 여자들과 무슨 학문을 하겠다는 거야. 그것만 봐도 피타고라스가 얼마나 위험한 인물인지 알겠네."

사람들이 무어라 말하건, 피타고라스는 여성들도 제자로 받아들였다. 이는 당시로서는 놀라운 일이었다.

고대 그리스에서 여성은 제대로 교육을 받거나 시민으로서 권리를 누릴 수 없었다. 당시의 여성들은 법률상 결혼 전에는 아버지에게, 결혼 후에는 남편에게 예속되어 있었으며, 결혼할 때 가져간 지참금은 남편의 소유가 되었다. 여성과의 사랑보다 소년과의 사랑이 더 이상적이고 숭고한 것으로 여겨지기도 했고, 여성들은 남편에게 애정의 대상이 아니라 자식을 낳기 위한 매개처럼 여겨지기도 했다. 심지어 고대 그리스의 웅변가 아폴로도로스, 또는 데모스테네스가 법정에서 한 연설로 알려진 《니아라에 대한 반론》에는 "우리는 즐거움을 위해 접대부를, 몸 시중을 위해 첩을, 자식을 낳고 우리의 가정을 충실히 지키기 위해 아내를 두고 있다"라는 말이 나올 정도다.

하지만 피타고라스는 여성 역시 동등한 지성을 갖고 있다고 생각했다. 피타고라스의 제자가 된 여성들은 단순히 강의를 듣는 데 그치지 않고, 적극적으로 철학·수학 연구에 참여했다. 피타고라스 철학에 대한 개요서를 저술했던 이암블리코스는 피타고라스의 제자 235명의 이름을 기록했는데, 그중 17명을 가장 유명한 여성 제자들이라고 소개했다. 어떤 기록에는 피타고라스에게 28명 이상의 여성 제자가 있었다고도 한다.

크로톤의 테아노 역시 그들 중 한 명이었다.

●　●　●

테아노가 누구인지, 어떤 사람인지에 대해서는 사실 제대로 밝혀지지 않은 부분이 많다. 어떤 이들은 테아노가 크로톤 출신인 브론티누스의 딸이라고 하고, 어떤 이들은 크레타 출신인 피토낙스의 딸이라고 한다. 심지어는 테아노로 알려진 여성이 여러 명이라는 이야기도 있다. 어느 쪽이든 테아노는 피타고라스의 제자이자 배우자였고, 당대의 저명한 여성 철학자였으며, 역경을 딛고 피타고라스 학파와 그의 연구 결과를 지켜낸 사람이었다.

피타고라스가 살해된 뒤, 테아노는 피타고라스와 다른 살해당한 제자들이 남긴 기록들을 정리하며 연구를 계속하는 한편, 학교를 재건하기 시작했다. 그러자 살아남아 뿔뿔이 흩어졌던 제자들도 하나둘 다시 돌아오기 시작했다. 그들 가운데 적지 않은 숫자가 여성 제자들이었다.

"피타고라스 아카데미에서 우리는 같은 인간이고 학자일 수 있었어요. 하지만 학교 밖에서는, 우리는 여자일 뿐이었어요."

피타고라스 학파의 울타리 밖에서 천대받던 여성 제자들은 역경 속에서도 되돌아와 연구를 계속했다. 그들 중에는 피타고라스의 철학과 종교를 그리스나 이집트 등 다른 나라의 여성들에게 전파한 철학자 아리그노테도 있었다.

"학문과 철학은 남자들만의 전유물이 아니에요. 그 점을 세상 여자들에게 알려주고 싶습니다."

테아노가 아끼던 제자인 핀티스는 여성의 올바른 행동에 대한 지침서를 쓰기도 했지만, 한편으로는 여성에게도 철학과 같은 학문을 공부할 권리가 있다며 다음과 같이 말하기도 했다.

"용기와 정의와 지혜는 남성과 여성 모두에게 속하는 것입니다."

그리고 테아노의 딸인 다모가 있었다. 다모는 학교를 재건하는 과정에서 가난에 시달렸으며, 위협을 받기도 했다. 피타고라스의 연구를 내놓으면 큰돈을 주겠다며 회유하는 이들도 있었다. 하지만 다모는 아버지의 연구가 황금보다 더 귀한 것이라고 굳게 믿으며 어려움을 견뎌냈고, 피타고라스의 연구 기록을 지켜냈다. 피타고라스가 갑작스럽게 죽고, 많은 제자가 살해된 뒤에도 피타고라스 학파가 두 세기 가까이 유지되며 그들의 연구가 후대까지 전해질 수 있었던 것은 이 시기 테아노와 여성 제자들의 뼈를 깎는 노력 덕분이었다.

하지만 테아노가 단순히 아내로서 피타고라스의 유산을 지켜내기만 한 것은 아니다. 그는 피타고라스의 삶을 기록하는 한편, 교육자로서 세 딸과 다른 여성 제자들을 가르치며 연구를 계속했다. 테아노가 쓴 글 가운데 현재까지 남아 있는 것들은 '피타고라스 편지'로 알려진, 테아노와 그 딸들 그리고 다른 여성 철학자들이 주고받은 편지들이다. 이 편지에는 아이를 키우는 방법이나 남편을 대하는 법, 하인들을 어떻게 다뤄야 하는지 같은 내용만이 남아 있다. 하지만 신플라톤주의 철학자 이암블리코스나《그리스 철학자들의 생애와 사상》을 쓴 전기작가 디오게네스 라에르티우스,《만찬 테이블의 철학자들》을 쓴 아테네우스의 기록들 그리고 10세기 무렵 비잔틴 시대에 기록된 고대 지중해 세계에 대한 백과사전《수다Suda》*에 따르면 테아노는 우주론과 정수론, 세계의 기원 그리고 황금비에 대한 논문을 썼다고 전해진다.

테아노는 피타고라스 학파에서 가장 유명한 우주론자이기도 했는데, 숫자와 정수비로 이루어진 간략한 형태의 천문학적 모델을 상상했다. 한편 테아노는 훌륭한 치유사이기도 했다. 그는 인체가 우주의 축소판이라고 생각했으며, 이와 같은 생각은 중세까지 이어져 수녀이자 학자였던 빙엔의 힐데가르트가 쓴 책에 소개되기도 했다. 또한 테아노와 다모는 당대의 유명한 의학자인 에우리폰과의 토론에서 임신 7개월 이후에 태어나는 경우에만 태아를 살릴 수 있다고 언급하기도 했다.

테아노의 업적 가운데 가장 유명한 것은 황금비와 황금사각형이다. 미국의 여성 지구물리학자 에델 W. 맥리모어는 황금비 또는 황금분할

---

* 10세기 무렵 기록된 비잔틴의 백과사전으로, '소우다Souda' 또는 '수이다스Suidas'로도 불린다. 중세 그리스어로 작성된 3만여 항목이 수록되어 있으며, 지금은 소실된 여러 문헌이나 고대 학자들이 남긴 진술들을 인용하고 있다.

연구를 테아노의 가장 중요한 업적으로 꼽기도 했다.* 하지만 테아노가 황금비를 발견했다는 명확한 증거는 남아 있지 않다.

파푸스는 피타고라스의 제자 가운데 무리수를 발견한 이가 익사했다고 기록했다. 이암블리코스는 피타고라스의 제자인 히파수스가 처음으로 열두 개의 오각형으로 이루어진 구(정십이면체)를 발견했으며 바다에 빠져 죽었다고 기록했다. 사람들은 이 두 이야기를 연결 지어 히파수스가 오각형 혹은 정십이면체를 연구하는 과정에서 무리수와 황금비를 발견했으며, 이 때문에 피타고라스에게 살해당했을 것이라고 생각하기도 했다.

하지만 피타고라스 학파는 정오각형을 작도하는 방법을 증명했으며, 정십이면체와 정이십면체를 포함해 정다면체는 모두 다섯 가지밖에 없다는 사실을 밝혀내기도 했다. 또한 피타고라스 학파는 정오각형과 그 대각선을 이어 만든 별을 자신들의 상징으로 사용했다. 따라서 피타고라스 학파 사람들은 이들 도형을 연구한 것은 물론, 오각형을 연구하는 과정에서 필연적으로 무리수와 황금비에 대해서도 알았을 것이다. 테아노가 황금비를 처음으로 발견한 사람은 아닐 수 있지만, 테아노 또한 황금비에 대해 알고 있었을 것이며 그에 대해 논문을 썼을 것이다.

테아노가 했던 황금비 연구가 어떤 것이었는지는 알 수 없다. 고대

---

*   Ethel W. McLemore, Past Present (we) — Present future (you), *AWM Newsletter*, 9(6), 1979, 11–15.

의 단편적인 기록들을 근거로 그런 것이 있었으리라 추측할 뿐이다. 하지만 그렇다고 하더라도, 테아노가 무리수나 황금비 연구를 포함한 피타고라스 학파의 여러 수학적 업적을 보전해 후대에 이어가게 한 인물이라는 점만은 변하지 않는다. 여성이 학자는커녕 인간으로서도 인정받지 못하던 시대에 테아노는 위기 속에서도 당대의 학자였던 남편, 피타고라스의 학파를 이끌며 그 지식을 지켜내 후대에 전달했으며, 여성 학자들을 키워냈다. 그 덕분에 피타고라스 학파는 테아노가 세상을 떠난 뒤에도 계속 여성 학자들을 배출해낼 수 있었다.

한편 테아노는 당대의 학자들과 교류하며 토론을 하고 논문을 남기는 등 학자로서도 활발히 활동했다. 어떤 이들은 테아노가 썼다고 전해지는 논문들이 사실은 다른 남성 철학자들이 테아노의 이름을 가명으로 사용해서 발표한 것이라고 주장하기도 한다. 하지만 아마도 그러한 주장은 사실이 아닐 것이다. 피타고라스 학파 안에서야 여성들도 학문을 논하는 동등한 인간이 될 수 있었지만, 그 공동체의 울타리 밖에서 여성들이 어떤 대접을 받았는지를 생각해보자. 아무리 테아노가 피타고라스의 배우자이자 이름 높은 학자였다고 해도 굳이 여성의 이름을 가명으로 써야 할 이유는 없었다. 오히려 피타고라스 생전에 테아노가 연구했던 업적들은 물론, 다른 제자들의 업적까지도 자연스럽게 피타고라스 학파의 이름으로 발표되었던 것을 생각하면, 그럼에도 불구하고 테아노 본인의 이름과 업적이 따로 기록되어 전해질 만큼 테아노는 당대의 위대한 학자가 아니었을까.

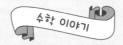
황금비

황금비에 대해 구체적으로 기록한 가장 오래된 문헌은 기원전 3세기에 유클리드가 쓴 《기하학 원론Stoicheia 》이다. 《기하학 원론》은 유클리드가 혼자 모든 것을 발견해 쓴 것이 아니라 그 당시까지 발견된 수학 지식을 한데 모아 체계적으로 정리한 것에 가깝다. 그러므로 그 이전에도 여러 수학자가 황금비를 발견하거나 연구했을 것이라고 추측할 수 있다. 특히 피타고라스 학파에서 이에 대해 연구했을 것이라고 짐작할 만한 점도 많다.

황금비는 도형의 문제이자 동시에 면적의 문제다. 도형의 문제라는 관점에서, 이를테면 정오각형의 한 변과 대각선의 비는 황금비를 이룬다. 또한 정오각형의 각 꼭지점을 선으로 연결하면 대각선이 교차하며 그 내부에 또 다른 정오각형이 만들어지는데, 이 대각선이 다른 대각선과 만나 분할될 때에도 황금비를 이룬다. 오각형을 작도하고 오각별을 상징으로 사용했던 피타고라스 학파에서는 황금비에 대해서 이미 알고 있었을 것이다.

한편 황금비는 면적의 문제이기도 하다. 어떤 선분에 점을 찍어 긴 쪽을 a, 짧은 쪽을 b라고 했을 때, 선분 a를 한 변으로 하는 정사각형을 생각해보자. 만약 a와 b가 황금비를 이룬다면, 선분의 원래 길이인 a+b 를 한 변으로 하고, 선분 b를 다른 변으로 하는 직사각형의 넓이는 a를 한 변으로 하는 정사각형의 넓이와 같다.

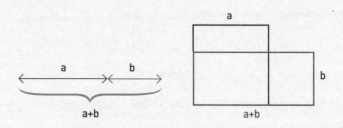

이런 비율이 가능해지는 분할은 어떤 두 길이의 비가 그 합과 두 길 이 중 큰 길이 비와 같은 꼴, 즉 a:b=a+b:a의 형태로 정리된다. 이 비율 은 1.61803398······:1이다. 사람들은 이 비율이 가장 조화롭고 아름다 운 비례, 즉 황금비golden ratio 라고 생각해왔다. 정확히 황금비는 $\frac{a}{b} = \frac{1+\sqrt{5}}{2} = 1.61803398$······이며 무리수다.

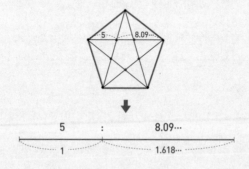

흔히 자연물들 역시 황금비를 따른다고 알려져 있는데, 이는 사실이 아니다. 일부 동식물에서 나타나는 황금비와 비슷한 비율을 사람들이 황금비라고 생각한 것일 뿐이다. 다만 꽃잎의 배열이나 솔방울의 구조 등 어떤 자연물들은 피보나치 수의 형태로 발견되는데, 이 피보나치 수열의 극한값은 황금비로 수렴한다.

히파티아

Ὑπατία

(?~415)

숭배와 혐오 사이에서
인간의 지성을 추구한

라파엘로의 그림 〈아테네 학당〉에는 유럽 문화권에서 학문과 철학의 근간을 이룬 위대한 학자들이 그려져 있다. 플라톤과 아리스토텔레스를 중심으로 제논과 에피쿠로스, 디오게네스 같은 철학자, 역사학자 크세노폰과 장군 알키비아데스, 수학자 피타고라스와 유클리드, 천문학자 프톨레마이오스 같은 이들이 그 주인공이다. 이 그림에 묘사된 여러 남성 학자 사이에 흰옷을 입고 서 있는 한 여성이 있다. 바로 알렉산드리아의 수학자 히파티아다.

　히파티아의 출생 시기는 정확히 알려져 있지 않지만, 대략 서기 350년에서 370년 사이에 태어났다고 전해진다. 히파티아의 생애에 대해서도 구체적인 기록이 많지 않고, 다른 여러 기록에서 부분부분 언급될 뿐이지만, 그는 지금까지 그 업적이 명확하게 알려져 전해지고 있는 최초의 여성 수학자다. 여러 기록에 따르면, 히파티아는 알렉산드리아의 도서관장이자 수학자였던 테온의 딸이었고, 《수다》의 기록에 따르면, 테온은 학술기관인 무세이온의 학장이었다.

　기원전 331년, 알렉산드로스 대왕은 자신의 이름을 붙인 새로운 계획도시를 설세했다. 비록 알렉산드로스 대왕은 젊어서 세상을 떠나는 바람에 도시의 완성을 보지는 못했지만, 동서양을 잇는 도시, 알렉산드리아를 만들겠다는 계획은 후대로 이어졌다. 알렉산드리아는 헬레니즘 세계 경제·문화의 중심지이자 동서양을 잇는 국제도시로 성장했고, 이집트의 프톨레마이오스 왕조의 수도가 되었다. 그리고 지중해 세계의 중심이 된 이 도시에는 당대 최고의 도서관인 알렉산드리아 도서관이 세워졌다.

프톨레마이오스 1세는 왕자의 교육을 위해 대학자인 스트라토를 초빙하고, 아리스토텔레스의 학원을 뛰어넘는 것을 목표로 학교를 설립했는데, 이 학교가 알렉산드리아 도서관과 연구기관인 무세이온의

기원이 되었다. 알렉산드리아 도서관은 나라에 상관없이 당대의 모든 교양서적을 모아들였다. 심지어 이들은 왕명으로 알렉산드리아에 입항하는 모든 배에서 책을 빌려 파피루스에 베껴 적어 알렉산드리아 도서관의 장서로 삼았다. 도서관에서는 같은 책들에 대한 여러 이본을 학자들로 하여금 검증하고 연구하게 하여 정확하게 보완하는 등 단순히 책을 보관하는 데 그치지 않고 지식을 더욱 발전시켰고, 그로 인해 최고의 연구기관으로 자리 잡았다. 최초의 그리스 문헌 목록인 《피나케스》를 쓴 칼리마코스, 지구의 크기를 구하는 방법과 소수를 걸러내는 방법을 고안한 수학자 에라토스테네스, 태양과 달의 크기를 계산한 아리스타르코스와 같은 위대한 학자들이 알렉산드리아로 찾아와 연구를 하거나 이곳의 사서로 일하기도 했다.

하지만 알렉산드리아 도서관은 역사의 부침에 따라 여러 시련을 겪었다. 율리우스 카이사르와 프톨레마이오스 13세가 전투를 벌이던 중 실수로 도서관에 불이 붙기도 했고, 3세기 로마의 아우렐리아누스가 제노비아 여왕이 다스리던 팔미라를 침략하는 과정에서 상당수의 장서가 불타기도 했다. 테오도시우스 황제는 391년 포고령을 내려 로마의 새로운 국교가 된 기독교 이외의 종교를 모두 이교도로 몰았고, 무세이온과 세라페이온의 도서관들 역시 이교도 구역에 있다며 눈엣가시처럼 여겼다.

테온은 바로 이 시기, 무세이온의 교수 혹은 학장을 지낸 것으로 알려져 있다. 전성기보다는 규모가 많이 축소되었겠지만, 시절이 험난하고 박해를 받을수록 학자들은 학문의 가치를 소중히 지켜내려 하는 법이다. 테온은 유클리드의 《기하학 원론》의 오류를 정정했고, 《광학》 등의 저서에 주석을 달았다. 또한 거울의 반사에 대한 논문을 썼으며, 그리스의 시인 아라토스가 남긴 천문에 대한 서사시 《파에노메아》에 묘사된 천문학적 현상들에 대해서도 논평한 것으로 알려져 있다. 그는 부지런히 연구하는 한편, 딸인 히파티아를 훌륭한 학자로 키웠다.

●　●　●

히파티아의 어머니가 어떤 사람인지에 대해서는 알려지지 않았다. 히파티아에게 다른 형제가 있는지에 대해서도 알려지지 않았다. 기록된 바에 따르면 히파티아는 아버지인 테온에게 가르침을 받았으며, 젊은 시절에는 조수로서 아버지의 연구를 돕기도 했다.

이를테면 히파티아는 아버지인 테온과 함께 프톨레마이오스의 천문서 《알마게스트》에 주석을 추가하고, 본문에 수록된 계산법을 개선했다. 하지만 그는 언제까지나 아버지의 그늘 밑에서 조수 역할로만 머물지는 않았다.

"알렉산드리아의 테온에게는 히파티아라는 딸이 있는데, 무척 총명하고 박식한 데다 특히 수학 분야에서는 그 아버지를 능가했다고 합니다."

《교회사》를 집필한 필로스토르기우스는 히파티아에 대해 테온을 뛰어넘은 수학자라고 기록했다. 그리스의 문법학자 헤시키우스는 히파티아가 그 아버지와 마찬가지로 뛰어난 천문학자라고 소개했다. 그들의 말대로였다. 히파티아는 주로 방정식에 대해 다루는 디오판토스의 수학책《아리스메티카Arithmetica》에 대한 해설서를 쓰며 원본에서는 찾을 수 없는 여러 내용을 추가했다. 그중에는 100개 가까운 수학 문제와 그에 대한 대수적인 풀이법이 포함되어 있었다. 또한《디오판토스의 천문학적 계산에 관하여》라는 책을 집필하기도 했는데, 이 책의 일부분은 15세기경 비티칸 도서관에서 발견되었다. 히파티아는 원뿔 연구로 이름 높은 아폴로니우스의 연구 중에서 원뿔곡선에 대한 해설서를 쓰기도 하고, 아르키메데스의 원 넓이 측정 시도에 대해서도 논평했다. 아폴로니우스나 아르키메데스의 연구는 당대 최고의 수학 지식에 해당하는 것으로, 히파티아가 이 시기 최고의 수학자 중 한 명이었음을 말해준다.

한편 히파티아는 자신의 애제자이자 키레네의 주교인 시네시우스의 부탁을 받아 태양과 달과 별의 위치를 예측하는 천문 관측 도구인 아스트롤라베와 액체 비중계 그리고 물속에 잠긴 물체를 관찰할 때 쓰는 수중 투시경 등을 만들었다. 이들은 히파티아 이전에도 만들어진 물건들이지만, 키레네의 주교가 따로 의뢰한 만큼 아주 새로운 발명은 아니라 해도 상당한 기능 개선이 있었을 것이다.

그렇게 여러 업적을 남긴 히파티아는 아버지의 뒤를 이어 무세이온의 교수가 되었다. 하지만 여성은 사회 활동을 할 수도, 학자로 이름을 남길 수도 없었던 시대였기에, 사람들은 여자가 교수가 되었다는 사실에 경악하고 의심했다.

"여자가 교수가 되다니, 제대로 강의할 리가 없지 않나!"

많은 사람이 히파티아를 두고 수군거렸다. 하지만 히파티아는 남성 학자들과 마찬가지로 철학자의 예복을 입고, 때로는 스스로 마차를 몰아 제국 여러 곳을 돌아다니며 자신의 강의를 원하는 사람들이 있다면 어디에서라도 태연히 수학과 철학, 천문학을 가르쳤다. 처음에는 히파티아를 헐뜯거나 못 미더워하던 이들도 점점 히파티아의 강의를 듣기 위해 줄을 서기 시작했다. 당시의 역사가인 콘스탄티노플의 소크라테스*는 히파티아를 당대의 모든 철학자를 능가한 사람이라고 칭송했다.

"히파티아는 특별한 위엄과 미덕을 갖춘 인물로, 사람들의 존경을 받고 있습니다. 히파티아의 강의를 듣기 위해 무척 먼 곳에서 찾아오는 이들도 많다고 하더군요."

시간이 지나자 사람들은 히파티아를 예술과 지식을 관장하는 무사Musa 여신의 현신처럼 여기며 숭배했다.

"히파티아 선생님은 플라톤의 머리와 아프로디테의 몸을 지닌 여성이야."

"매우 아름답고 공정한 분이지."

그들은 히파티아를 숭배하는 것을 넘어 청혼하거나 끈덕지게 구애하기도 했다. 다마스키우스의 기록에 따르면, 어느 날 히파티아가 강의를 마치고 일어나려는데, 강의를 들으러 온 젊은 남자가 끈덕지게 사랑을 고백했다고 한다.

"그러지 마라. 나는 그대를 가르치는 일에만 관심이 있을 뿐, 그대라

---

* 철학자 소크라테스와는 다른 사람이다.

는 남자에게는 관심이 없다."

히파티아는 남자의 마음을 가라앉히기 위해 리라를 연주하며 그를 설득했다. 하지만 이 남자는 포기하지 않았다. 그가 집요하게 매달리자 히파티아는 피 묻은 생리대를 꺼내 그 남자에게 내던지며 꾸짖었다.

"네 눈에는 내가 학자가 아니라 여자로만 보이는 거겠지. 너는 내 본질의 아름다움을 사랑하는 게 아니다. 네가 정말로 사랑하는 것은 이런 것이다."

히파티아는 수많은 남자의 구애를 받았지만 그 청혼을 전부 물리치고, 평생 결혼하지 않았다. 어쩌면 히파티아는 자신의 학문을 숭배한다고 말하면서도 사실은 자신의 외모만을 숭배하며 결혼이나 애정의 대상이 되어주기를 요구하는 남자들에게 진저리를 내고 있었을지도 모른다.

한편 그 무렵, 알렉산드리아에서는 기존의 신앙과 기독교 신앙이 갈등을 빚고 있었다. 알렉산드리아의 주교가 된 테오필루스는 히파티아가 학교에서 강의를 계속하는 것은 허락해주었지만, '이교도'에게 가혹하게 대하고, 알렉산드리아 도서관의 장서들이 보관되어 있던 세라페이온을 파괴하는 등 강경한 정책을 펼쳤다. 한편 이집트 교구의 총독으로 알렉산드리아를 관할하던 오레스테스는 히파티아의 강의를 듣거나 그에게 조언을 구하기도 했다.

이런 상황에서 테오필루스가 후계자를 지명하기도 전에 갑자기 죽었고, 그의 조카이자 제자인 키릴로스가 권력을 이어받기 위해 자신의 정적과 그 지지 세력들에게 정치적 복수를 감행하기 시작했다. 또한 테오필루스와 마찬가지로 다른 신앙에 대한 적대적인 정책을 펼치며, 유대인들을 도시에서 추방하는 등 강경하고 폭압적인 방식으로 알렉산드리아를 지배하려 들었다. 그런 키릴로스에게 있어 알렉산드리아의 행정장관이기도 했던 오레스테스는 눈엣가시 같은 존재였다.

"그 오레스테스에게도 약점이 있지. 여자 주제에 철학자를 자처하는 이교도 히파티아와 어울려 다니는 것 말이야."

히파티아에게는 이제 현실적인 위험이 다가오고 있었다. 히파티아는 비기독교 철학인 신플라톤주의 철학의 대표 격인 인물이었다. 순종하며 가족을 지키는 겸손한 여성이 아닌, 결혼하지 않고 남자들 앞에 나서며 지식을 전달하는 인물이기도 했다. 키릴로스와 그 추종자들이 보기에 히파티아는 교만하고 위험하며 기독교의 질서를 뒤흔드는 사악한 마녀이자 정적인 오레스테스와 한 패거리인, 반드시 처치해야 하는 위험인물이었다.

"히파티아는 천문학이나 음악, 마법으로 사람들을 현혹하는 이교도 철학자다."

"마녀 히파티아가 사악한 마법으로 총독을 속여 신앙심을 잃게 만들었다."

키릴로스의 추종자들은 히파티아를 노골적으로 음해했다. 그리고 결국 강의를 하러 가던 히파티아를 습격해 잔혹하게 살해했다. 정치적 갈등이자 종교적 대립이 낳은 비극인 동시에, 당대 최고의 학자였던 여성을 참혹하게 살해한 사건이었다.

히파티아에 대해 흔히 알려진 이야기 가운데 상당수는 픽션에서 유래한 것이다. 히파티아가 고등교육을 받기 위해 아테네로 떠나 플루타르크가 운영하는 학교에서 가르침을 받았다는 이야기와, 히파티아가 말했다고 알려진 몇몇 경구와 명언은 픽션에서 비롯했다. 히파티아 하면 흔히 따라 나오는 "나는 진리와 결혼했다"는 말도 마찬가지다. 여성이 학자로서 명성을 얻는 것이 거의 불가능하던 시기, 위대한 학자로서 명성을 남기고 비극적인 최후를 맞은 히파티아는 기독교의 권위로 처벌받은 최초의 마녀로, 약하고 무기력한 여성 지식인으로, 혹은 젊고 아름다우며 곤경에 빠진 여성으로 형상화되었다.

하지만 그 이전에, 히파티아는 당대 최고의 수학자 가운데 한 사람이었으며, 중세의 신본주의가 시작되기 전, 그 마지막 시기에 인간의 지성을 추구하던 인물이었다. 히파티아의 죽음 이후, 서구의 역사에 다시 여성 수학자, 그것도 수학 교수가 등장하기까지는 1500여 년의 세월이 필요했다.

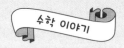

원뿔곡선

원뿔곡선 혹은 원추곡선이란 원뿔의 단면에서 만들어질 수 있는 곡선들을 말한다. 대표적으로는 원, 타원, 포물선, 쌍곡선 등이 있는데, 이 곡선들은 원뿔을 2차원 평면으로 잘라냈을 때 그 단면에서 발견된다.

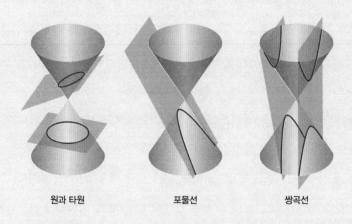

원과 타원   포물선   쌍곡선

원뿔을 잘라내는 평면이 밑면과 평행하면 원, 평면으로 잘라낸 원뿔의 단면이 닫힌 곡면이면 타원이 되며, 원뿔을 잘라내는 평면이 모선과 평행하면 포물선이 된다. 그 외의 곡선은 쌍곡선이다. 이들 원뿔 곡선은 초점, 이심률, 준선과 같은 속성이 있는데, 이심률은 초점 거리와 준선의 거리 비를 말한다. 원뿔곡선은 이 이심률이 일정한 평면 곡선으로, 원뿔곡선을 이루는 방정식의 차수는 2차다. 따라서 원뿔곡선을 2차곡선이라고 부르기도 한다.

이와 같은 원뿔곡선은 메네크모스가 처음 연구한 것으로 알려져 있고, 유클리드가 원뿔에 대한 네 권의 책을 저술했다고 하지만 이들 기록은 남아 있지 않다. 이후 아르키메데스와 아폴로니우스, 파푸스, 히파티아 등이 원뿔곡선을 연구했다. 이후 10세기 페르시아의 수학자 아부 살 알 쿠히가 아르키메데스와 아폴로니우스의 저작을 연구하는 과정에서 원뿔곡선을 그리는 도구를 고안했고, 수학자이자 시인인 오마르 카이얌이 원뿔곡선을 이용해 3차방정식을 푸는 방법을 찾기도 했다.

마리아 아녜시
Maria Agnesi
(1718~1799)

가난한 이들의 교육에 힘쓴
최초의 여성 수학 교수

18세기 중반, 교황 베네딕토 14세는 눈살을 씨푸리고 있었다. 바로 당대의 첨단 수학인 미적분 때문이었다.

"그래, 미적분에 대해 좀 쉽게 이야기해볼 사람이 없단 말인가."

교황을 보좌하던 주교들은 머리를 조아렸다.

"그대들 중에는 볼로냐 대학에서 수학을 공부한 이들도 있을 텐데?"

"교황 성하, 미적분은 아주 최근에 나온 학문이고, 가장 뛰어난 수학자들이 다루는 학문이기도 합니다. 저희는 그 이전의 수학에 대해서라면 어느 정도 자신 있게 말씀드릴 수 있지만, 이만큼 최근에 나온 학문에 대해 간단히 설명하기란 쉽지 않습니다."

주교들의 말대로였다. 첨단 학문이란 늘 사람들의 관심 대상이지만, 그 내용을 정확하게 이해하는 사람은 드물었고, 이해한 것을 쉽게 설명할 수 있는 사람은 더욱 찾아보기 어려웠다. 17세기 말, 영국의 아이작 뉴턴과 독일의 라이프니츠가 저마다 자신의 방식으로 증명하고 발전시킨 미적분 역시 마찬가지였다.

물론 미적분의 기본 내용 자체는 누구나 이해할 수 있을 만한 것이었다. 고대로부터 사람들은 무한이나 극한 개념을 이용해 원의 넓이나 구의 부피를 구하는 방법들을 생각해냈다. 원을 여러 개 부채꼴 혹은 삼각형으로 잘게 쪼개 이어 붙여 직사각형을 만드는 식의 구분구적법이 바로 그것이었다. 17세기 이전에도 미적분에 대한 기본적인 내용은 증명만 되지 않았을 뿐, 수학자들 사이에서 이미 알려져 있었다.

17세기가 되어 여러 수학자에 의해 미적분의 개념들이 증명되었고, 뉴턴과 라이프니츠를 비롯한 여러 수학자가 이를 더욱 발전시켰다. 그렇게 미적분은 단숨에 놀라울 만큼의 발전을 거듭해 당대의 최첨단 수학으로 우뚝 자리 잡았다. 수학에 관심 있는 이들은 다들 미적분에 대해 이야기했지만, 수학자가 아닌 이상 그 개념을 제대로 알고 있는 사람은 많지 않았다. 요즘으로 말하면 평범한 사람들이 상대성이론이나 양자역학에 대해 이야기하는 것과 비슷했다.

"수학이야말로 학문의 근본 중 하나인데, 요즘은 수학이 너무 어려워져서인지 사람들의 관심이 점점 멀어지는 것 같아서 큰일이야."

베네딕토 14세는 한숨을 쉬었다. 그는 즉위하자마자 바티칸 도서관에 새로 장서를 채워 넣고, 기독교 고문서 박물관을 세울 만큼 학문과 문화를 사랑하는 교황이었다. 그는 여러 학교를 설립했고, 특히 로마와 볼로냐 대학을 발전시켰으며, 자신의 이름을 딴 학술단체 베네데티니를 설립해 여러 연구와 출판을 후원했다. 그런 베네딕토 14세로서는 사람들이 수학을 멀리하는 상황이 개탄스러울 수밖에 없었다.

"하지만 성하, 수학은 언제나 어렵고 골치 아픈 학문이 아니었습니까. 저는 볼로냐 대학에서 나름대로 공부 잘한다는 말을 들었습니다만, 그래도 수학을 배울 때는 늘 머리가 아프곤 했습니다."

"지금은 사람들이 수학을 어렵게만 생각하는데 16세기에만 해도 수학은 사교계에서 명성을 얻기 위한 수단이기도 했어. 그때 수학자들은 결투를 벌이듯 수학 문제로 대결을 했고, 그 승부의 향방이 사교계 사람들에게 큰 이야깃거리였다고 하지."

"수학 문제로 대결을 벌이는 게 학자들에게야 재미있겠지만…… 사교계 사람들이 그런 일에 관심을 가졌다고요?"

"자네는 역사에 대해서는 잘 모르는군."

베네딕토 14세가 눈살을 찌푸리며 고개를 저었다.

"그 당시 수학자들은 실제로 수학 문제로 결투를 벌이기도 했어. 3차 방정식의 풀이법을 발견한 타르탈리아가 자신의 풀이를 훔쳐 《아르스

마그나Ars Magna》*라는 책을 쓴 카르다노를 고소했는데, 카르다노는 자기 제자인 루도비코 페라리에게 타르탈리아와 대결을 벌이게 했어. 칼만 안 들었지 그야말로 수학자의 명예를 건 결투인 셈이었지."

"그래서 누가 이겼답니까?"

"페라리가 이겼지. 당시 타르탈리아는 이미 전성기가 지나 있었고, 페라리는 4차 방정식의 풀이법을 찾아낸 천재였으니까."

베네딕토 14세는 말을 하다 말고 잠시 하늘을 올려다보았다.

"천재라고 하니 생각이 나네만, 내가 예전에 볼로냐의 대주교를 지냈을 때 어떤 아가씨를 만난 적이 있었네."

"어떤 아가씨였습니까?"

"마리아 가에타나 아녜시."

"마리아 아녜시…… 들어본 적이 있는 이름입니다.《철학의 명제》를 썼다는 천재 소녀 말씀이시죠?"

주교가 알은체를 했다. 베네딕토 14세가 고개를 끄덕였다.

"그래, 밀라노 출신의 천재였지. 여러 나라의 언어와 철학 그리고 수학에 통달했고, 고대의 스콜라 철학에서부터 최근의 뉴턴 역학에 이르기까지 모르는 게 없었는데, 그때 그 아이의 나이는 고작 열대여섯 살밖에 되지 않았다네."

"저도 예전에 소문을 듣고 놀라운 일이라고 생각했습니다. 스무 살

---

* 지롤라모 카르다노가 쓴 대수학 책으로, 1545년 'Artis Magnae, Sive de Regulis Algebraicis Liber Unus'라는 제목으로 출간되었다. 이 책은 코페르니쿠스의 《천구의 회전에 관하여》와 베살리우스의 《인체의 구조에 관하여》와 함께 초기 르네상스의 3대 과학 논문 중 하나로 꼽힌다.

도 안 된 나이에 그만한 학문을 이루기 쉽지 않은데, 하물며 여자아이가 아닙니까."

"그래. 그 애는 열 살도 되기 전에 여성에게도 고등교육이 필요하다는 취지의 연설문을 발표했다네. 당시 밀라노의 사교계는 그 아이 때문에 수학이며 다른 여러 학문에 대한 관심이 고조될 정도였지."

학문을 좋아하는 중년의 교황은 젊은 시절 만났던 천재 소녀를 떠올리며 빙긋이 웃었다.

"뉴턴 역학이란 사실 어려운 내용인데, 그걸 다른 귀부인들에게 아주 이해하기 쉽게 풀어서 설명하던 모습이 떠오르는군. 지금 우리에게 무엇보다 필요한 것은, 그렇게 복잡한 첨단 학문을 평범한 사람들도 이해할 수 있도록 설명할 방법인지도 몰라. 마리아 아녜시가 했던 것처럼 말일세."

・ ・ ・ ・

18세기 초는 교육을 받는다는 것 자체가 특권이던 시대였다. 특히 여성은 남성보다 지적으로 열등하다고 여겨졌고, 간단한 산수와 읽고 쓰기 그리고 가사를 돌보는 법 정도만 배울 수 있었다. 신분이 높은 여성에게는 사교계에서의 교양 교육이 더해졌지만, 여성이 고등교육을 받는다는 것 자체가 무척 드물고 이례적인 일이었다. 그보다 조금 더 지난 19세기 중반까지도 여성의 존재 가치는 부인이자 어머니로서의 위치, '가정의 천사'로서의 위치에 국한되었다.

그런 시대에 밀라노의 대부호 피에트로 아녜시는 분명 특이한 사람이었다.

"엊그제 피에트로 아녜시의 만찬회에서 기묘한 토론이 벌어졌다던데."

"난 그 자리에 있었다네. 일곱 나라에서 초대받은 스콜라 철학자들이 한자리에 모여 있었지."

"……만찬회가 아니라 학술회에 간 게 아닌가?"

"아니, 진짜 기묘한 건 이제부터야. 그 석학들과 스콜라 철학을 두고 토론을 벌인 사람이 바로 피에트로 아녜시의 어린 딸이었다네."

피에트로 아녜시는 비단 무역에 힘을 기울여 큰돈을 번 사업가이자 문예와 학문을 사랑하는 인물이었다. 문화적인 소양이 높았던 그는 세 아내와의 사이에서 얻은 스무 명이 넘는 자식들의 교육에 특히 주의를 기울였다. 그의 딸들 중 대표적인 인물이 첫째 딸 마리아 가에타나 아녜시와 셋째 딸 마리아 테레사 아녜시-피노티니였다.

"올해 열한 살밖에 안 된 맏딸 아녜시가 그들과 대등하게 토론을 벌였다네. 그것도 그 학자들의 모국어로 말이야."

마리아 아녜시는 아주 어린 나이부터 아버지의 관심과 지원에 힘입어 뛰어난 가정교사들에게서 가르침을 받았다. 마리아는 다섯 살 때부터 이탈리아어는 물론 프랑스어, 라틴어, 그리스어, 히브리어, 독일어, 스페인어를 능숙하게 구사했고, 철학과 자연과학, 특히 수학과 뉴턴 역학에 푹 빠져 있었다. 아홉 살이 되던 해에는 여성의 고등교육을 주장하는 라틴어 논문을 발표하기도 했다.

하지만 피에트로 아녜시는 그저 순수히 학문을 사랑하는 마음이나,

딸들도 아들과 마찬가지로 교육을 받아야 한다는 생각으로 자식 교육에 힘을 기울인 것은 아니었다. 그는 여러 면에서 재주가 뛰어나고, 자신의 능력을 성공과 연결 지을 수 있는 배포와 자신감도 있는 사람이었다. 학문적으로도 그리고 재정적으로도 어느 정도 성공을 거둔 그는 이제 명예를 탐냈던 것이다.

"우리 집안은 학문을 사랑하는 귀족 가문이지만, 그렇게 명문가는 아니다. 오히려 비단 무역에 성공한 이후로 돈을 밝히는 졸부라는 이야기를 듣고 있지. 이제는 집안의 명예를 생각해 사교계에서 이름을 드높일 때야."

피에트로 아녜시는 딸들의 재능을 집안의 이름을 드높일 수단으로 생각했다. 그는 다양한 분야의 지식인들을 저택으로 초대하고, 그때마다 마리아를 불러 어린 딸의 재능을 자랑했다. 장차 하프시코드 연주자이자 고전주의 작곡가로 이름을 알리게 되는 셋째 딸 마리아 테레사가 음악에 두각을 보이자 그는 더욱 기뻐하며 두 딸을 자랑하기에 바빴다.

"집안의 이름을 드높이기 위해서는 너희 둘이 좀 더 노력해야 한다."

피에트로 아녜시의 딸들은 아버지의 기대에 부응했다. 마리아는 열한 살이 되던 해, 아버지가 초청한 뛰어난 학자들을 상대로 그들의 모국어인 일곱 개 언어로 학술 토론을 주고받았다. 토론하다가 중간중간 쉬어갈 때마다 두 살 아래인 동생 마리아 테레사가 빼어난 솜씨로 하프시코드를 연주했다. 이들 자매는 아버지의 저택에서 모임이 있을 때마다 저명한 귀족과 지식인들의 찬사를 받았다.

"정말 대단한 소녀가 아닌가! 이제 막 사교계에 나온 어린 아가씨가 평생 철학을 연구한 학자의 역량을 갖추고 있다니."

"중세였다면 틀림없이 마녀로 몰려 화형을 당했을 만한 재능이야."

열다섯 살에 사교계에 나온 마리아는 당대의 사교계와 지식인들의 모임에 두루 참석하며 과학과 철학에 대해 이야기를 나누었다. 스무 살에는 《철학의 명제》를 발표하며 철학자이자 언어학자로 명성을 떨쳤다. 하지만 마리아의 소망은 사교계에서 이름 높은 여성 지식인이 되는 것과는 거리가 멀었다.

"아버지, 저는 수녀가 되고 싶어요."

"그게 무슨 소리냐, 마리아. 지금의 너라면 여성의 몸으로 박사 학위를 받았다는 저 라우라 바시를 넘어설 수 있어."

"저는 누군가와 경쟁하기 위해 공부하는 게 아니에요. 공부하면 할수록 세속의 가치보다는 빙엔의 힐데가르트 수녀처럼 영적인 삶을 살고 싶은 마음이 커집니다."

빙엔의 힐데가르트는 중세 시대 베네딕트회의 수녀였으며, 예술가이자 작가이자 언어학자였다. 약초와 보석, 민간요법을 연구한 치유사이기도 했으며, 남성 수도원에서 독립한 독자적인 수녀원을 세운 인물이었다. 그는 신학과 식물학, 의학 서적은 물론 연극의 대본까지 썼지만, 한편으로는 수녀로서 신을 찬미하고 가난한 이들에게 봉사하는 영적인 삶을 살았다. 마리아가 그런 수녀의 삶을 동경하는 것을 알고, 피에트로 아녜시는 딸을 설득했다.

"애야, 꼭 수녀가 되어야만 네가 원하는 대로 살 수 있는 건 아니란다. 만약 네가 화려한 사교계나 세속의 즐거움을 누리는 게 싫다면, 그러지 않아도 된다. 너는 이 집안의 맏이로서 동생들을 돌보며 네가 좋아하는 공부를 계속해다오."

"아버지."

"네가 수녀가 되지 않겠다고 약속하면, 나도 가난한 사람들을 위해 자선을 더 베풀겠다. 장담하건대 청빈을 약속하는 수녀보다는 대부호 아녜시의 딸로서 네가 할 수 있는 일이 더 많을 거란다."

결국 마리아는 수녀가 되겠다는 꿈을 포기할 수밖에 없었다. 대신 피에트로는 마리아가 결혼하지 않고 독서와 연구를 계속하며, 화려한 보석과 드레스로 치장하는 대신 소박한 옷을 입고, 세속의 쾌락보다는 가난하고 병든 여성들을 돕는 일에 힘을 기울이며 살아갈 수 있게 해주었다. 마리아는 당시의 첨단 학문이던 뉴턴 역학과 미적분학에 관심을 가졌고, 이에 대해 꾸준히 연구했다. 동생들이 이해할 수 있을 만큼 쉽게 개념을 정리하기도 했고, 한편으로는 미적분의 몇몇 논점을 증명하고자 했다.

서른 살이 되던 1748년, 마리아 가에타나 아녜시는 《이탈리아 청년들을 위한 미적분학》이라는 저서를 출간했다.

"이 책이야말로 그동안 내가 간절히 기다리던 책이었다."

최신 학문에 관심이 많던 교황 베네딕토 14세는 이 책을 읽고 열광했다. 이 책에는 그동안 알려진 미적분학을 기초부터 쉽게 설명한 것은 물론, 3차 곡선과 '아녜시의 마녀'로 알려진 버스트사인 곡선 그리고 마리아가 연구한 무한과 유한에 대한 분석이 담겨 있었다. 이 책으로 마리아는 수학자로서 입지를 단단히 했다. 그뿐만 아니라 마리아의 책은 수학자와 학생들의 찬사를 받으며 유럽 여러 나라로 수출되었다.

"옛날, 볼로냐의 주교로 지낼 때 내게 뉴턴 역학을 설명해주던 어린 소녀가 이제는 전 세계 사람들에게 미적분의 아름다움을 설명하고 있다니. 정말 감개무량한 일이다. 그 업적을 기려 마리아 가에타나 아녜시를 볼로냐 대학의 수학 교수로 임명하겠다."

1750년, 베네딕토 14세는 교서를 내려 마리아 아녜시를 볼로냐 대학의 교수로 임명했다. 하지만 당시에는 설령 교수라 해도 여성이 남성 제자들 앞에서 공개적으로 수업을 할 수 없었다. 마리아는 볼로냐 대학 교수로서 적극적인 활동을 하지는 않았지만, 45년간 볼로냐 대학의 교수로 지냈다.

피에트로 아녜시가 세상을 떠나자 마리아는 동생들을 돌보는 한편, 가난한 여성들을 위한 교육과 봉사에 더욱 힘을 기울였다. 수학자로서 경력을 이어가거나 볼로냐 대학 교수라는 지위를 제대로 누리지는 않았지만, 마리아 아녜시는 청년과 여성을 위한 교육에 힘을 기울이며, 미적분을 모두가 납득할 수 있는 형태로 정리해 최초의 여성 수학 교수로서 역사에 그 이름을 남겼다.

• • •

마리아 아녜시는 볼로냐 대학의 첫 번째 여성 교수는 아니었다. 그 이전에, 마리아 아녜시보다 일곱 살 연상인 실험물리학자 라우라 마리아 바시가 있었다. 그는 과학 분야 최초의 여성 박사였으며, 파도바 대학에서 박사 학위를 받은 엘레나 코르나로 피스코피아의 뒤를 이어 두 번째로 철학 박사 학위를 받은 여성이었다. 그 또한 비록 남학생들을 대상으로 공개 수업을 할 수는 없었지만, 대학 교수의 위치에서 뉴턴 역학을 연구하거나 논문을 발표했다. 그뿐 아니라 라우라 바시는 지금의 교황청 과학원과 비슷한 학술단체인 베네데티니에 투표권이 없는 회원으로 받아들여졌으며, 65세에는 볼로냐 과학 연구소의 실험물리학 석좌 교수 자리에 올랐다. 당시로서는 모든 전례를 넘어설 만큼 파격적이었던 이와 같은 일들은 라우라 바시 개인의 성과와 함께 볼로냐 대학의 교수였던 남편 주세페 베라티의 도움, 그리고 무엇보다도 라우라 바시가 학자로서 입지를 다질 때까지 전폭적으로 후원한 교황 베네딕토 14세가 있었기에 가능했다. 젊은 시절 볼로냐의 추기경이었던 베네딕토 14세는 볼로냐 대학에 지원을 아끼지 않았고, 교황이 된 뒤에도 학술단체를 설립하는 등 적극적으로 학문 분야를 후원하는 한편, 라우리 바시와 마리아 아녜시 같은 여성 학자들을 지지해 그들이 이룬 업적에 걸맞은 지위와 대접을 받을 수 있도록 도왔다. 하지만 달리 말하면, 그 시대는 설령 교황의 권위로 지지한다 해도 여성 교수에게 공개 수업이 허락되지 않던 시대이기도 했다.

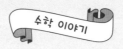
아녜시의 마녀

'아녜시의 마녀'라는 이름은 오역에서 비롯된 것이다. 1801년 아녜시의 책을 영어로 번역하던 케임브리지의 루카스 석좌 교수 존 콜슨이 곡선을 뜻하는 이탈리아어 'versiera'를 마녀를 뜻하는 'aversiera'와 혼동하면서 '아녜시의 곡선'을 '아녜시의 마녀'라고 오역한 것이 현재까지 전해지고 있다. 이 곡선은 본래 피에르 드 페르마와 루이지 귀도 그란디가 연구했던 대수 곡선으로, 마리아 아녜시가 《이탈리아 청년들을 위한 미적분학》에서 자세히 소개했다.

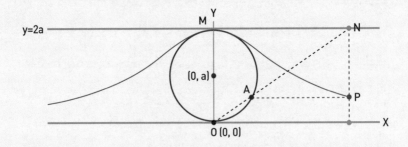

좌표평면에서 중심이 $(0, a)$이고 반지름이 a인 원을 생각해보자. 이 원이 X축에 접하는 점 $O(0, 0)$를 지나 이 원 위의 한 점인 A와 만나는 직선을 OA라고 하자. 이 직선은 X축에 평행한 또 다른 접선인 직선

y=2a 위의 점 N과 만나게 된다. 이때 원 위의 점 A를 지나는 수평선과
N을 지나는 수직선을 그리면 교점 P를 구할 수 있다. 아녜시의 마녀,
즉 아녜시의 곡선은 이 점 P의 자취를 말한다.

마리 소피 제르맹

Marie Sophie Germain

(1776~1831)

페르마의 마지막 정리에 다가가다

1789년 7월, 파리는 혁명을 앞두고 끓어오르고 있었다. 그해 봄, 프랑스 국왕 루이 16세는 국가 재정 위기를 타파하기 위해 세금을 개혁해야 한다는 생각으로, 성직자와 귀족, 평민 세 신분의 대표들을 소집해 삼부회를 개최했다. 하지만 성직자와 귀족은 세금 개혁을 거부했으며, 자신들이 평민보다 의결권을 많이 가질 수 있는 신분별 표결 방식을 원했다. 제3신분 출신의 평민 대표들은 1인 1표를 주장하며 국민의회를 결성했다. 하지만 루이 16세는 국민의 96퍼센트를 대표하는 이들을 해산시키고, 의사당을 폐쇄해버렸다. 왕실에서는 평민들에게 인기 있던 재무장관 자크 네케르를 해임하고, 평민 의원과 그들을 지지하는 시민들을 탄압하기 위해 무장한 군대를 파리로 집결시키기에 이르렀다. 그리고 마침내 시민들은 무기를 들었다.

"세상은 분명히 바뀔 거란다. 하지만 너희는 집 밖에 나가지 말거라. 밖은 전쟁터나 다름없으니."

평민 의원들 중에는 파리 생드니가街의 부유한 상인이었던 앙브루아즈 프랑수아 제르맹도 있었다. 그는 상인이자 지식인으로, 평민 출신 의원이나 학자들과 교류하며 집에서도 정치와 철학에 대해 종종 논하곤 했다. 하지만 바스티유 습격이 일어나자 그는 안전을 위해 아내와 딸들을 집 안에만 머무르게 했다.

앙브루아즈 프랑수아의 딸인 마리 소피 제르맹은 이때 열세 살이었다. 밖에 나갈 수 없어 무척 심심했던 소피는 아버지의 서재에서 장 에티엔 몬투클라가 쓴《수학사》를 읽었다.

"전쟁이 일어나 시라쿠사가 함락되고 적국의 병사가 위협하는데도 기하학 문제를 놓고 고민하고 있었다니. 아르키메데스에게 수학이란 어떤 것이었을까."

소피는 아르키메데스의 죽음에 특히 감명을 받아 수학 공부를 시작했다. 아버지의 서재에 있던 수학책들을 한 권 한 권 읽어나가며 독학으로 수학 공부를 계속했다. 뉴턴이나 오일러의 책을 읽기 위해 라틴어와 그리스어를 독학하기도 했고, 에티엔 베주의《산술 연구》와 자크 앙투안 조세프 쿠진의《미분 계산》같은 당시의 최신 수학 서적도 독파했다.

앙브루아즈 프랑수아와 친분이 있던 쿠진은 제르맹의 집에 방문했다가 친구의 딸인 소피가 자신의 책을 제대로 이해하고 있다는 것을 알고 그 노력을 칭찬했다. 하지만 소피의 부모는 딸의 갑작스러운 변화에 무척 당황했다. 아버지인 앙브루아즈는 소피를 이대로 내버려둬선 안 된다고 생각했다. 당시 수학은 남성의 영역이었지, 어린 소녀가 몰입할 만한 일이 아니라고 여겨졌기 때문이었다.

"여자아이가 수학이라니. 그러다가는 평판이 나빠져서 제대로 결혼도 못 할 거다. 당장 그만두거라."

소피의 부모는 소피가 늦게까지 서재에 머무르는 것을 금지했다. 그러자 소피는 침실에서 수학 공부를 계속했다. 밤마다 침실에서 사용하는 불씨를 치우고, 추운 겨울에 난방용품을 치우기도 했지만, 소피는 담요로 몸을 둘둘 말고 촛불 한 자루에 의지하며 밤새 공부를 계속했다.

어느 날 아침, 소피의 어머니는 풀다 만 계산이 적힌 석판을 앞에 둔 채 책상에 엎드려 졸고 있는 딸을 발견했다. 잉크가 얼어붙을 만큼 추운 날씨인데도 굴하지 않고 공부를 계속하는 딸을 보고, 어머니는 더 이상 소피를 말릴 수 없다고 생각했다.

"소피가 공부를 계속하도록 도와줍시다."

"하지만 여자아이라면 마땅히 좋은 남편감을 만나는 게 행복이지 않소."

"보통은 그렇죠. 하지만 여보, 만약 소피가 아들이었다면 그 재능을 무척 자랑스러워하지 않았겠어요? 우리 집안은 부유하고, 마리 마들렌이나 안젤리크는 좋은 혼처를 만나 결혼했으니, 딸들 가운데 하나쯤은 결혼하지 않고 집에 남아 공부를 계속해도 괜찮을 거예요."

한편 소피가 열여덟 살이 되던 1794년, 프랑스에는 과학과 기술을 가르치는 중앙국책사업학교(현 에콜 폴리테크니크)가 세워졌다. 하지만 이 학교에는 남학생만 입학할 수 있었다.

"좀 더 깊이 있는 수학 공부를 하고 싶어. 중앙국책사업학교의 수학 수업을 듣고 싶어."

다행히 혁명 이후, 새로운 교육체계에서는 누구나 강의록을 요청해 공부하고, 그 결과물을 학교에 제출해 평가받을 수 있었다. 소피는 '르블랑'이라는 가명으로 중앙국책사업학교의 수학 교수로 재직 중이던 조지프 루이 라그랑주의 강의록을 요청하고, 자신의 논문들을 제출했다.

"무슈 르 블랑은 무척 탁월하군. 한번 직접 만나고 싶은데."

라그랑주는 수학에 뛰어난 자질을 보이는 '르 블랑'과 만나고 싶었다. 그는 논문을 돌려주며 르 블랑에게 몇 번이나 자신과 만나달라고 요청했다.

"당신의 논문은 무척 훌륭합니다. 만나서 이야기를 하고 싶어요. 왜 직접 학교에 오지 않는 거지요? 혹시 몸이 불편하거나 학교에 올 수 없는 사정이 있다면 내가 당신을 찾아가서 이야기를 나누고 싶습니다."

결국 소피는 자신이 여성이라는 사실을 밝힐 수밖에 없었다. 르 블랑이 여자라니, 어쩌면 학교를 속였다는 이유로 다시는 논문을 검토해 주지 않거나 두 번 다시 강의록을 얻지 못할 수도 있었다. 최악의 경우, 여성에게는 어떤 식으로든 강의록을 제공할 수 없다고 그 문호를 영영

§ **조지프 루이 라그랑주**(Joseph-Louis Lagrange, 1736~1813)
....
이탈리아 출신으로 프랑스에서 활동한 수학자이자 천문학자. 해석학과 정수론, 고전역학과 천체역학 등을 두루 아우르며 연구했다. 특히 범함수의 극값에 대한 오일러-라그랑주 방정식을 유도하는 과정에서 변분법을 창시했고, 미분방정식을 풀 때 사용하는 매개변수변환법을 만들었으며, 보간법과 테일러 급수에 대해서도 새로운 방식으로 접근했다. 그는 태양과 지구 그리고 달에 대한 삼체 문제와 목성의 위성들의 움직임에 대해 연구했으며, 이 과정에서 우주 공간에서 작은 천체가 두 개의 큰 천체의 중력에 의해 균형을 잡고 자리를 지킬 수 있는 다섯 군데의 위치가 따로 있음을 밝혀냈다. 현재 이 지점들은 그의 이름을 따서 '라그랑주 점' 으로 불리고 있으며, 인공위성 등 우주 공학에서 중요하게 사용되고 있다.
그는 프랑스 과학한림원의 회원이자 오일러와 달랑베르의 추천으로 프로이센 과학 학사원의 수학부장을 지냈으며, 프랑스혁명 이후에는 에콜 폴리테크니크의 개교와 함께 이곳의 수학 교수가 되었다. 그는 프랑스의 국립묘지 판테온에 묻혔으며, 그의 이름은 에펠탑에 새겨졌다.

닫아버릴 수도 있었다. 하지만 라그랑주는 소피의 편지를 받고, 집까지 찾아왔다.

"당신이 여성이라는 건 중요하지 않아요. 여성이든 남성이든 수학에 대한 열정이 있는 한 우리는 동료가 될 수 있어요."

라그랑주는 소피와 직접 만나 그가 어느 정도의 공부를 해왔는지 확인하고 격려했다. 라그랑주는 소피의 정신적 스승이 되었다. 이후 파리의 수학자들 사이에서는 '르 블랑'이라는 이름이 서서히 알려졌다.

"이곳 파리에는 '르 블랑'이라는 가명을 쓰는 젊은 여성이 있는데, 학교에는 한 번도 가지 못했지만 어지간한 수학자보다 훌륭한 논문을 쓰고 있다더군."

수학자 쿠진은 그 소문을 듣고, '르 블랑'이 친구인 앙브루아즈의 딸 소피가 아닐까 생각했다. 쿠진은 앙브루아즈의 집을 방문해 그 사실을 확인하고는 소피의 일을 근심하던 친구에게 엄숙하게 말했다.

"소피의 재능은 무척 드문 것이라네. 학문을 사랑하는 자네라면 누구보다도 잘 알 텐데."

쿠진은 소피에게 수학의 고전부터 최신 논문까지 갖춰진 자신의 서재에 언제든 방문해도 좋다고 말하고 돌아갔다. 마침내 앙브루아즈는 소피의 결혼을 포기하고, 소피가 마음껏 공부할 수 있도록 재정적으로 지원하는 데 동의했다. 이후 소피는 가족의 지지를 받으며 계속 공부에 전념할 수 있었다.

● ● ●

소피 제르맹은 직접 강의를 듣고 수학자를 만나러 다닐 수는 없었다. 하지만 현대의 수학자들에게 인터넷이 있다면, 당시의 수학자들에게는 편지가 있었다. 수학자들은 다른 학자들의 논문을 읽고, 그에 대해 편지를 보내 보충하거나 반박하며 논의를 키워가곤 했다. 르장드르의 〈수론에 대한 소고〉를 읽고 수론에 관심이 생긴 소피는 르장드르의 논문을 보충하는 편지를 보냈다. 이후 르장드르는 후속 논문인 〈수론〉에서 제르맹의 의견을 반영해 자신의 이론을 보충했다고 밝혔다.

이후 소피는 카를 프리드리히 가우스의 〈산술 연구Disquisitiones Arithmeticae〉를 접하게 된다. 비슷한 또래의 가우스가 쓴 논문을 보고 수론에 대해 좀 더 깊이 생각하게 된 소피는 이후 '페르마의 마지막 정리'에 관심을 가진다. 페르마의 마지막 정리란 피타고라스 수를 나타내는 관계식, 즉 $a^2+b^2=c^2$에서 지수를 일반화해 확장한 경우인 $a^n+b^n=c^n$에서, 지수 n이 2보다 큰 정수일 때 $a^n+b^n=c^n$을 만족하는 양의 정수해 a, b, c가 존재하지 않을 것이라는 추측이다. 우리는 이 식에서 n이 2인 경우, 즉 피타고라스의 정리에 대해서는 이미 알고 있다. 그렇다면 n이 3 이상일 때는 정말로 이런 식이 성립하지 않을까?

페르마는 $n=4$인 경우에 대해서만 자세한 증명을 남겼다. 오일러는 $n=3, n=4$인 경우를 증명했다. 또 지수법칙을 적용하면 모든 숫자를 증명할 필요 없이 소수인 경우만 증명해도 된다. 예를 들어 n이 9일 때, $a^9+b^9=c^9$은 $(a^3)^3+(b^3)^3=(c^3)^3$과 같다. 만약 $n=9$일 때 이 식을 만족시키는 정수 a, b, c가 존재한다면, 이 정수 a, b, c의 세제곱이자 $(a^3)^3+(b^3)^3=(c^3)^3$을 만족하는 a^3, b^3, c^3은 당연히 정수일 것이다. 다시 말해 $(a^3)^3 + (b^3)^3 = (c^3)^3$을 만족하는 정수해 a^3, b^3, c^3이 없다면, 대우 법칙에 따라서 a^9, b^9, c^9을 만족시키는 정수해도 존재하지 않는다는 이야기다. 모든 자연수는 소수거나 소수의 곱으로 표현할 수 있으므로, n이 2보다 큰 정수일 때 a^n, b^n, c^n을 만족하는 정수해 a, b, c가 존재하지 않는다는 것을 증명하려면, 2보다 큰 소수 p에 대해 $a^p + b^p = c^p$을 만족하는 정수해 a, b, c가 없다는 것만 증명해도 된다는 이야기다. 소피 제르맹은 이와 같은 소수들 가운데 어떤 특정한 종류에 대해 페르마의 마지막 정리가 성립할 것이라는 첫 가설을 세우게 된다.

"만약 p=8k+7의 형태로 나타낼 수 있는 소수 p가 있을 때, n=p-1인 경우에 이 추론이 성립하지 않을까?"

소피는 〈산술 연구〉에 나오는 정리에 대한 의견과 위의 첫 가설을 비롯해 '페르마의 마지막 정리'에 대한 자신의 연구를 가우스에게 편지로 보냈다. 물론 이때도 르 블랑이라는 가명을 썼다. 가우스는 소피와 편지를 주고받으며 의견을 나누었지만, 뛰어난 재능의 소유자인 르

§ **카를 프리드리히 가우스**(Carl Friedrich Gauss, 1777~1855)

수학의 왕자로 불리는 가우스는 독일 브라운슈바이크에서 벽돌 굽는 직인의 아들로 태어났다. 일찍부터 뛰어난 재능을 발휘해 브라운슈바이크 공작의 도움을 받아 공부를 계속해 괴팅겐 대학교에서 연구를 할 수 있었다. 그는 《산술 연구》를 통해 정수론을 수학의 중요한 분야로 만들었고, 모든 양의 정수는 유일한 소인수분해를 갖는다는 산술의 기본 정리와 두 홀수 소수의 관계에 대한 이차 상호 법칙을 증명했다. 또한 미분기하학과 광학, 역학 등에서 다양한 업적을 남겼으며, 물리학자 빌헬름 에두아르트 베버와 함께 자기장에 대한 많은 연구를 했다. 그의 업적을 기리기 위해 자기력 선속의 밀도를 나타내는 단위로 '가우스'를 사용하고 있다. "수학은 과학의 여왕이고, 정수론은 수학의 여왕이다"라는 말로도 유명하다.

블랑이라는 인물이 누구인지는 알지 못했다. 그러던 어느 날, 프랑스와 독일 사이에 교전이 벌어졌다. 1807년, 프랑스는 가우스가 살고 있던 독일의 브라운슈바이크지역을 점령했다.

"만에 하나 가우스가 아르키메데스 같은 최후를 맞이한다면 인류에게는 큰 손실이야."

소피는 아버지의 친구인 페르네티 장군에게 편지를 보내 가우스의 안전을 부탁했다. 페르네티는 부하를 보내 가우스를 보호하게 했고, 가우스는 이 과정에서 자신과 편지를 주고받던 르 블랑이 바로 소피 제르맹이라는 여성임을 알게 되었다. 두 사람은 서로 호의와 학문적 관심이 담긴 편지를 주고받았지만, 평생 직접 만나지는 못했다.

시간이 흘러 1815년, 프랑스 과학한림원은 페르마의 마지막 정리를 증명하기 위한 의미 있는 연구를 공모한다. 페르마의 마지막 정리는 $a^n+b^n=c^n$에서 n이 소수인 p일 때, a, b, c 중 하나 이상의 수가 p의 배수인 경우와 그렇지 않은 경우로 나누어 생각할 수 있다. 이때 a, b, c가

§ **피에르 드 페르마**(Pierre de Fermat, 1607~1665)

소피 제르맹보다 150여 년 전 사람인 페르마는 프랑스의 변호사이자 수학자다. 뛰어난 변호사이자 툴루즈 지방의 청원위원으로, 젊은 시절 아폴로니우스의 논문을 접한 뒤 취미로 수학을 공부했고, 지인들과의 서신 교환과 디오판토스의 《산술》의 여백에 남긴 메모 등을 통해 그 업적이 알려졌다. 취미라는 말이 무색하게 그는 현대 정수론의 창시자이며, 데카르트의 발견과는 별개로 해석기하학의 방법을 발견했고, 좌표기하학을 확립하는 데도 이바지했다. 또한 파스칼과의 서신 교환으로 확률론 분야에도 기여했다. 가장 큰 업적은 '페르마의 마지막 정리'인데, 이 문제는 357년 동안이나 미해결로 남아 있다가 1994년 앤드루 와일스에 의해 증명되었다.

모두 p의 배수라면, a=pa', b=pb', c=pc'로 바꾸어 생각할 수 있다. 이 경우 $a^p+b^p=c^p$은 $(pa')^p+(pb')^p=(pc')^p$으로 치환되며, 이 식은 $p^p(a')^p+p^p(b')^p=p^p(c')^p$과 같다. 이때 양 변을 p^p로 나누면 이 식은 다시 $(a')^p+(b')^p=(c')^p$이 된다. 이 방법을 계속 반복하다 보면 이들 중 적어도 하나 이상의 수는 p로 나뉘지 않게 될 것이다. 또 b와 c만 p의 배수라면 $a^p+b^p=c^p$는 $a^p+(pb')^p=(pc')^p$으로 치환되며, 이 식은 $a^p=(pc')^p-(pb')^p=p^p((c')^p)-((b')^p)$가 된다. 이 경우 a^p는 p^p로 나뉘어야 하며, 소인수분해의 성질에 의해 a는 p로 나뉘어야만 한다. 즉 a, b, c 중 하나만 p의 배수이거나, 혹은 a, b, c가 모두 p로 나누어떨어지지 않는 경우만이 성립한다. 소피 제르맹은 그중 a, b, c가 모두 p로 나누어 떨어지지 않는 경우에 집중했다. 이 과정에서 소피 제르맹 소수와 소피 제르맹 정리가 사용되었다.

소피 제르맹 소수란 어떤 소수 p에 대해 q=2p+1인 q도 소수가 될 때, 원래의 소수 p를 말한다. 예를 들면 소수 3에 대해서, 2×3+1=7이므로 3은 소피 제르맹 소수다. 그리고 2p+1이 소수일 때, 이 보조소수는 '안전 소수safe prime'가 된다. 이 개념은 현대의 암호학에서도 사용되고 있다.

소피 제르맹 정리에서는 p가 소피 제르맹 소수이고 $a^p+b^p=c^p$이 q로 나누어떨어질 때, 안전소수인 q가 다음 두 성질을 만족시킨다고 가정한다.

- abc는 q로 나뉜다. 즉 a, b, c 중 적어도 하나는 q로 나뉜다.

- 모든 정수 x에 대해 x^p를 q로 나누어서 나머지가 p가 나오는 경우는 없다. 즉 $x^p - p^p$은 q로 나누어떨어지지 않는다.

그렇다면 $a^p + b^p = c^p$을 만족하면서 p로 나뉘지 않는 정수 a, b, c는 존재하지 않을 것이다. 또한 이 성질은 q=2p+1일 때뿐만 아니라 q'=2pk+1의 형태일 때도 성립한다.

소피 제르맹은 이를 통해 100보다 작은 모든 소피 제르맹 소수에 대해 페르마의 마지막 정리가 성립한다는 사실을 증명했다. 소피 제르맹은 이 논문을 직접 발표하지는 않았지만, 르장드르는 페르마의 마지막 정리에 대한 논문을 발표하며 소피 제르맹의 증명을 인용했다. 이후 이 증명은 앤드루 와일스에 의해 페르마의 마지막 정리가 증명될 때까지, 페르마의 마지막 정리를 이해하고 증명하는 데 중심 역할을 했다.

● ● ●

소피 제르맹은 수학뿐 아니라 물리학과 철학에도 깊은 관심이 있었다. 프랑스 과학한림원이 금속판 탄성 실험에 대한 연구를 공모하자 소피 제르맹은 르장드르의 도움을 받아 세 번에 걸쳐 이에 도전했다. 처음 두 번은 수상에는 실패했지만, 라그랑주는 소피의 방정식이 특수한 조건에서 탄성 운동에 정확히 부합한다고 평했으며, 이를 발전시켜 일반적인 경우를 도출해냈다. 마침내 세 번째 도전에서 〈표면 탄성 이론에 대한 연구〉로 최종 심사에 통과한 소피 제르맹은 이 논문으로 프랑스 과학한림원의 첫 여성 수상자가 되었다. 이후에도 소피는 기존 연구에 대한 개정 논문을 쓰고 후속 연구를 계속하는 등 탄성에 대한 연구를 계속했다. 하지만 그럼에도 "회원의 아내를 제외한 여성을 입회시키지 않는" 관습 때문에 소피 제르맹은 과학한림원에 입회할 수 없었다. 소피 제르맹이 과학한림원에 입회한 것은 7년이 더 지난 뒤의 일이었다.

소피 제르맹은 또한 〈다양한 견해〉와 〈서로 다른 세대의 문화에서 보이는 과학과 문학의 상태에 대한 일반적 고찰〉이라는 논문을 남기기도 했다. 이 논문들은 소피 제르맹 사후 그의 조카인 레르베트에 의해 출간되었다. 이렇게 활발하게 연구를 하던 소피는 유방암에 걸려 고통받으면서도 수학과 물리학 연구를 계속하다가 세상을 떠났다. 하지만 프랑스에서는 소피의 죽음을 학자가 아닌, 부유한 상속자이자 특별한 직업이 없는 여성의 죽음으로만 치부했다. 가우스는 이것이 부당하다고 생각했다.

"소피 제르맹은 가장 엄격하고 추상적인 과학 분야에서 놀라운 기여를 한 인물입니다. 그 업적에 합당한 명예를 부여받을 권리가 있습니다."

가우스는 제르맹이 죽고 6년 뒤, 괴팅겐 대학교에서 그의 업적을 기렸다. 소피 제르맹은 비록 정규 교육을 받지 못했지만, 수학사에서 가장 떠들썩한 이야기를 남긴 '페르마의 마지막 정리'에 대해 말할 때, 그 역사 위에 누구보다도 선명한 발자국을 남겼다.

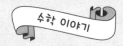

페르마의 마지막 정리

역사상 잘못된 증명이 가장 많이 발표된 정리이자 수많은 수학자가 도전하며 수학의 역사를 발전시켜온 난제, '페르마의 마지막 정리'는 프랑스의 수학자 피에르 드 페르마가 1637년 디오판토스의《아리스메티카》의 여백에 남겼던 주석에서 비롯된다.

임의의 세제곱수는 다른 두 세제곱수의 합으로 표현될 수 없고, 임의의 네제곱수 역시 다른 두 네제곱수의 합으로 표현될 수 없으며, 일반적으로 3 이상의 지수를 가진 정수는 이와 동일한 지수를 가진 다른 두 수의 합으로 표현될 수 없다. 나는 이것을 경이로운 방법으로 증명하였으나, 책의 여백이 충분하지 않아 옮기지는 않는다.

즉 a, b, c, n이 양의 정수이고 n이 2보다 크면 $a^n+b^n=c^n$과 같은 형태는 성립하지 않는다는 이야기다. 이 문제는 피타고라스의 정리 $a^2+b^2=c^2$가 세제곱 이상에서도 성립하겠느냐는 의문에서 시작되었다. 페르마는 n=4인 경우에 대해서는 무한강하법method of infinite descent 을 통해 직각삼각형의 두 변을 이루는 정수로 된 네제곱 수가 존재할 수 없다는 것을 증명했다. 이후 소피 제르맹은 n이 소피 제르맹 소수일 때 수학적 귀납법을 이용해 페르마의 마지막 정리가 참이 된다고 생각하고, 100 이하의 모든 소피 제르맹 소수에서 페르마의 마지막 정리가 성립함을 보였다.

이후에도 페르마의 마지막 정리를 풀기 위한 도전은 계속되었다. 에른스트 쿠머는 페르마의 마지막 정리를 증명하는 과정에서 근대 정수론의 기반을 마련했고, 1954년 해리 밴디버는 이 증명에 컴퓨터를 도입했다. 1993년에는 400만 이하의 모든 소수에서 페르마의 마지막 정리가 성립한다는 것이 밝혀지기도 했다.

1984년 독일 수학자 게르하르트 프라이는 n>2일 때 페르마의 방정식 $a^n + b^n = c^n$을 만족하는 해 a, b, c가 있는 경우, 타원방정식인 $y^2 = x(x-a^n)(x-b^n)$으로 바꿀 수 있음을 알아냈다. 수학자들은 '타니아먀-시무라 추측Taniyama-Shimura conjecture'과 페르마의 마지막 정리 사이의 관계에 주목했는데, 프라이가 만든 타원방정식은 모듈 형태로 바꿀 수 없는 특이한 식이었다. 만약 타니야마-시무라 추측이 참임을 증명할 수 있다면 프라이의 모듈러 곡선modular curve은 존재할 수 없는 식이 되고, 페르마의 방정식은 성립할 수 없다. 즉 타니야마-시무라 추측이 참이면 페르마의 마지막 정리가 참인 것도 증명할 수 있다고 생각했다.

그리고 1995년, 앤드루 와일스는 타니야마-시무라 추론을 증명하며 358년 된 수학 난제인 페르마의 마지막 정리를 증명해냈다. 이 장대한 수학적 여정에 대해서는 사이먼 싱의 책 《페르마의 마지막 정리》에 자세히 소개되어 있다.

영수합 서씨

令壽閤 徐氏

(1753~1823)

어찌하여 이리도 번거롭게 풀었는가

들어오게, 하는 대답이 방 안에서 돌아오자 종은 장지문을 열었다. 심의석은 문을 열자마자 보이는 서안 옆에 쌓여 있는 책 무더기를 보고 문지방 앞에서 잠시 머뭇거렸다.

"제가 형장의 일을 방해하는 것은 아닌지 모르겠습니다."

"방해라니. 놀고 있었다네."

"놀다니요, 무슨 말씀을."

"아니, 정말이야. 아이들의 놀이에 대해 기록하고 있었다네."

홍길주가 빙긋 웃으며 조금 전까지 그리던 것을 보여주었다. 종이 위에는 고누판이 그려져 있고, 규칙이 빼곡하게 적혀 있었다.

"요즘 밖에 나가 아이들이 노는 것을 보매, 내가 어릴 적과는 또 다른 모습이더군. 그렇다면 백 년이 지나고 이백 년이 지난 뒤에는 또 어떻겠는가. 비록 어린아이들의 유희라 하여도 어찌 놀았는지, 그 노는 방법과 도면을 그려둔다면 나중에 비교해보는 재미가 있을 것이야."

"그러면 고누뿐 아니라 다른 것도 기록하셨다는 말씀이십니까."

"그렇지. 처음에는 아이들이 놀이할 때 부르는 노래들을 적어둘까 했는데, 하다 보니 이것저것 다 기록해두고 싶어지더군. 다 완성되면 '아희도보雅戲圖譜'라고 이름 붙일까 하네."

심의석은 머뭇거렸다. 그는 머지않아 홍길주의 누이동생과 혼인하기로 되어 있었다. 비록 벼슬에는 뜻이 없어 끝없이 제 관심사를 찾아 연구하는 데만 힘을 기울이고 있다지만, 홍길주는 16세에 초시에 합격하고, 22세에는 생원시와 진사시에 동시에 합격한 수재였다. 홍길주뿐이 아니었다. 그 부친인 홍인모는 호조참의와 우부승지를 역임한 인물로 고전과 시문에 통달했으며, 홍길주의 형인 홍석주는 검열, 수찬, 교리 등을 두루 거쳐 당상관의 반열에 오른 인물이었고, 이 집안의 막내아들인 홍현주는 주상*께서 무척이나 아끼고 사랑하시는 누이동생, 숙선옹주와 혼인해 영명위가 되었다. 애초에 이 집안은 정명공주의 후손이고, 선대왕**의 외가 친척이니, 어디로 보아도 빠질 데가 없는 명문가 중의 명문가였다.

"형장 댁의 가풍이 남다르고 학구적인 분위기라 들었습니다."

"음, 우리 집안이 그런 면이 있지."

홍길주는 빙긋 웃으며 대답했다.

"원주와 혼인을 앞두더니 이런저런 걱정이 많은 모양이군. 알다시피 아버님께서는 시문에 능하시고, 형님은 규장각의 초계문신을 지내셨는데, 규장각 사람들 사이에서도 책을 좋아하는 것으로 유명했지. 자네와 혼인할 내 누이 원주도 아직 나이는 어리지만 시를 퍽 잘 쓴다네. 우리 집안에 하가하신 옹주 자가께서도 어머님과 차를 마시며 차에 대

---

*   조선의 제23대 왕 순조를 말한다.

**   조선의 제22대 왕 정조를 말한다.

한 시를 주고받곤 하시지."

"과연, 소문대로군요."

"하지만 우리 집안에서 가장 대단한 분은 역시 어머니시라네."

홍길주는 서안 위에 펼쳐놓은 책과 종이들을 밀어놓고, 서안 아래에서 다른 책들을 꺼냈다. 심의석은 그 책 표지에 홍길주의 글씨로 적힌 《기하학신설》이라는 제목을 알아보았다.

"산학책이로군요. 형장께서 직접 쓰신 겁니까."

"그렇다네. 나뿐만 아니라 우리 형제는 다들 산학算學에 관심이 많은 편이지. 내가 어릴 때 형님께서는 나를 위해 친히 독서 목록을 정리해 주셨는데, 거기엔 《동문산지》, 《기하원본》, 《수리정온》 같은 책들이 포함되어 있었다네. 또한 나는 일찍이 관상감에서 일하셨던 김영* 선생을 스승으로 모시고 산학과 천문학을 배우기도 했지. 하지만 내게 누구보다도 수학에 대해 많은 가르침을 주신 분은 바로 우리 어머니시라네."

머지않아 빙모가 되실 분이 산학에 능하다는 말에 심의석은 입을 딱 벌리고 말았다.

"어머님께서 시문에 능하시다는 소문은 들었사오나……."

"어머니께서는 일찍이 《산학계몽算學啓蒙》**과 같은 책을 즐겨 읽으셨지. 자네도 우리 어머께 잘 보이려면 산학책 몇 권은 읽어두는 게

---

*   《누주통의》를 지은 조선 후기의 천문학자.

**   원나라의 산학자 주세걸이 펴낸 산학책으로, 천원술(다항식 풀이법) 등을 다루고 있다.

좋을걸."

"농담이 심하십니다.《산학계몽》은 잡과의 산관 시험에 쓰이는 책이 아닙니까."

"그래. 그렇지. 하지만 어머니께서는 누구의 도움도 받지 않고 그 《산학계몽》을 혼자 터득하시고, 꽤 여러 풀이법을 몸소 개량하기까지 하셨다네. 그것도 기존의 풀이법을 두고 '어찌하여 이리도 번거롭게 풀었는가' 하고 딱히 여기시면서 말이야."

"저로서는 그런 일이 어떻게 가능한지 모르겠습니다."

"사내들처럼 어릴 때부터 배움을 독려받지 못했을 뿐이고, 규중에 계신 분이라 그 개량을 세상에 널리 알릴 기회가 없었을 뿐이지. 만약 어머니께서 이 조선 땅에서 사내로 태어나셨다면, 어쩌면 마방진을 연구하여 경지에 이르셨던 문정공* 어르신처럼 산학에 통달해 그 명성이 사해에 이르지 않으셨겠는가."

· · ·

조선 후기의 수학자 홍길주의 어머니이자 시문으로 유명했던 영수합 서씨의 이름은 현재 전해지지 않는다. 다만 그가 본관이 달성이며, 이조참판을 지낸 서형수의 자녀들 가운데 유일한 딸이라는 사실이 전해질 뿐이다.

---

* 조선 후기의 수학자 최석정을 말한다.

서씨의 집안은 명망 높은 명문가인 데다 실사구시적 학문, 그중에서도 사물을 깊이 탐구하는 명물학으로 이름 높은 집안이었다. 그의 아버지는 물론 조부도, 증조부도 이조참판을 지냈으며, 6대조는 선조의 부마인 달성위 서경주였다. 외조부인 김원행은 노론계 실학자인 황윤석과 홍대용의 스승이었다. 이런 집안에서 태어난 서씨는 어릴 때부터 다른 남자 형제들 옆에 끼어 앉아 글공부를 했다. 처음에는 어린 딸이 제 오라비들을 보고 공부하는 시늉을 한다 기특하게 여기던 가족들은 딸이 곧 웬만한 경서들을 차례로 섭렵하자 근심하기 시작했다.

"너는 과거를 볼 것도 아닌데, 사서오경을 공부하는 데 힘을 기울이다니 어찌 된 일인지 모르겠구나."

아버지인 서형수가 불러 묻자, 어린 서씨는 야무지게 대답했다.

"경전을 읽어 성인군자의 예의범절과 소인배의 행동을 구분해 알고자 하기 때문입니다."

몇 가지를 더 물어본 서형수는 딸의 열의와 재주를 알고 크게 한탄했다.

"아들들의 재주도 모두 뛰어나지만, 어린 딸아이가 가장 뛰어나니 어찌 된 일인가. 네가 만약 사내로 태어났다면 일세를 풍미할 학자나 문장가가 되었겠으나, 너는 여자아이다. 참으로 애석한 일이로구나."

서형수는 딸의 재주를 보고 한탄했다. 서씨의 할머니도 손녀를 불러 엄격히 꾸짖으며 공부하는 것을 금지했다.

"네가 글솜씨가 뛰어난 것은 알겠다. 하지만 문장에 뛰어난 여자는 팔자가 기박하고 박명하다지 않느냐. 너는 글공부는 그만하고 부덕을 쌓는 데 힘을 기울이거라."

어린 서씨는 슬퍼했지만, 아버지와 할머니를 거역할 수는 없었다. 이후 서씨는 혼인할 때까지 부덕을 익히는 한편, 좋아하는 글공부는 오라비들의 어깨너머로 익힐 수밖에 없었다. 작게는 자수와 길쌈부터 크게는 자식을 가르치고 집안을 다스리는 법까지, 사대부 집안의 여성으로서 필요한 모든 것을 익히면서도 서씨는 때때로 학문에 대한 갈증으로 괴로워했다.

"혼인을 하면 한 집안의 안주인이 되고, 현숙한 아내이자 어머니로서 살아가며 학문과는 거리가 더욱 멀어질 테지."

명문가인 서씨 집안의 따님이 혼인할 나이가 되자 혼담이 들어왔다. 아버지가 사윗감으로 낙점한 이는 당대의 세도가이자 정승인 홍낙성의 아들 홍인모였다. 풍산 홍씨 집안은 일찍이 선조의 딸인 정명 공주가 하가한 집안이자, 그 무렵에는 동궁*의 친어머니인 혜빈** 마마의 친정 가문이기도 했다.

홍인모는 서씨보다 두 살 어렸지만, 무척이나 학식이 뛰어난 사람이었다. 그는 과거 시험을 보는 데 필요한 경전과 사서 공부뿐 아니라 음양학이나 의약, 수학에 이르기까지 손에 잡히는 모든 책을 읽어댔다. 그런 데다 시를 쓰는 것을 무척 좋아했다.

"나는 시 짓는 것을 좋아한다오. 부인께서도 같이 시를 지을 수 있다

---

*   왕세자나 황태자를 달리 이르던 말. 태자나 세자가 거처하는 곳이 궁궐의 동쪽에 있던 데서 유래한 말이다. 여기서는 훗날의 정조를 말한다.

**   혜경궁 홍씨를 말한다.

면 더욱 즐거울 텐데."

"시에 대해서는 도연명의 시 몇 편밖에는 모르오나, 시구 안에서 운율을 맞출 수 있어야 좋은 시가 되는 줄 압니다. 저는 그 방법을 모르니 어찌 서방님과 더불어 시를 짓겠습니까."

"시는 우선 마음이 있고, 그 다음에 법칙이 있는 것이라오."

홍인모는 당율시 한 권을 건네주며 말했다. 그때까지만 해도 홍인모는 서씨가 바로 시를 쓸 것이라고는 생각하지 않았다. 그저 시에 관심만 가져도 좋겠구나 하는 마음이었다. 그리고 며칠이 지나지 않아 홍인모는 문득 달을 보며 시상을 가다듬었다.

"비 갠 후 떠오른 달이 밝으니……."

잠시 후, 서씨가 뒷 구절을 받아 이었다.

"성긴 발에 구름 그림자 어리네."

홍인모는 깜짝 놀랐다. 시에 대해서는 모른다던 서씨가 배운 지 한 달도 안 되어 어엿한 시를 지은 것이다. 특히 운율을 맞추기 위해 시구 안에서 평성자와 측성자를 고르게 넣는 평측법까지 구사하고 있었다.

"어디 가서 시를 짓는 재주 하나만큼은 남에게 견주어 부끄러울 게 없다고 생각해왔는데, 부인의 소질이 나보다 낫습니다."

홍인모는 아내 서씨의 뛰어남을 알아보고 무척 기뻐했다.

"나의 자인 이수而壽에서 한 글자를 따서 부인의 당호를 영수합令壽閤으로 하면 어떻겠습니까."

일생의 지기이자 학문의 동반자를 만난 그는 서씨에게 당호를 지어주었고, 더불어 시를 짓고 학문을 논했다. 이후 영수합 서씨라 불리게 되는 이 여성은 배우자인 홍인모의 지지 속에 시를 짓고 책을 읽으며 마음껏 학문에 몰두할 수 있었다. 그렇게 홍인모의 방대한 장서들을 섭렵해나가던 영수합은 여러 권의 산학서를 접하게 된다.

• • •

산학 자체는 사대부의 학문이 아니었다. 하지만 삼국시대에 율령이 반포된 이래, 토지를 측량하고 조세를 징수하며 국가를 운영하는 데 필요한 중요한 학문이었다. 이미 신라 신문왕 때부터 국학에서 중국의 산학인 철술, 삼개, 구장, 육장 등을 가르쳤고, 고려에서는 국자감에서 산학을 가르쳤다. 다만 당시 송나라와 원나라에서는 수학의 발전이 크게 이뤄진 반면, 고려 시대에는 조세를 걷는 데 필요한 정도의 수학만을 가르쳤기 때문에 아직 독자적인 수학이 발달했다고 말하기는 어려웠다.

하지만 조선 시대에 접어들며 다시 상황은 바뀌었다. 세종은 고려가 멸망한 원인 가운데 하나가 농지제도 문제라는 것을 깨닫고, 농지개혁을 위해 산학 연구를 장려했다. 그뿐만 아니라 정인지를 불러들여 세종 자신에게 《산학계몽》을 가르치게 했을 정도였다. 세조는 산학자들의 관제를 정비해 종6품의 산학교수를 두고, 그 아래 별제, 산사, 계사, 훈도 등의 관직을 두었으며, 산학자를 선발하기 위한 취재에서 《상명산법》, 《양휘산법》, 《산학계몽》 등의 내용을 시험 과목으로 하여, 이후 조선에서도 수학 연구가 활발해졌다. 산학을 전문으로 다루는 이들은 중인 계급의 산사들이었다. 이들은 대개 중인이나 서출이었는데, 의원 집안에서 대를 이어 의업을 이어가고, 화원 집안에서 대를 이어 화원이 나오듯이, 산학자들도 산학자 집안끼리 서로 통혼하고 대를 이어 산학자로서의 업을 이어나가기도 했다.

조선 중기, 여러 번의 큰 전쟁을 지나 황폐해진 나라를 다시 일으켜야 하는 상황이 되자 조정은 경세치용에 쏙 필요한 이들 산학자를 필요로 했다. 또한 실학과 서양의 수학·과학이 도입되며 실사구시를 중시하는 분위기가 무르익자 사대부들 역시 산학에 관심을 기울이기 시작했다. 이 시대에는 여러 중인 출신 산학자 혹은 산학을 연구한 사대

부들이 산학서들을 펴내기도 했다.

효종-현종 때의 산학자 경선징은 당대 조선 최고의 수학자였고,《산학계몽》의 형식을 본받아 후학들을 교육하기 위한 수학책《묵사집》을 펴냈다. 조선 최고의 수학자로 꼽히는 산학자 홍정하는 숙종 10년에 태어났는데, 그의 아버지와 할아버지, 외할아버지와 장인이 모두 산학자였다. 특히 남양 홍씨 중에서 산학자 취재에 합격한 110여 명 가운데 100명이 홍정하의 가계에 속해 있었으니, 그야말로 중인 출신의 산학자 중에서는 명문가라 할 수 있었다. 이 홍정하는 산가지와 산판을 이용한 방정식 풀이를 깊이 연구했다.

조선의 방정식 풀이법은 본래 중국에서 들어온 지식이었다. 그러나 명나라 무렵부터 중국의 산학자들은 기하학이나 방정식 풀이보다는 상거래에 쓰이는 실용수학을 발전시키는 데 치우쳐 주판을 이용한 계산에 몰두했다. 때문에 이 무렵 청나라에서는 증승개방법으로 방정식을 풀 수 있는 산학자가 거의 없어질 만큼 방정식 풀이가 퇴보해 있었다. 이때 홍정하는 원래 중국에서 사용하던 다항식 표기법인 천원술을 발전시키고, 연립방정식을 풀기 위한 방정술과 고차방정식 풀이를 위한 개방술, 조립제법과 유사한 증승개방법 등을 연구·발전시켰으며, 저서《구일집》에 그 설명을 남기기도 했다.

· · ·

영수합 서씨가 산학의 재미에 눈을 뜬 것은 이렇게 조선의 산학이 실학과 함께 발전해가던 무렵의 일이었다. 그는 산학을 살길처럼 여기고 몰두하는 중인 출신도 아니었고, 산학에 관심을 두고 다른 학자들과 교류하던 사대부도 아니었다. 그저 홍인모의 장서 속 산학책들을 가져다가 산판과 산가지를 쓰는 법부터 익히기 시작했다.

"정부正負*란 참으로 재미있는 것이로구나. 수에도 음과 양이 있으며, 이를 산가지의 빛깔과 놓는 방식으로 구분할 수 있다니."

영수합 서씨가 특히 열심히 본 책은 당대 산학자 취재를 준비하는 사람이라면 누구나 꼭 봐야 했던 《산학계몽》이었다. 이 책에는 평분**이며 약분, 합분*** 같은 분수 계산, 구고****를 비롯해 삼각형과 관련된 문제들 그리고 방정식에 대한 기본 내용이 들어 있었다. 특히 당시 방정식 풀이에 사용했던 개방술은 본래 기하학적인 아이디어에서 온 것으로, 넓이가 주어진 정사각형의 한 변의 길이를 구하는 개평방술, 넓이가 주어진 원의 지름을 구하는 개원술, 부피가 주어진 정육면체의 한 변의 길이를 구하는 개입방술 등을 활용해 제곱근이나 세제곱근을 구하고 나아가 방정식을 풀이하는 방식이었다.

"하지만 꼭 이렇게 풀어야 하는 것은 아니지 않느냐."

영수합은 자녀들과 더불어 수학을 논하다가 《산학계몽》에서 설명하는 풀이법에 의문을 품었다. 예를 들면 사다리꼴의 넓이를 구하는 방

---

* 　　　양수와 음수를 말한다.

** 　　여러 개의 분수의 평균을 내는 것을 말한다.

*** 　분수의 합을 말한다.

**** 직각삼각형을 말한다.

식이 그런 예였다.

"여기 이 책에 있는 밭의 넓이를 구하는 방식 말이다. 높이가 같고 위와 아래의 길이가 다른 밭의 넓이를 구할 때, 이 책에서는 밭을 두 개의 삼각형으로 나누어 각각의 넓이를 구한 다음 합치라 하였지."

"예, 다들 그렇게 풀지 않습니까."

"하지만 위아래의 길이를 합해 반으로 나눈 뒤, 여기에 높이를 구하면 더 간단하지 않겠느냐."

아들들은 고개를 끄덕이다가도 갸웃거렸다.

"하지만 어머니, 그런 것은 이미 고금의 학자들이 정리한 것입니다. 이렇게 풀지 않는 데는 뭔가 다른 연유가 있지 않겠습니까."

"아니, 네가 다시 풀어보면 알겠지만, 이 두 방법은 기실 같은 것이다. 이렇게 간단히 풀 수 있는데, 굳이 번거롭고 어리석게 풀 필요가 있겠느냐."

이처럼 영수합은 스스로 《산학계몽》의 풀이법을 응용해 더 간단한 풀이를 만들었다. 훗날 실학자가 되는 영수합의 둘째 아들 홍길주는 일고여덟 살 때부터 어머니에게 수학과 기하학을 배웠는데, 이 홍길주는 훗날 《수리정온數理精蘊》*을 읽던 중, 어머니 영수합이 풀던 새로운 방식이 서양의 풀이 방식과 일치한다는 점을 알게 되었다.

하지만 당시에는 여성이 직접 이와 같은 지식을 책으로 남길 수 있

---

* 강희제의 명령으로 청나라의 진후요, 하국종, 명안도, 매각성 등이 편찬한 총 53권의 수학총서. 마테오 리치의 《기하원본》 등 서양의 수학 이론을 중국 전통 수학과 결합해 발전시켰다. 정조 15년, 관상감에서는 이 책을 천문학의 시험 과목으로 삼기도 했다.

는 시대가 아니었다. 영수합은 권력을 쥐고 있던 경화사족 가문의 여성으로, 유복한 환경에서 높은 수준의 교육을 받을 수 있었으며, 당대의 소설이나 이야기책을 읽거나 가족들끼리 시를 지으며 즐길 수는 있었다. 하지만 공식적으로 여성이 한시를 창작하거나 학문 분야에서 깊이 있는 성찰을 기록하는 것이 용인되지는 않았다.

이런 상황에서 영수합은 〈차이백추하형문〉, 〈차계아동가십영〉, 〈차당인방은자불우〉, 〈차귀거래사〉와 같은 시를 지었으나 그 시문을 따로 남겨두지는 않았다. 남편인 홍인모가 영수합의 시문을 자식들에게 몰래 베껴두게 하여 차곡차곡 모아두고, 자식들이 훗날 홍인모의 문집인 《족수당집》을 묶으며 영수합의 시들을 《부영수합고》라는 제목의 부록으로 묶어 함께 간행하지 않았다면, 190여 편에 달하는 영수합의 시들은 현재까지 남아 있지 못했을 것이다.

하물며 수학적 업적은 더욱 그러했다. 영수합의 아들인 홍길주가 어머니의 행장을 기록하고, 영수합의 조카인 홍한주가 《지수염필》에서 "영수합은 수학에 통달한 분으로, 자식들에게 역학과 기하학과 방정식을 몸소 가르쳤다"고 썼지만, 조선 최초의 여성 수학자인 영수합의 학문적인 발견은 온전히 기록되지 못했다. 하지만 그의 수학적 역량은 어머니의 수학 문제 풀이에 큰 영향을 받은 아들, 홍길주를 통해 짐작할 수 있다.

홍길주는 제곱근을 구하거나 방정식을 풀 때 개방술을 활용하는 방식을 넘어 나눗셈과 뺄셈만으로 제곱근을 구하는 방법을 고안했다. 우선 수를 반으로 나누고, 나눈 값을 1부터 오름차순으로 빼나간다. 이를

테면 16이라면, 반으로 나눈 값은 8이 된다. 여기서 1을 빼고, 다시 2를 빼고, 3을 빼며, 더는 뺄 수 없게 될 때까지 빼본다. 이때 남은 수에 2를 곱한 뒤, 그 수가 뺄 수와 같으면 제곱근이 된다. 이 계산에 따르면 남은 수는 2고, 제곱근은 4가 된다. 만약 6이나 7과 같이 제곱근이 무리수인 경우에도 이 방식으로 쉽게 답을 어림할 수 있다. 예를 들어 6의 제곱근을 구하려면 일단 100이나 10000을 곱한 뒤 같은 방식으로 계산해 대략의 해를 얻는다. 이 수를 다시 100의 제곱근인 10이나 10000의 제곱근인 100으로 나눠주면 6의 제곱근의 어림수인 2.4나 2.44 혹은 2.449……의 해를 얻을 수 있다는 것이다.

이는 서양 수학에서 수열의 합을 구하는 공식과 유사한 독특한 풀이법으로, 홍길주는 자신의 저서인 《숙수념》에서 이 방식을 두고 "바보가 아닌 이상 어린아이라도 풀 수 있다"고 설명했다. 또한 홍길주는 제곱근뿐 아니라 세제곱근, 네제곱근, 다섯제곱근에 대해서도 간단한 풀이법을 고안했으며, 두 개의 근사해를 가정한 뒤 비례식이나 연립방정식을 푸는 '쌍추억산법'이란 새로운 풀이법을 개발하고, 원에 내접하는 다각형의 성질이나 황금분할 등 여러 기하학 문제에 대한 풀이법도 만들었다. 당시로서는 매우 독특했던 이 방법들을 만들 수 있었던 데에는 어쩌면 어머니 영수합과, 또 수학에 재능이 있었던 형제들과 함께 토론하며 문제를 풀어나갔던 산학 공부의 영향이 컸을 것이다.

한편 영수합과 홍인모 부부는 가정생활에서도 시대를 앞서갔다. 영수합은 자녀들에게 직접 글과 경서 그리고 수학을 가르쳤고, 홍인모는 영수합은 물론 자녀들도 함께 모여 시를 짓고 독서를 하는 것을 큰 즐거움으로 여겼다. 이와 같은 가풍에 힘입어 장남 홍석주는 규장각의 초계문신을 지내고 훗날 대제학을 지낸 대학자로 관직이 좌의정에 이르렀으며, 둘째 홍길주는 뛰어난 문장가이자 어머니의 영향을 받아 수학과 천문학에도 조예가 깊었다. 숙선옹주와 혼인한 셋째 홍현주는 문장으로 명성을 떨쳤으며, 숙선옹주 역시 이 집안의 가풍을 따라 영수합과 더불어 시를 지었다. 심의석과 혼인한 딸 유한당 홍원주는《유한당시집》에서 시 200편을 남겼다.

하지만 영수합을 시인이자 '현모양처'로만 기록하는 것은 부족하다. 만약 조선 사대부 집안의 여성이 자신의 학문을 좀 더 적극적으로 세상에 남길 수 있었다면, 독학으로 수학을 공부하고 새로운 풀이법을 찾았던 영수합은 아들들과 조카의 기록이 아니라 자신의 기록으로 업적을 세상에 알렸을 것이고, 조선 최초의 여성 산학자로 불리기에 모자람이 없었을 것이다. 혹은 이미 그 몇십 년 전에, 홍정하를 비롯해 가족이 대대로 산학을 연구하던 몇몇 중인 산학자 가문에서 이미 아버지나 남편이나 아들을 넘어선 새로운 계산법을 찾아낸 여성 산학자들이 있었을지도 모른다. 여성의 기록을 제대로 남기지 않았던 시대, 가족들이 남달리 깬 사람들이 아니었다면 여성이 공부를 계속할 수 없었던 시대, 영수합 정도 되는 여성조차도 결혼 전의 본명이 제대로 기록되지 않던 그 시대에, 다만 그들은 기록되지 않았기에 아예 없는 듯이 잊혔을 뿐이다.

메리 서머빌
Mary Somerville
(1780~1872)

19세기 과학의 여왕

"마거릿이 제대로 말을 하지 않는 것 같아서 하는 말이에요, 윌리엄. 난 대체 제부가 무슨 생각으로 메리에게 시간을 낭비하게 하는지 모르겠어요."

집에 오자마자 처형인 재닛에게 붙들려 잔소리를 듣게 된 윌리엄은 곤란한 표정을 지었다. 아내인 마거릿은 어디 간 건지 보이지 않았고, 재닛은 사람의 뒤를 졸졸 따라다니며 공격하는 거위처럼 집요했다. 이럴 때일수록 어린 딸인 메리라도 집에 있었으면 좋았겠지만, 윌리엄은 얼마 전 메리를 스코틀랜드의 머슬버러에 있는 여자 기숙학교에 보낸 상태였다.

"아니, 잠깐만요. 얘기를 안 듣겠다는 게 아닙니다. 다만 옷이라도 좀 갈아입고 하면 안 되겠느냐는 거죠……."

"여자아이잖아요!"

재닛은 윌리엄을 가로막으며 말했다.

"아들이라면 모를까, 여자아이에게 프랑스어가 무슨 소용이에요?"

"재닛, 마거릿이 어릴 때만 해도 여자아이가 많이 배울 필요가 없었던 건 압니다. 하지만 지금은 시대가 달라졌어요. 여자아이도 공부를 해야 해요. 수학도 배우고, 집안을 관리하는 법도 알아야 하는 세상이란 말입니다."

"아주 맞는 말이긴 하지만, 페어팩스 집안은 그렇게 부유하지 않아요."

재닛이 눈살을 찌푸리며 대답했다. 윌리엄 페어팩스는 잠시 말을 멈추고 재닛을 바라보았다. 윌리엄이 집을 비운 사이, 메리의 오빠인 샘은 에든버러의 할아버지 댁에서 지내며 교육을 받았다. 하지만 메리는 거의 방치되다시피 했다. 정원이나 바닷가를 돌아다니며 뛰어놀기만 했을 뿐 글자도 제대로 읽지 못했다. 마거릿과 재닛은 독실한 신자로, 성서 외에는 책을 읽지 않았고, 여자아이는 성서를 읽을 만큼만 배우면 된다고 생각했다.

"윌리엄, 당신이야 공부하는 데 어려움이 없었겠죠. 하지만 당신 누이들은 어땠을까요? 당신이 제독까지 승진하면서 딸에게도 좋은 혼처를 구해서 시집보내겠다, 그러기 위해 좀 더 좋은 교육을 받게 하고 싶다고 생각한 것도 이해해요. 하지만 직급이 제독이면 뭘 하나요. 이 집안 살림에 여자아이를 학교에 보내겠다는 건 허영이에요. 윌리엄, 당신의 그 허영을 채워주기 위해 내 동생 마거릿은 밤늦게까지 과수원을 돌보며 일하고 있다는 걸 몰라서 그래요?"

재닛의 말대로였다. 남편이 배를 타고 바다로 나가 있는 사이, 마거릿은 집안 살림에 필요한 돈을 버느라 늘 무리하고 있었다.

"정 메리에게 좋은 남편을 구해주고 싶다면, 학교를 보낸다고 무리하지 말고 지참금이라도 더 모아놓지 그래요. 여자가 좋은 남편을 찾는 데 더 시급한 건 지참금이지, 수학 공부가 아니니까요."

재닛은 강경했다. 결국 윌리엄은 말썽꾸러기 딸 메리를 우아한 귀부인으로 거듭나게 하겠다는 생각을 버리고, 딸을 집으로 불러들일 수밖에 없었다.

하지만 대체 그 기숙학교에서 무슨 일이 있었던 걸까. 메리는 달라져 있었다. 돌아온 메리는 더는 정원에서 뛰어놀지 않았다. 메리는 바닷가를 산책하며 조개껍질 표본을 만들고, 아버지의 서재에서 셰익스피어를 꺼내 읽기 시작했다. 그리고 누가 시키지도 않았는데 수학 공부에 푹 빠지고 말았다. 하지만 가족들은 그런 메리를 못마땅하게 생각했다.

"여자가 공부를 너무 많이 하면 사람들이 좋지 않게 본단다."

"네 어머니 말이 맞다, 메리. 쓸모없는 독서에 시간을 낭비하지 말고 바느질이라도 제대로 배우렴. 네가 남자애였으면 나도 이런 말은 하지 않았을 거야. 하지만 넌 여자애잖니."

어머니와 이모의 반대에도 불구하고, 메리는 더 많은 것을 알고 싶었다. 동생의 가정교사인 크로 씨에게 부탁해 수학책을 구해 읽기도 했다. 하지만 혼자서 공부하는 데는 한계가 있었다. 무엇보다도 고급 학문은 영어가 아닌 라틴어를 알아야 공부할 수 있다는 게 큰 장벽이었다.

한편 마거릿과 재닛의 언니인 마사는 스코틀랜드 정부 장관이자 과학자였던 토머스 서머빌 박사와 결혼했는데, 토머스 서머빌은 그때까지 메리가 만났던 사람 중 가장 학식이 높은 데다 누구라도 공부할 마음이 있다면 기회를 줘야 한다는 열린 마음을 가진 사람이었다.

"저는 라틴어를 배우고 싶어요."

마사 이모 댁에 방문한 메리는 토머스 서머빌에게 조용히 고백했다.

"저는 더 많은 책을 읽고 싶고, 더 많은 것을 알고 싶어요. 하지만 대부분의 어려운 책들은 라틴어로 되어 있어서 제가 읽기 쉽지 않아요. 이모부, 저는 더 배우고 싶어요."

"그러자꾸나, 메리."

토머스 서머빌이 흔쾌히 승낙하자 메리는 깜짝 놀랐다.

"이런 이야기를 듣고 꾸짖지 않는 분은 이모부가 처음이에요."

"공부를 하겠다는데 왜 꾸짖겠니."

"여자아이에게는 공부가 필요없다고들 하니까요."

"여자아이도 공부를 좋아할 수 있고, 또 여자아이도 박사가 되거나 위대한 학자가 될 수도 있지. 고대에도 히파티아 같은 여성들이 수학을 연구했었다. 볼로냐 대학에는 여자 박사도, 여자 교수도 나오는 세상이야."

토머스 서머빌은 메리가 마음에 들었다. 그는 메리에게 라틴어를 가르치고, 함께 베르길리우스를 읽으며 고전 문학의 아름다움을 알려주었다. 메리는 크세노폰과 헤로도토스를 읽기 위해 그리스어를 배웠고, 이곳에서 장차 의사가 되는 사촌오빠 윌리엄과 함께 대수와 유클리드 기하학을 공부하기도 했다. 한편 메리의 외삼촌 윌리엄 차터스를 통해 지질학자인 찰스 라이엘과 알게 되는 등 메리는 가족과 친척들 사이에서 불화하지 않으면서도 원하는 공부를 할 방법을 찾아나갔다.

• • • •

성장한 메리는 우아하게 춤을 추고 정중한 태도를 보이며 에든버러 사교계의 관심을 한 몸에 모으는 아름다운 아가씨로 성장했다. 사교계에서 '제드버그의 장미'라고 불리던 메리는 이 사교계를 통해 그리스어와 라틴어 학자인 엘리자베스 오스월드와 교분을 갖고, 네이스미스가 숙녀들을 위해 만든 아카데미에서 강의를 듣기도 하며 공부를 계속했다. 하지만 그런 메리도 결혼을 하게 되며 한동안 공부를 중단할 수밖에 없었다.

"그래, 분명히 아름답고 착하지만 별난 여자야. 집에서 쉴 때 하는 일이 대수학 공부라니. 내가 아내를 맞은 건지, 집에 교수님을 하나 들여앉힌 건지 모르겠다니까."

메리의 첫 남편인 새뮤얼 그레이그는 군인이었는데, 그는 메리가 아름답고 교양이 높은 것은 좋아했지만, 수학이나 천문학을 공부하는 것에 대해서는 늘 불평했다.

"여자가 공부를 많이 하면 건강한 아이를 낳지 못한다는 말도 못 들어봤어?"

메리는 어처구니가 없었다. 어릴 때는 재닛 이모가 여자아이는 공부해봐야 소용없다고 잔소리를 하더니, 이제는 책 좀 읽으려고 할 때마다 남편이 대놓고 못마땅해하다니. 메리는 새뮤얼과의 사이에서 두 아이를 낳았지만, 이런 결혼생활이 행복할 리 없었다. 불행인지 다행인지 1807년, 새뮤얼은 아직 젊은 나이에 세상을 떠났고, 메리는 죽은 남편으로부터 아이들을 키우고 공부와 연구를 계속해나갈 만큼의 유산을 물려받았다. 메리는 스코틀랜드로 돌아와 아이작 뉴턴의 《프린키피아》*를 깊이 공부하고, 육군대학의 수학 저널에 실린 문제를 풀며 지냈다. 1811년에는 디오판틴 문제에 대한 해법으로 은메달을 받으며 수학자로서 이름을 알렸다. 메리는 연구를 계속하는 한편, 수학자인 윌리엄 월리스나 존 플레이페어, 대법관을 지낸 헨리 브로엄 같은 명망 높은 지식인들과 두루 교류하며 이들을 통해 수학 안에서 관심 분야를 확장해나갔다.

메리는 젊고 교양이 높았기 때문에, 청혼을 해 오는 이들도 있었다. 하지만 메리는 그럴 때마다 자신이 연구에 몰두하는 것을 싫어하던 새뮤얼을 떠올렸다.

"나를 학자로서 존중해주는 사람이라고 해도, 만약 내가 결혼을 해서 아내가 된다면 공부 같은 건 그만두고 아내의 도리를 다하라고 윽박지를지도 몰라."

§ 아이작 뉴턴(Isaac Newton, 1643~1727)

영국의 수학자이자 물리학자, 천문학자. 만유인력의 법칙과 뉴턴 운동 법칙 그리고 중력의 힘을 수학적 물리량으로 발견한 것으로 유명하다. 1687년 발간한 《프린키피아》를 통해 자연현상이 수학적으로 잘 표현됨을 보여주고, 고전역학의 기본 바탕을 제시했다. 이는 17세기 과학적 방법론이 제시되고, 과학이 철학·수학과 분리되는 과학혁명에 크게 기여했다. 한편 그는 실용적인 반사 망원경을 제작하고, 프리즘이 백색광을 가시광선으로 분해할 때 보이는 무지개의 스펙트럼을 관찰해 광학을 발전시켰으며, 뉴턴 유체의 개념을 고안했다. 수학자로서 뉴턴은 무한대, 무한소, 극한의 방법을 활용한 구분구적법을 발전시켜 미적분학의 기본 정리를 증명하고 체계화했으며, 함수의 근을 구할 때 미분을 해서 접선을 반복해 그어 근에 수렴하게 하는 뉴턴–랩슨 법을 만들었다.

---

* 　원제는 '자연철학의 수학적 원리'로, '프린키피아 Principia'는 약칭이다.

메리는 생각했다. 하지만 그런 메리에게 오랜 친구이자 사촌인 윌리엄이 다가갔다. 윌리엄은 메리와 어린 시절부터 가깝게 지냈고, 메리가 왜 재혼을 두려워하는지도 잘 알고 있었다. 무엇보다도 의사이자 학문에 관심이 많았던 윌리엄은 메리의 지성을 높이 여기고 있었다.

"약속해. 나는 당신의 연구를 언제까지나 가장 가까이에서 응원할 거야."

결국 메리는 윌리엄의 구혼을 받아들였다. 윌리엄은 육군 의료위원회의 감독관으로 그리고 에든버러 왕립학회의 회원으로 활동하는 한편, 메리의 연구를 적극적으로 지지했다. 에든버러에서 생활하며 윌리엄과의 사이에서 네 명의 아이가 태어났지만, 메리는 여러 과학자나 수학자들은 물론 화가 윌리엄 터너나 작가 월터 스콧과 같은 다양한 명사들과 교분을 맺고, 수학 연구를 계속하며 활발하게 활동할 수 있었다.

1819년, 윌리엄이 왕립 첼시 병원에 부임하면서 메리와 가족들은 첼시의 하노버 스퀘어로 이사했다. 이곳에서 메리는 과학자와 과학에 관심 있는 수많은 명사와 교류하게 되는데, 이들 중에는 영국 왕립학회 회원들도 적지 않았다. 메리는 여러 학자와 자주 편지를 보내고 대화를 나누며, 이들을 통해 자신의 생각의 폭을 넓혀나갔다. 그렇게 메리의 친구가 된 이들 중에는 물리학자 데이비드 브루스터, 작가 마리아 에지워스, 천문학자 윌리엄 허셜과 캐롤라인 허셜 남매, 조지 에어리, 수학자 조지 피콕과 찰스 배비지 그리고 웬트워스 남작 부인 앤 이사벨라와 그 딸, 에이다 바이런이 있었다.

에이다는 수학적 재능이 뛰어난 소녀였다. 그 어머니인 앤 이사벨라도 '평행사변형의 공주'라는 별명으로 불리던 훌륭한 수학자였고, 딸에게 수학 공부를 시키는 데 적극적이었다. 메리는 그런 앤과 에이다를 보며 처음에는 부러움을 느꼈지만, 에이다의 가정교사가 되며 자신이 본 것이 전부가 아님을 알게 되었다.

"당신도 알겠지만, 내 전남편인 바이런은 정말 방탕하고 끔찍한 사람이었어요. 내 딸 에이다가 영리하긴 하지만, 바이런을 닮아서 쓸데없는 공상에 빠져 있는 일이 많아 걱정이랍니다."

"저는 세상에 없던 걸 생각해내는 걸 좋아해요. 수학을 좋아하는 것

도, 공상을 좋아하는 것도, 둘 다 저예요."

에이다는 상상력이 풍부했지만, 그 상상력은 시인이었던 아버지 바이런을 닮았다는 이유로 어머니에게 거부당했다. 메리는 자신의 상상력을 어머니에게 이해받지 못하는 에이다가 안타까웠다. 메리와 에이다는 곧 사이좋은 스승과 제자가 되었다. 메리는 학자들이 모이는 자리마다 이 영리하고 재능 있는 세자를 데리고 다니며, 자신의 남편 윌리엄이 자신에게 해주었던 것처럼 많은 사람을 만나고 새로운 아이디어들을 접하며 더 넓은 세상을 볼 수 있도록 도와주었다. 그 과정에서 에이다는 차분기관을 연구하던 찰스 배비지와 만나 아직 만들어지지 않은 이 계산 기계를 제어할 수 있는 논리 언어를 만들게 된다.

●　●　●

§ **윌리엄 허셜**(William Herschel, 1738~1822), **캐럴라인 허셜**(Caroline Herschel, 1750~1848)

윌리엄은 오르간 연주자이자 성가대 지휘가이며 작곡가였고, 캐럴라인은 소프라노 성악가였다. 이들 남매는 독학으로 천문학을 공부하고, 함께 대형 망원경을 손수 제작하며, 밤마다 별을 관찰하고 논문을 썼다. 이를 통해 천왕성과 2500여 개의 성운을 발견했고, 태양계에 국한되어 있던 그간의 우주관을 확장시켰다. 캐럴라인 허셜은 여덟 개의 혜성과 열한 개의 성운을 발견했고, 천문학에 대해 수학적으로 접근했다. 특히 영국의 천문학자 플램스티드가 관측해 기록한 별의 위치들 가운데 오류가 있는 부분을 정정하고 별 560개의 위치를 추가해 〈고정된 별들에 대한 플램스티드의 관측에 대한 색인〉을 발표하기도 했다. 윌리엄 허셜이 결혼한 뒤 캐럴라인은 독립적으로 연구를 계속했으며, 윌리엄 사망 후 고향인 독일 하노버로 돌아가 남매가 발견했던 성운과 성단의 목록을 완성했다. 캐럴라인은 천문학에 대한 공헌을 인정받아 1828년, 뒤늦게 영국 왕립천문학회로부터 금메달을 받았다. 85세가 되던 1835년에는 메리 서머빌과 함께 여성 최초로 영국 왕립천문학회 명예회원이 되었다.

메리 서머빌은 덴마크의 물리학자 외르스테드가 전기와 자기의 관계를 설명한 논문을 읽고 흥미를 느꼈다. 곧 그와 관련된 실험을 한 뒤 〈태양 스펙트럼의 보라색 빛의 자기적 특성 The magnetic properties of the violet rays of the solar spectrum 〉이라는 논문을 왕립학회의 학술지인 《철학회보》에 발표했다. 메리는 수학에 관심을 가졌지만, 이 관심은 수학적인 증명에 머무르지 않고 물리학과 천문학 그리고 지리학에 이르기까지 다양하게 확장되었다. 또한 당시의 여성 과학자들이 많은 저술을 남기지 않았던 것과 달리, 메리는 적극적으로 사람들이 이해하기 쉬운 수학·과학 책들을 쓰기 시작했다.

당시 수학은 독일의 라이프니츠가 정리한 미적분을 중심으로 발전하고 있었지만, 영국은 뉴턴의 미적분, 즉 유율법을 고집하며 다른 나라의 최신 수학을 적극적으로 받아들이지 않아 뒤처지고 있었다. 이 시기, 메리 서머빌은 아이작 뉴턴의 《프린키피아》에 주석을 다는 한편, 프랑스의 수학자 피에르시몽 라플라스의 《천체 역학》을 번역하고 알

§ **고트프리트 빌헬름 라이프니츠**(Gottfried Wilhelm Leibniz, 1646~1761)

독일의 철학자이자 수학자. 좌표와 기울기, 각종 기하학적 개념을 함수의 그래프에서 이끌어냈으며, 선형방정식의 계수를 행렬을 이용해 푸는 방법을 생각해냈다. 수리논리학을 발견했으며, 젊은 시절에는 이진법을 다듬었고, 파스칼의 계산기를 개량했으며, 사칙연산을 수행할 수 있는 '단계 계산기'를 만들었다. 아이작 뉴턴과는 별개로 미적분을 창시하기도 했다. 물리학 분야에서는 정역학과 동역학 분야에 기여했고, 과학을 발전시키기 위한 수단으로 데이터베이스의 형태를 구상했으며, 국립 과학 학사원을 설립해 학자들이 교류하고 협력해야 한다고 주장했다. 도서관학의 창시자이기도 했으며, 철학자로서 "대체 왜 무無가 아니라 무언가가 존재하는가"라는 형이상학의 근본 질문을 던진 것으로도 유명하다.

기 쉽게 해석하는 등 최신 수학을 사람들에게 소개했다. 또한 당대의 유명 출판업자인 존 머리와 계약해 《천체의 메커니즘》, 《물리적 과학의 연관성》, 《물리지리학》, 《분자와 미시과학》 등을 발표했다. 《물리적 과학의 연관성》에서 메리 서머빌은 근대 이전까지는 자연철학으로 묶어서 이해했던 물리학과 연관된 학문들의 추상적 관계를 종합하고, 이를 현실과 연결해 설명했으며, 궁극적으로는 수학을 통해 이와 같은 통합이 이루어질 것이라고 설명했다. 여러 분야의 학자들과 교류하며, 그들을 통해 얻은 정보들을 교차해 연결하며 지식의 폭을 넓혀갔던 메리 서머빌의 깊은 이해가 만들어낸 대표작이었다.

자신의 저작과 마찬가지로, 메리 서머빌은 수학과 물리학 그리고 천문학에 이르기까지 두루 업적을 남겼다. 메리의 업적 가운데 가장 유명한 것은 해왕성의 발견에 기여한 것이다.

1781년 3월 13일, 윌리엄 허셜과 캐롤라인 허셜은 자신들이 직접 만든 대형 망원경으로 밤하늘을 관측하던 중 천왕성을 발견했다. 이후 1821년, 프랑스의 천문학자 알렉시스 부바드가 천왕성의 천문표를 만들었다. 하지만 이상했다. 천왕성은 계산으로 예측한 천문표와는 계속 어긋난 움직임을 보였다.

"수많은 관측을 통해 계산한 결과가 천왕성의 움직임을 예측하기에 여전히 부족하다면, 우리가 아직 발견하지 못한 새로운 행성이 있고, 그것이 천왕성의 움직임에 영향을 미친다는 뜻입니다."

메리 서머빌은 1842년, 《물리적 과학의 연관성》의 제6판에서 천왕성의 움직임을 교란하는 또 다른 행성의 존재를 예측했다. 1845년에는 프랑스의 천문학자 위르뱅 르베리에와 영국의 존 쿠치 애덤스가 비슷한 시기에 천왕성의 위치를 계산해냈다. 그리고 1846년, 베를린 천문대에서 요한 고트프리트 갈레와 하인리히 다레스트가 르베리에의 계산을 바탕으로 해왕성을 발견한다. 실제로 발견된 해왕성의 위치와 질량은 이와 같은 계산 결과와 거의 일치했다. 그야말로 관찰이 아닌 수학적 예측으로 행성을 발견한 것이었다.

　메리는 수학과 천문학, 물리학 분야에서 활발하게 활동하며 저서들을 남겼다.《천체 역학》은 케임브리지에서 학부생을 위한 교과서로 사용되었고, 행성으로서의 지구의 전체 구조와 여러 특징을 설명한《물리지리학》은 20세기 초까지 교과서로 사용되었다.《물리적 과학의 연관성》은 대중에게도 폭넓게 읽힌 당대의 베스트셀러였다. 또한 사망한 이후 출간된 자서전에서 자신이 만났던 여러 과학자에 대해 생생한 기록을 남기기도 했다. 이와 같은 과학 저술에 대한 업적으로 메리는 영국 왕실로부터 연간 200파운드의 연금을 받았으며, 실험으로 과학 현상을 설명하거나 수학·과학 교사로서 활동하는 등 다양한 방식으로 과학의 대중화에 앞장섰다. 또한 여성 참정권을 위한 청원에 서명하고, 자서전에서 "영국의 법률은 여성에게 불리한 면이 있다"고 언급했으며, 여성도 고등교육을 받을 수 있는 길을 열기 위해 노력했다. 때로는 메리는 자신이 대중적인 과학 이론서를 쓰는 것이 아니라 수학에만 집중했어야 하는 것이 아닐까 고민했다. 하지만 사람들은 메리 서머빌의 업적을 결코 경시하지 않았다. 그는 만년에는 영국 왕립학회의 명예회원이자 미국 지리통계학회와 철학학회의 회원이 되었다. 옥스퍼드 대학교의 서머빌 컬리지와 1987년 보웰이 발견한 서머빌 소행성 그리고 달 동부의 서머빌 분화구는 메리 서머빌의 이름을 따서 명명되었다. 그리고 2017년, 스코틀랜드 왕립 은행은 스코틀랜드 10파운드 지폐의 새로운 인물로 메리 서머빌을 선정하고, 그의 초상화가 담긴 지폐를 발행했다.

에이다
러브레이스

Ada Lovelace

(1817~1852)

컴퓨터 시대를 예언한
최초의 프로그래머

1833년 6월, 곧 열여덟 살이 되는 에이다는 소파에 드러누워 책을 읽고 있었다. 이제 막 사교계에 나간 아가씨치고는 단정치 못한 행동이었지만, 소녀의 스승인 메리 서머빌은 꾸짖지 않았다. 에이다의 어머니인 웬트워스 남작 부인 앤 이사벨라는 늘 딸에게 엄격하게 대했다. 에이다가 한 번도 만나보지 못한 제 아버지 바이런을 닮아 방탕한 인생을 살게 될까 걱정했기 때문이다.

　'하지만 원래 젊은 아이들이란 용수철 같은 거라서 억누르기만 하면 더 멀리 튀어 나가는 법이지.'

　메리 서머빌은 찰스 배비지에게서 받은 초대장을 들여다보며 웃음 지었다. 찰스 배비지는 괴짜라는 소문이 자자한 수학자였다. 암호학 cryptology 을 전공했고, 종종 사람들이 못 알아들을 소리를 한다는 평도 있었지만, 수학자들 사이에서는 친구가 많고 다정한 사람이었다. 그는 젊었을 때부터 매릴번의 자택에 수학자들을 초대해 저녁 식사를 함께 하고, 밤늦게까지 수학에 대해 토론하는 것을 즐기곤 했다.

　찰스 배비지는 학계에서 여러 분야에 걸쳐 발이 넓은 메리 서머빌과도 친분이 있었다. 그런 찰스 배비지가 이번에는 오거스터스 드모르간이나 조지 불과 같은 수학자들과 함께 저녁을 먹을 테니 꼭 참석해주기를 바란다며 초대장을 보내온 것이다.

"찰스 배비지가 저녁을 먹으러 오라더구나."

"……어머니와 선생님을 초대하신 거겠죠?"

"물론이지. 하지만 이런 말도 적혀 있구나. 서머빌 선생님이 자랑하시는 그 천재 제자도 데려오라고 말이다."

"그건 물론 저를 두고 하는 이야기겠죠?"

에이다는 소파 위로 고개를 빼꼼 내밀며 물었다. 메리 서머빌은 미소를 지었다.

"정말 건방진 아이로구나. 너희 어머니가 이 사실을 알면 뭐라고 하시겠니?"

"제발요, 선생님. 저도 같이 가도 되나요? 예?"

"물론이란다, 에이다. 그러지 않아도 드모르간이 너를 궁금해하더구나. 같이 가겠니?"

§ 찰스 배비지(Charles Babbage, 1791~1871)

'컴퓨터의 아버지'로 알려진 수학자이자 천문학자. 다항식 계산을 위한 차분기관을 만들고, 그보다 더 범용적인 명령을 처리할 수 있는 해석기관을 설계했다. 신성모독으로 여겨진 논문을 변론하거나 초자연 현상에 관심을 가지는 등 당시로서는 기행으로 여겨지는 행동 때문에 사교계에서의 평판은 나빴지만, 왕립 연구소에서 천문학을 가르치고, 왕립학회 회원이 되고, 케임브리지 대학의 루커스 석좌 교수*로 임명되는 등 학계에서는 그 업적을 인정받았다. 해석기관과 차분기관 외에도 많은 연구를 했으며, 비즈네르 암호를 해독하는 등 암호학에도 기여했다.

---

* 1663년, 케임브리지 대학 선거구의 하원의원이었던 헨리 루커스가 설립한 수학 석좌교수직으로, 아이작 뉴턴, 스티븐 호킹 등이 교수직을 맡았다.

"그럼요, 선생님!"

찰스 배비지의 응접실에는 재미있는 물건들이 있었다. 사람들은 주로 움직이는 자동인형에 관심을 가졌지만, 에이다가 관심을 가진 것은 태엽장치가 달린 큼직한 기계였다. 에이다는 한눈에 이 기계에 마음을 빼앗겼다.

이날 모임에는 과연 여러 명의 수학자가 참석했다. 특히 당대 수학계의 거물인 수학자 드모르간이 메리 서머빌의 '천재 제자'에게 관심을 보였다.

"네 어머니인 웬트워스 남작과도 수학 토론을 자주 벌이곤 했지. 젊은 시절 네 어머니의 별명은 '평행사변형 공주'였단다. 런던에서 수학을 좀

한다는 사람이라면 웬트워스 남작을 모르는 사람이 없었지."

드모르간은 에이다와 잠시 이야기를 나누다가 이번에는 친구인 조지 불과 어울렸다. 그때였다.

"저기를 봐요, 여보."

드모르간의 아내 소피아 드모르간이 남편의 팔을 가볍게 건드리며 속삭였다.

"에이다 바이런 양 말이에요."

"그 아이? 아주 똑똑한 아이더군요. 그런데 왜요?"

"다른 사람들은 다들 아름다운 자동인형을 보고 있어요. 그런데 저 아가씨만이 찰스 배비지가 새로 만든 계산 기계를 보고 있어요."

드모르간은 그 말에 다시 한번 에이다를 바라보았다. 에이다는 아직 젊은 나이였지만, 찰스 배비지의 발명품이 어떻게 동작하는지 이해하고, 그 위대한 아름다움을 간파하고 있는 듯 보였다.

홀린 듯이 그 기계를, 컴퓨터의 직계 조상을 들여다보던 에이다는

---

§ **오거스터스 드모르간**(Augustus De Morgan, 1806~1871)

수학 시간에 집합을 배울 때 나오는 '드모르간의 법칙'으로 유명한 영국의 수학자로, 수학적 귀납법의 개념을 정립했다. 케임브리지 대학교 트리니티 칼리지에서 수학을 공부했다. 그는 뛰어난 학생이었지만 무신론자였는데, 석사 과정을 밟기 위해서는 신학 시험에 통과해야 했다. 결국 박사 학위 없이 런던으로 돌아왔는데, 이 무렵 국교회 외부의 무신론자나 유대인, 자유주의 지식인들을 위한 런던 대학교(현 유니버시티 칼리지 런던)가 설립되었다. 드모르간은 런던 대학교의 수학 교수가 되었고, 수학자들을 모아 런던 수학회를 창립했다. 또한 인도의 수학에 관심을 갖고, 집합과 논리학을 발전시켰다. 그는 "수학적 발견의 원동력은 논리적인 추론이 아니라 상상력이다"라고 말했고, 에이다 러브레이스의 재능을 인정하여 수학을 가르치기도 했다.

마침내 이 집의 주인인 찰스 배비지가 메리 서머빌에게 다가와 인사를 건네자마자 간절히 애원하듯이 말했다.

"제게 이 기계의 설계도를 보여주실 수 없을까요? 예?"

찰스 배비지는 조금 놀란 듯한 표정을 짓다가 메리 서머빌이 웃음을 지으며 고개를 끄덕이자 정중하게 대답했다.

"물론입니다, 에이다 바이런 양."

그날 이후, 열여덟 살의 에이다와 마흔두 살의 찰스 배비지는 차분 기관에 대한 수많은 아이디어를 교환하며 에이다가 죽을 때까지 친구가 되었다.

· · ·

조지 고든 바이런은 유명한 시인이었다. 대표작인 《돈 주앙》을 비롯해 왕성한 창작을 거듭했으며, 낭만주의 문학을 선도한 인물이었다. 한쪽 다리를 절었지만 무척 미남이었고, 조부의 작위를 이어받아 상원의원이 되기도 했다.

하지만 그의 사생활은 그다지 존경받을 만한 것이 아니었다. 그는 방탕했고, 여성 편력이 심했다. 훗날 영국 총리가 되는 윌리엄 램의 부인인 캐럴라인 램은 물론, 심지어는 이복누이인 어거스타와도 스캔들에 휘말렸다. 그러던 바이런은 '평행사변형 공주'라 불리던 수학자 앤 이사벨라 밀뱅크와 결혼했다. 앤 이사벨라는 여성이 작위를 상속할 수 있는 웬트워스 가문 출신으로 남작 작위를 이어받을 예정이었고, 당시 여성으로는 드물게 케임브리지 대학의 교수 출신 스승들로부터 수학과 철학, 과학을 배운 지식인이었다. 하지만 이성적이고 냉철한 앤 이사벨라와 방탕한 바이런은 성격이 맞지 않았다. 두 사람은 결혼 1년 후, 에이다가 태어나고 얼마 지나지 않아 이혼하고 말았다.

앤 이사벨라는 분개했다. 바이런은 그 와중에 태어난 아이에게 자신과 간통한 이복누이의 이름을 따와 에이다 '어거스타'라고 붙여놓았다. 게다가 당시 영국에서는 이혼할 경우 아버지에게 양육권이 주어졌지만, 바이런은 이혼하고 영국을 떠난 뒤 한 번도 아이를 만나러 오지 않았다.

"위대한 시인은 무슨! 바이런은 방탕하고 제멋대로며 부도덕한 인간이었어. 제 자식 얼굴 한 번 보러 오지 않은 사람이라고. 그를 칭송하는 사람이 있다면 누구라도 내가 그에 대해 증언해주겠어!"

앤 이사벨라는 평생에 걸쳐 전남편인 바이런의 부도덕한 행실을 비난했다. 바이런의 친구로, 임신한 아내 해리엇을 두고 아직 소녀였던 메리 울스턴크래프트 고드윈을 유혹했던 퍼시 셸리도 함께 비난했다. 하지만 앤 이사벨라는 퍼시 셸리에게 버림받고 비관해 목숨을 끊은 해리엇과는 달랐다. 바이런이 없어도 그는 여전히 여성 수학자였다. 또한 사회문제에 관심이 많아서, 감옥에 갇힌 죄수들의 처우 개선을 위해 노력하고, 노예제도 폐지를 주장하며, 가난한 소년들을 위한 직업학교를 세우는 등 여러 사회운동에 헌신하는 진보적인 지식인이었다. 그러는 한편, 어머니로서 에이다의 교육에 최선을 다했다.

"내 딸이 방탕하고 무모했던 바이런을 닮아서는 안 돼. 에이다에게는 수학과 논리를 가르치고, 언제나 이성적으로 판단할 수 있는 사람으로 키울 거야."

앤 이사벨라는 에이다가 바이런을 닮는 것을 걱정해 수학과 과학, 논리학을 가르쳤다. 집에서는 아버지에 대해 이야기하지 못하게 하고, 스무 살이 될 때까지는 바이런의 초상화도 보지 못하게 할 정도였다.

"뭘 하는 거니, 에이다. 고양이 앞에 수학책을 펴놓고."

에이다가 고양이인 마담 퍼프와 놀면서 어린아이다운 상상을 하는 것조차도 앤 이사벨라에게는 경계의 대상이었다.

"마담 퍼프도 잘 가르치면 방정식을 풀 수 있지 않을까 해서요."

"무슨 말을 하는 거야. 고양이는 수학을 풀 수 없어요. 난 네가 그런 말을 할 때마다 정말 걱정이 되는구나."

에이다는 시무룩해져서 마담 퍼프를 데리고 가버렸다. 그런 에이다를 보며 앤 이사벨라는 에이다의 가정교사이자 여성 수학자인 메리 서머빌에게 근심스럽게 말하곤 했다.

"에이다가 책을 읽고 여러 생각을 하는 건 좋아요. 하지만 아무짝에도 쓸모없는 공상 같은 걸 하는 게 걱정이에요."

"세상에 쓸모없는 생각이란 없어요. 원래 가장 뛰어난 생각은 그런 공상 속에서 나오는 법이지요. 에이다를 보세요. 자기가 배운 과학 지식을 그 상상과 연결하고 있잖아요?"

메리 서머빌의 말대로였다. 에이다는 조류 해부학 책을 보며 날개 모형을 만들거나, 이미 배운 풀이와는 다른 방식의 풀이법을 고안하는 등 자신이 배운 것에 상상력을 더해 새로운 생각들을 해내곤 했다.

"어머니가 수학자이고 아버지가 시인이었다면, 저는 시인 같은 과학자이자 분석가예요."

에이다는 정통적인 수학과 과학을 배웠지만, 골상학이나 최면술과 같은 사교계에서 유행하던 지식에도 관심이 많았다. 그리고 자신의 다양한 관심사를 수학적으로 분석하고 싶어했다. 메리 서머빌은 그런 에이다를 자신의 지인인 수학자들이나 여러 유명인사와 교류하게 하여 지식과 교류의 폭을 넓히도록 도와주었다.

이 무렵 귀족 여성들은 십대 후반이 되면 사교계에 나가고, 신분과 지위가 맞는 구혼자를 만나 청혼을 받고 결혼을 했다. 에이다 역시 마찬가지였다.

"저 아가씨는 바이런 경의 딸이지 않나. 어릴 때부터 바이런 경의 일 때문에 소문이 자자했는데, 벌써 사교계에 나올 만큼 자랐군."

"사교계를 떠들썩하게 했던 그 이혼이야 그렇다고 쳐도, 저 아가씨는 무척 유력한 신붓감이야. 아버지를 닮아 미인인 데다 그 어머니를 닮아 머리도 좋고. 무엇보다도 조건이 훌륭하지."

"아아, 멜번 경과 친척인 데다 미들랜드의 영지도 있으니까. 그만하면 훌륭한 구혼자를 만나기에 부족함이 없지."

사람들의 말대로 에이다는 곧 윌리엄 킹 남작의 청혼을 받고 킹 남작 부인이 되었다. 윌리엄 킹은 에이다를 무척 사모했고, 에이다의 학문에 대한 열의를 지지해주겠다고 약속했다.

"난 당신의 지성에 깊은 찬탄을 보내고 있어요, 에이다. 당신이 나와 결혼하더라도 지금처럼 수학이나 과학을 공부하고, 학자들과 교류할 수 있을 겁니다."

이후 빅토리아 여왕의 대관식을 기념하며 남편인 윌리엄 킹 남작의 작위가 백작으로 격상되었다. 이때 윌리엄 킹은 에이다의 외가 조상으로 지금은 대가 끊어진 러브레이스 남작 가문의 이름을 따서 러브레이스 백작이 되었다. 이후 에이다는 러브레이스 백작 부인으로 불리게 되었다.

• • • •

결혼 후에도 에이다는 찰스 배비지를 종종 방문했다. 배비지 역시 여름이 되면 에이다의 별장에 방문해 수학이나 배비지가 만들고 있는 차분기관 그리고 아직 구현되지 않은, 배비지가 생각하고 있는 새로운 계산기에 대해 이야기를 나누곤 했다.

차분기관difference engine이란 다항식을 풀 수 있도록 설계된 기계식 계산기였다. 이 기계는 뉴턴의 미적분법을 원리로 하여, 사칙연산을 덧셈을 반복하는 것만으로 바꿔 다항식의 값을 계산할 수 있도록 설계되었다. 예를 들면 뺄셈은 음수의 덧셈, 곱셈은 여러 번의 덧셈, 나눗셈은 여러 번의 뺄셈으로 치환되는 식이다.

이 기계식 계산기로 실제 계산을 할 때는 몇 가지 제약이 있었다. 일단 복잡한 숫자들을 하나하나 사람 손으로 입력해야 하는 문제도 있었지만, 좀 더 근본적인 문제는 저장공간이었다. 기계식 계산기에서 숫자들은 이진수로 바뀌어 계산되는데, 각각의 자릿수는 0과 1, 참과 거짓으로 표시할 수 있는 저장공간을 차지했다. 이 무렵에는 아직 필요에 따라 저장공간을 가변적으로 사용할 수 없었기 때문에, 하나의 숫자를 표시하려면 이와 같은 저장공간들의 묶음이 필요했다. 그리고 계산할 수 있는 다항식의 최대 차수는 이 저장공간 묶음의 개수를 넘어설 수 없었다.

또 하나의 제약은 속도였다. 초기의 기계식 계산기들은 종종 숙련된 계산원의 수작업보다 느리게 작동했다. 계산 속도를 높이기 위해서는 다양한 함수의 결과를 참조할 수 있는 계산표가 필요했는데, 이 계산표에 오류가 있을 경우 전체 계산이 틀어지는 결과를 낳았다.

배비지는 이와 같은 계산기 설계의 어려움에 대해 이야기를 나누고, 에이다와 함께 해결책을 찾아내기도 했다. 에이다는 조언자이자 후원자로서 배비지의 연구에 함께했다. 해결하기 어려운 문제라고 생각한 일에 에이다의 아이디어가 더해지며 해결의 실마리를 찾을 때마다 배비지는 경탄했다.

"정말 숫자의 마법사 같군요."

한편 배비지는 1837년, 차분기관에 이어 좀 더 다양한 분석을 수행할 수 있는 기계식 계산기를 설계하기 시작한다. 바로 해석기관이었다.

해석기관은 지금까지의 기계식 계산기와는 달랐다. 일단 기존과는 다른 새로운 방식인 천공카드를 이용해 입력을 받겠다는 아이디어가 추가되었다.

천공카드punched card는 해석기관 이전에 직조기를 제어하는 데 사용되었다. 조제프 마리 자카드가 발명한 자카드식 직조기는 천공카드에 지정된 대로 씨실과 날실을 움직여 복잡한 패턴의 직물을 짤 수 있었다. 이 직조기에 무늬를 입력하는 천공카드에서 영감을 얻어 에이다와 배비지는 천공카드를 이용해 여러 숫자 데이터는 물론, 이를 계산할 식까지 미리 기록해두었다가 한 번에 해석기관에 입력하자는 아이디어를 떠올렸다.

"어차피 기계가 이해하는 숫자는 이진수예요. 하나하나 수많은 스위치를 켜고 끄는 것보다 구멍이 막혀 있으면 0, 뚫려 있으면 1이라고 생각하면 훨씬 쉽게 입력할 수 있을 거예요."

에이다는 천공카드로 데이터와 식을 입력받는다는 아이디어를 앞에 두고 어린아이처럼 흥분했다. 훗날 에이다는 이 천공카드에 대해 이렇게 말하기도 했다.

"자카드식 직조기가 꽃이나 잎의 무늬를 짜는 것처럼, 해석기관은 대수적인 패턴을 짜나갈 거예요."

불행히도 에이다는 젊어서 세상을 떠났고, 찰스 배비지의 해석기관은 완성되지 못했기 때문에, 에이다는 끝내 천공카드가 실제로 입력에 사용되는 모습을 볼 수 없었다. 하지만 1890년 미국의 통계학자 홀러리스가 미국의 인구조사에 천공카드를 이용하면서 천공카드는 실제로 기계를 이용한 계산에 사용되었다. 홀러리스는 훗날 전산제표기록회사를 세웠는데, 이 회사는 훗날 세계 최초의 전기 자동 계산기인 마크I을 만드는 IBM의 전신이 되었다.

1842년, 찰스 배비지는 이탈리아의 토리노 대학에서 해석기관에 대한 강연을 한다. 이날 강연을 들은 이들 중에는 훗날 이탈리아의 총리가 되는 젊은 과학자 루이기 메나브레아가 있었는데, 메나브레아는 배비지의 강연을 바탕으로 해석기관에 대한 논문을 썼다. 배비지의 집에 찾아온 찰스 휘트스톤은 프랑스어로 된 이 논문에 대해 이야기했다.

"배비지의 설명을 간결하게 잘 정리했더군요. 이걸 영어로 번역한다면 해석기관 연구를 돕거나 후원하겠다는 이들이 더 늘어날지도 모르겠어요."

사실 그랬다. 해석기관의 기본 개념은 상당히 복잡하다 보니 대부분의 사람은 그 내용을 제대로 이해하지 못했고, 배비지가 만들겠다고 한 기계가 빨리 완성되지 못하자 어떤 사람들은 그를 사기꾼 취급하기도 했다. 만약 해석기관에 대해 알기 쉽게 정리한 메나브레아의 논문을 번역해 소개하면 배비지의 연구에도 도움이 될 게 틀림없었다. 에이다는 자기가 이 일을 하겠다고 나섰다.

에이다는 메나브레아의 논문을 번역하며 여러 중요한 주석을 달기 시작했다. 이 주석은 알파벳 순서대로 A에서 G까지 항목이 나뉘어 있고, 그 분량은 원문의 세 배에 달했다. 여기에는 장차 컴퓨터 프로그래밍 언어에서 사용되는 중요한 개념들이 포함되어 있었다. 특히 마지막 G 항목에서 베르누이 수Bernoulli numbers를 계산하기 위한 해석기관용 알고리즘을 소개했다. 아직 완성되지 않은 해석기관을 위해 작성된 이 알고리즘은 훗날 컴퓨터에서 실제로 작동하는 최초의 프로그램으로 알려지고, 에이다를 '최초의 프로그래머'로 불리게 하는 계기가 되었다.

한편 해석기관을 만들던 찰스 배비지조차도 자신이 만들고 있는 해석기관을 단순히 좀 더 발전된 형태의 계산기로 생각했지만, 에이다의 생각은 달랐다. 에이다는 기계가 이해할 수 있는 형태로 코딩할 수 있다면 해석기관은 수치해석뿐 아니라 텍스트와 그림을 처리하는 등 더 다양한 목적을 위해 활용할 수 있을 것이라 생각했다.

"해석기관은 반드시 숫자가 아니더라도, 근본적으로 연산으로 표현할 수 있는 것이라면 무엇이든 처리할 수 있어요. 화음이나 음악 구성과 같은 음악 이론의 여러 부분을 수학적인 연산이나 알고리즘의 형태로 입력한다면, 언젠가 해석기관은 간단하지만 수학적인 곡을 작곡할 수 있을지도 모릅니다."

이렇게 에이다는 현대의 컴퓨터에서 처리할 수 있는 개념, 나아가 간단한 창작을 하는 인공지능에 대해서까지 상상했다. 아직 해석기관이 완성되기도 전에 최초의 프로그램을 작성하고, 나아가 한 세기 뒤에 나타날 컴퓨터의 형태를 상상했던 에이다의 비전을 두고, 사람들은 에이다를 '컴퓨터 시대의 예언자'라고도 부른다.

· · ·

아직 컴퓨터라 부를 만한 것이 완성되기도 전에 현대적인 컴퓨터 프로그래밍의 개념을 확립하고 최초의 프로그램을 작성한 에이다였지만, 사생활 면에서는 행복하지 못했다. 그는 어머니를 닮아 뛰어난 수학자가 되었지만, 아버지의 경솔한 면 역시 닮아 있었다. 도박에 손을 대기 시작하며 방탕한 생활을 하던 에이다는 불과 서른여섯 살에 자궁

암으로 사망했다. 배비지의 해석기관도 끝내 완성되지 못했고, 그렇게 에이다와 찰스 배비지의 공헌은 그대로 잊히는 듯했다.

하지만 에이다가 죽고 100여 년이 조금 안 된 1940년대, 마크 I 의 프로그래머인 그레이스 호퍼는 마크 I 의 매뉴얼을 집필하던 중 그 첫 장에서 역사적인 배경을 설명하며, 찰스 배비지와 함께 잊힐 뻔했던 인류 최초의 프로그래머이자 제어문을 만든 에이다 러브레이스의 업적을 분명히 했다.

이후 1953년, 에이다가 주석을 단 논문이 다시 출판되고, 에이다는 최초의 프로그래머로 역사에 이름을 남겼다. 1979년, 미국 국방부는 군사 목적으로 사용하는 객체지향적 프로그래밍 언어에 에이다의 이름을 붙임으로써 그 업적을 기렸으며, 1998년부터 영국 컴퓨터 학회는 뛰어난 업적을 이룬 사람에게 러브레이스 메달을 수여하고 있다. 그리고 에이다가 상상했던 많은 것은, 21세기가 된 지금 대부분 현실로 이루어졌다.

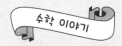
프로그래밍의 기본 개념

에이다는 루이기 메나브레아의 논문을 번역하고 원문보다 긴 주석을 달면서, 찰스 배비지의 해석기관이 실제로 완성될 경우 작동할 알고리즘을 작성했다. 베르누이 수를 계산하는 데 사용되는 이 알고리즘에는 장차 프로그래밍 언어에서 사용되는 여러 개념이 포함되어 있었다. 에이다가 만들어낸 개념들은 다음과 같다.

루프

설정된 조건을 만족하는 동안, 혹은 지정된 횟수만큼 같은 내용을 반복한다. 프로그래밍 언어에서는 Loop나 For ~ Next, While 등으로 표현된다.

조건문

특정 변수 혹은 특정 계산의 결과가 지정한 조건과 비교해 참인지 거짓인지에 따라 달라지는 계산이나 상황을 수행한다. if의 조건이 참이면 if 안의 코드를, 거짓이면 else 안의 코드를 수행하며, if와 else 사이에 else if를 추가해 최초의 조건이 참이 아닐 때 다른 조건을 넣어 다시 비교하기도 하고, 지정된 상수의 값을 비교해 일치하는 첫 상수의 값에 따라 단순하게 수행하는 case ~ switch 문을 사용하기도 한다.

GOTO

특정 부분에서 다른 행 번호나 이름이 지정된 레이블이 있는 부분으로 건너뛸 때 사용하는 명령이다. 프로그램의 흐름을 바꾸는 기본적인 명령으로, GOTO, BRA, JMP, JUMP 등으로 표현된다. 중첩 순환문을 빠져나갈 때나 예외 처리를 할 때 사용되나, 많이 사용하면 읽고 유지보수하기 어려운 코드가 되어 고급 언어high-level language에서는 잘 사용되지 않는다.

함수/서브루틴

프로그램에서 특정 기능을 수행하기 위해 별도로 만들어진 코드의 묶음이다. 외부의 코드에서 호출하면 서브루틴이 실행되는데, 이때 매개변수를 통해 외부의 값이 전달되기도 한다. 서브루틴을 호출해 계산을 수행한 뒤에는 원래의 프로그램으로 돌아가며, 이때 서브루틴은 반환값을 원래의 프로그램으로 돌려보내기도 한다.* 이 방식은 하나의

---

* 많은 언어에서 함수와 서브루틴은 같은 뜻으로 쓰이지만, 파스칼이나 포트란의 경우 반환값이 없으면 서브루틴, 있으면 함수로 구분하기도 한다.

프로그램을 여러 부분으로 나누어주고, 이전에 작성한 프로그램의 코드에서 특정 기능을 재사용할 수 있게 해준다. 함수, 서브루틴, 루틴, 메소드, 프로시저 등의 이름으로 불린다.

플로렌스
나이팅게일
Florence Nightingale

(1820~1910)

질병과 싸운 전장의 통계학자

대위는 짜증스러운 얼굴로 검은 드레스에 흰 보닛을 쓴 여성을 올려다보았다. 그는 손에는 등불을 들고, 다른 손에는 묵직한 망치를 든 채 마치 심판을 내리려는 천사 같은 무시무시한 얼굴을 하고 대위를 내려다보고 있었다.

　이 여성은 종군 간호사였다. 간호사라면 대체로 산파 아니면 의사의 하녀 같은 이들이었다. 간호사들은 주로 천한 신분의 여자들로, 글자를 읽지 못하는 이들도 있었고, 전쟁터에서는 병사들에게 몸을 파는 이들도 있었다. 한마디로, 군의관인 대위에게 있어 간호사들이란 잘해봤자 자신의 일을 보조하는 역할이고, 대부분은 피고름 묻은 붕대나 제때 세탁해서 다림질해놓으면 다행인 이들, 군의관에게 찍소리도 못하는 사람들이었다.

　하지만 이 간호사는 대위의 상식을 아득히 넘어선 사람이었다. 외국어에 능숙하고, 공문서도 어렵게 생각하지 않았으며, 여자들끼리 외국에 나오는 것도 두려워하지 않았다. 듣기에는 왕실과도 인연이 있는 귀한 집안의 아가씨라던데, 서른이 넘도록 결혼도 하지 않았다. 런던 기독병원에서 월급도 받지 않고 감독관 생활을 했다더니, 이곳 크림반도에서 전쟁이 일어나자마자 잉글랜드 성공회 수녀들을 간호사로 훈련시켜 데리고 온 것이다.

그리고 지금, 한밤중에 자고 있던 군의관의 머리 위에 등불과 망치를 들이댄 채 우뚝 서 있는 것이었다.

"……지금 뭐 하려는 겁니까?"

대위는 겨우 입을 열었다. 질문하면서도 식은땀이 났다. 설마 이 이상한 간호사가 이번에는 군의관들이 마음에 들지 않는다며 무시무시한 망치로 자신의 머리를 깨버리려는 것은 아니겠지. 종군 간호사가 마침내 대답했다.

"보급에 문제가 있습니다."

"예?"

"부상병 일인당 지급되어야 할 식량과 약품의 숫자가 맞지 않아요. 당장 창고를 열어주셔야겠습니다."

"……지금 몇 신지 아십니까?"

"부상병은 시간을 가려가며 죽지 않지요."

간호사는 미소를 지었다. 천사는 천사인데, 최후의 심판의 날 나팔을 부는 천사 같은 무시무시한 미소였다.

"선택하시죠. 열쇠로 열어주시고 제가 보급량을 확인하는 데 입회해주시든가."

"……싫다면?"

"망치로 자물쇠를 부수고 들어가겠습니다."

훗날 이 군의관은 당시 최대 발행 부수를 자랑하던 신문 《타임스》에서 이 종군 간호사에 대해 "모든 군의관이 퇴근한 뒤에도 그는 천사처럼 등불을 들고 부상병들을 돌본다"고 언급한 기사를 읽게 된다. 기사를 읽은 미국의 시인 롱펠로가 〈산타 필로메나〉라는 시에서 이 여성에 대해 "등불을 든 여성을 나는 보았다"고 묘사했다는 이야기도 듣는다. 하지만 현재 군의관 입장에서 이 종군 간호사는, 천사는 천사인데 망치를 들고 나타난 공포의 천사였고, 온갖 창고의 재고들을 자신의 손바닥 들여다보듯 아는 지식의 천사였으며, 무엇보다도 장교들도 어려워하는 고급 수학에 통달한 수학의 천사였다.

이 종군 간호사가 바로 플로렌스 나이팅게일이었다.

． ． ． ．

1820년 봄, 윌리엄과 프랜시스 나이팅게일 부부는 토스카나에서 가장 큰 도시이자 아르노강이 내려다보이는 아름다운 피렌체에 도착했다. 이들 영국인 부부는 신혼여행을 겸해 전 유럽을 여행하는 그랜드 투어 중이었는데, 이들의 딸인 어린 파세노프도 여행 중에 태어났다. 그리고 이제, 프랜시스 나이팅게일은 둘째 아이의 출산을 앞두고 있었다.

"곧 아이가 태어날 텐데, 이름은 생각해두었나요?"

영국 출신의 프랑스 여성으로, 나이팅게일 가족의 친구인 마리 클라크가 프랜시스를 찾아왔다. 마리는 프랜시스의 어린 딸인 파세노프를 무릎에 앉히며 물었다.

"큰애는 나폴리에서 낳아서 파세노프*라고 지었으니, 여기서 낳은 아기도 피렌체에서 이름을 따서 짓겠군요?"

"아들이면 남편의 이름을 딸 거고, 딸이면 플로렌스라고 지을 거예요."

플로렌스는 피렌체의 영어식 이름이었다. 자유로운 성품의 마리는 웃음을 터뜨렸다.

"어느 쪽이라도 좋은 이름이네요. 나는 플로렌스 쪽이 조금 더 마음에 들지만요."

얼마 지나지 않아 프랜시스는 딸을 낳았다. 생각했던 대로 둘째 딸에게는 플로렌스라는 이름이 붙여졌다.

---

*   나폴리의 그리스식 이름이다.

"플로렌스, 플로렌스. 나는 너와 태어나자마자 친구가 된 것 같구나."

마리 클라크는 피렌체의 사교계에서 이름 높은 자유주의 여성 지식인이었다. 그는 상류층 여성이었지만 다른 상류층 귀부인들과 어울리기보다는 다양한 신분의 남성 지식인들과 어울렸다. 그는 다른 사람들의 외모나 옷차림 혹은 누군가의 지위나 신분에 크게 구애받지 않았고, 여성들이 우아하고 고상한 가정의 천사로 남는 것을 마뜩잖아했다.

"이 아이들은 최고의 귀부인이 될 거예요. 세상 어딜 가도 남부럽지 않을 그런 사람이요."

"그렇겠죠. 하지만 파세노프와 플로렌스가 귀부인으로 살아야 한다는 게 난 정말 딱하기 그지없는 일이라고 생각해요."

"무슨 뜻입니까."

"윌리엄, 지위가 높고 공부를 많이 한 당신이라면 원하는 건 무엇이든 할 수 있겠죠. 프랜시스도 당신과 결혼해서 행복할 테고요. 하지만 아무리 지체 높은 여성이라 해도, 결국은 어떤 남자와 결혼하느냐에 따라 행복의 여부가 달라져요. 지금 같은 세상에서라면, 귀부인으로 사는 건 갤리선의 노예로 사는 것과 크게 다르지 않은 일이에요."

윌리엄은 마리의 말이 너무 심하다고 생각했지만, 이 시대 여성들의 지위가 불안정하며, 아무리 뛰어난 여성이라도 그 재능을 제대로 펼칠 수 없는 상황임을 잘 알고 있었다.

"나는 세상 무서운 줄 몰랐고, 자유주의적인 사상에 경도되어 마음껏 살아올 수 있었지. 하지만 내 딸들은 그렇게 살지 못할지도 몰라. 어떤 세상이 오더라도, 내 딸들은 남자와 동등한 수준, 아니 그 이상의 지식과 교양을 갖추게 하겠어."

윌리엄 나이팅게일은 두 딸의 앞날을 걱정하며, 여성 교육에 열린 마음을 갖게 되었다. 그랜드 투어를 마치고 영국으로 돌아온 윌리엄은 본가인 엠블리 파크 저택에서 머무르며 딸들에게 고등교육을 하기 위한 학교나 선생님을 찾아보았지만, 당시에는 아직 여성을 위한 고등교육의 기회가 거의 주어지지 않았다. 결국 윌리엄은 직접 딸들을 가르치기로 결심했다.

역사, 수학, 이탈리아어와 프랑스어, 고전 문학, 철학 등 플로렌스와 파세노프는 어릴 때부터 아버지로부터 다양한 학문과 교양을 접하는 한편, 여러 나라를 여행하며 폭넓은 안목을 갖추었다. 특히 플로렌스는 학문 분야에서 두각을 나타냈으며, 일곱 살 때부터 프랑스어로 일기를 쓰기 시작한 이래 자신이 보고 들은 것들, 여행하며 느낀 것들에 대해 수준 높은 교양과 철학 그리고 문학성이 엿보이는 기록들을 남겼다. 하지만 플로렌스는 자신의 경험을 문학적인 글로 남기는 것뿐 아니라 정보로서 기록하는 데도 공을 들였다. 특히 자료를 표와 숫자로 정리하거나 기록하는 데 열의를 보여, 가족과 함께 여러 나라를 여행하는 중에도 그날그날 여행한 거리를 계산하거나, 출발하고 도착한 시간을 기록해 정리하기도 했고, 여행한 지방의 법률이나 토지관리 체계, 복지 기관 등에 대해 표로 정리해 비교하기도 했다.

"너는 정말 수학에 관심이 많구나. 남자아이로 태어났다면 대학에 가서 더 많은 것을 공부할 수 있었을 텐데."

"아버지, 저는 사교계에 나가는 것보다 수학을 공부하는 게 더 재미

있어요. 그러니 가정교사를 구해주세요."

플로렌스는 아버지에게 부탁해 수학 가정교사를 두고, 수학에 대해 더 깊이 있게 공부했다. 이 과정에서 전문적인 통계 정리를 위한 기초를 닦을 수 있었다.

사교계에서 이름난 미인이었던 어머니를 닮아 플로렌스와 파세노프는 아름답고 우아한 아가씨들로 성장했다. 문학과 예술에 관심이 많았던 파세노프는 해리 버네이 남작과 결혼한 뒤, 버네이가家의 저택인 클레이던 하우스를 복원하는 한편, 여러 편의 소설을 쓰기도 했다. 반면 플로렌스는 결혼에는 관심이 없었다.

"리처드 밀른 경과 결혼하는 것은 어때. 그 사람은 시인이자 정치가야. 자유주의 사상을 신봉하고. 그 사람과 결혼하면 적극적으로 사회사업을 해볼 수 있지 않을까?"

실제로 밀른 경은 9년 동안이나 플로렌스에게 구애했지만, 플로렌스는 그를 받아들이지 않았다.

"아니면 벤자민 조웨트 경은 어때. 그 사람은 학자지만 행정 개혁에도 관심이 많으니까. 너와도 잘 맞을 거라고 생각해."

"언니, 밀른 경도 조웨트 경도 훌륭한 사람이지만, 나는 결혼에는 맞지 않아. 나는 다른 사람들에게 봉사하며 사는 게 내 소명이라고 생각해. 그래서 간호사가 될 생각이야."

파세노프는 간호사가 되고 싶다는 동생의 말에 큰 충격을 받았다.

"말도 안 돼. 그런 건 우리 같은 신분의 사람들이 하는 일이 아니라고. 플로렌스, 여자 의사가 되고 싶다는 말을 잘못한 거니?"

"언니, 의사와 간호사는 달라."

"그래, 의사는 사람들을 살리는 사람이고, 간호사는 의사의 조수인 거잖아."

"아니, 의사가 환자를 치료하는cure 의학 전문가라면, 간호사는 환자를 돌보며care 회복하게 하는 사람이지. 의사가 병 자체를 마주하는 사람이라면, 간호사는 치료과정 전반, 특히 보건위생에 걸친 문제를 마주하는 사람이라고 생각해. 그렇다면 만약에 보건위생과 관련된 행정적인 일들을 누군가 처리해야 한다면, 그건 간호사의 일이 아닐까?"

파세노프는 당황했다. 지금까지 한 번도 생각해본 적 없는 이야기였다.

"그런 일에 행정적인 일들이 필요하다고?"

"행정적인 부분이 필요하지 않은 일은 없어, 언니."

플로렌스는 의학과 행정, 수학 등을 꾸준히 공부하며, 자신이 생각하는 일들을 해나갈 준비를 했다. 가족들은 슬퍼하고 반대했지만, 플로렌스의 뜻을 꺾을 수는 없었다.

"간호사가 된다는 건, 우리 가문의 명예와 평판을 전부 버리고 가장 고생스러운 길로 가겠다는 뜻이야. 그래도 괜찮겠어?"

"응, 괜찮아."

마침내 플로렌스는 가족들을 설득했다. 윌리엄 나이팅게일은 딸이 공부를 계속하고, 훗날 간호사가 되어서도 여유롭게 살 수 있도록 매년 500파운드*의 연금을 받을 수 있게 조치해주었고, 언니인 파세노프도

---

* 2021년 기준 약 4만 파운드에 상당한다.

플로렌스를 지지했다. 플로렌스는 알자스로렌 지역의 카이저스베르트의 프로테스탄트 학교에서 간호학을 공부하고 돌아와 1853년 런던 할리가街의 여성병원에서 간호부장으로 일했다.

• • •

이 무렵, 흑해 북쪽의 크림반도에서 오스만제국과 러시아 사이의 전쟁이 벌어진다. 바로 크림전쟁이다. 러시아의 주요 항구들은 겨울이 되면 종종 얼어붙었고, 러시아는 부동항(얼지 않는 항구)을 손에 넣기 위한 남하 정책을 펼치고 있었다. 이런 러시아에게 오스만제국의 세력 약화와 오스만제국 내 가톨릭과 그리스 정교 사이의 갈등은 좋은 기회였다. 1854년, 러시아는 그리스 정교도들을 지지한다는 명분으로 오스만제국에 선전포고를 하고, 크림반도의 세바스토폴항을 손에 넣기 위한 전쟁을 시작한다. 그리고 러시아 세력을 저지하려던 영국, 프랑스, 프로이센, 사르데냐가 오스만제국의 편을 들며 전쟁에 가담한다.

크림전쟁에서 영국 군인들의 희생은 컸다. 많은 이가 전쟁 중 부상을 입고 죽어갔고, 장티푸스와 콜레라, 이질 같은 전염병까지 돌았다. 전쟁이 시작되고 첫 겨울이 지나는 동안, 4000명이 넘는 군인이 사망했다. 하지만 이곳의 야전병원에는 의사도 간호사도 턱없이 부족하기만 했다.

영국의 국방장관이었던 시드니 허버트는 나이팅게일 가족과 예전부터 잘 알고 지낸 친구였는데, 그는 플로렌스가 여성병원에서 일한 지

불과 몇 달 만에 행정 면에서 여러 가지를 새로 도입했다는 사실을 알고 있었다.

"플로렌스, 알다시피 너무 많은 병사가 죽고 있어요."

"저도 그 이야기는 들었습니다. 그런데 아무리 봐도 알 수 없는 게 있어요. 대체 몇 명이 사망한 건지, 어떤 이유로 사망한 건지 알 수가 없어요."

"그건……."

"병으로 죽은 사람은 몇 명이고, 부상으로 죽은 사람은 몇 명인지, 그런 것들이 나와야 다음 일을 생각할 수 있지 않을까요."

"……제대로 봤습니다. 우리는 지금 세 가지 기록체계를 쓰고 있는데…… 그 숫자들이 정확하게 맞지 않아요. 현재로서는 저 크림반도에서 몇 명이 죽었는지도 정확하게 파악하지 못하고 있습니다."

허버트는 간곡하게 말했다.

"스쿠타리의 야전병원에 간호 책임자로 가주지 않겠습니까. 전문적으로 훈련받은 간호사이면서 숫자와 행정에도 능한 당신이라면 무엇이 문제인지 파악할 수 있으리라 생각합니다."

그렇지 않아도 전쟁으로 의료진이 부족하다는 말을 듣고 자원했던 플로렌스였다. 시드니 허버트의 지지와 함께, 플로렌스는 서른여덟 명의 수녀 출신 간호사들을 이끌고 스쿠타리 야전병원으로 향했다.

"세상에, 이게 다 뭐야."

스쿠타리 야전병원의 환경은 멀쩡하던 환자도 죽어서 나올 만큼 열악했다. 간호사들의 숙소에는 쥐와 벼룩이 들끓었고, 한 사람이 하루에 사용할 수 있는 물은 고작 한 병, 0.5리터에 불과했다. 도착하자마자 나이팅게일과 간호사들은 청소부터 해야 했다.

하지만 군의관들은 갑자기 나타난 이 간호사들에게 반감을 가졌다. 특히 상류층 출신에다 국방장관의 친구인 플로렌스에 대한 반감은 컸다.

"전쟁터가 여자애들 인형 놀이 하는 덴 줄 아나."

"귀부인이 자선사업 하는 줄 알고 온 모양인데, 얼마 못 버티고 돌아갈 거야."

간호사들이 도착하던 날 잉커먼 전투가 벌어졌고, 야전병원에는 수많은 부상병이 실려 왔다. 하지만 군의관들은 처음에는 간호사들에게 식량을 배급해주지 않고, 병동에 들어가지도 못하게 했다. 하지만 플로렌스는 이런 상황에서 자신의 지위와 재산을 제대로 이용했다. 그는 자신을 가로막는 군의관들을 무시하며 병원 구석구석을 빠짐없이 점검했다. 의료기구나 약품, 환자가 갈아입을 옷이나 붕대는 물론 침대마저 부족했다. 실려 온 부상병들은 복도에서 짚을 깔고 누워 있기도 했다. 부상병들은 거의 방치되다시피 한 상황이었다.

"환자들을 제대로 돌보려면 우선 병원을 청결하게 만들어야 해."

그는 가져온 식량과 3만 파운드로 간호사들을 제대로 먹이고 필요한 것들을 구입했다. 우선 200개의 청소용 솔을 구해 병원을 구석구석 청소하고 소독했다. 환자의 체액이 다른 환자들을 감염시키지 않도록 피나 배설물이 묻은 것을 병원 밖에서 따로 세탁하게 했다. 한편 환자들이 씻을 수 있도록 깨끗한 물을 충분히 공급했다.

뒤이어 플로렌스뿐 아니라 다른 간호사들도 스쿠타리에 도착했다.

아일랜드의 '자비의 자매들' 수녀들과 메리 클레어 무어가 이끄는 간호사들이 헌신적으로 환자 간호에 집중했다. 그 덕분에 플로렌스는 병원의 상황 자체를 바꾸기 위해 행정적인 개선, 즉 적극적으로 상황을 기록하고 정리해 영국에 보고하는 데 더 힘을 기울이기 시작했다. 플로렌스는 우선 중구난방으로 기록되어 서로 맞지도 않던 세 가지 기록체계를 폐기하고, 통계 작성 기준을 세워 기록체계를 엄격하게 통일했다. 이 환자가 부상병인지 혹은 전염병에 걸린 것인지, 언제 입원했고 언제 퇴원했으며 죽었다면 왜 죽었는지를 상세히 작성하고, 이 기록들을 취합해 진짜 문제를 찾아내기 시작했다.

"지금 크림반도에서는 전쟁 중 부상을 입고 죽는 군인보다 전염병에 걸려 죽는 군인이 더 많습니다. 심하지 않은 부상을 입고 실려 온 군인도 병원 내에서 전염병에 걸려 목숨을 잃기도 합니다. 이 문제를 해결하려면 야전병원의 위생을 개선해야 합니다."

통계를 바탕으로 문제를 파악한 플로렌스의 보고서를 받고, 국방장관 허버트는 야전병원의 위생을 개선하기 위해 지원을 아끼지 않았다. 영국 정부는 위생위원회를 파견해 배설물이 넘치던 화장실을 청소하거나 새로 짓게 하고, 병실에는 환기구를 설치했으며, 필요한 비품들을 공급했다. 간혹 환자에게 서둘러 보급해야 할 물자가 행정 처리 때문에 늦어져 창고 속에서 며칠씩 방치되고 있으면, 플로렌스는 직접 창고에 쳐들어가 꺼내 오기도 했다.

또한 플로렌스는 여성병원에서 행정을 개혁하던 솜씨를 발휘해 이곳에서도 새로운 생각을 많이 제안했다. 상태가 위중한 환자를 따로 격리해 집중적으로 관찰하고 관리하는 집중치료실을 만들기도 하고, 서둘러 병상을 더 확보할 수 있도록 조립식 병원을 설계해 제작한 뒤 현장에서 조립하는 방식을 제시하기도 했다. 이와 같은 집요한 노력의 결과로, 42퍼센트에 달하던 야전병원의 사망률은 2퍼센트로 떨어졌다.

플로렌스는 전사자와 부상자에 대한 방대한 데이터를 바탕으로 동부전선에서의 사망률에 대한 통계를 정리했다. 하지만 문제가 있었다. 이 통계를 보고 병원 위생을 개선해야 할 고위 공무원 중에서도 숫자로 된 정보의 나열에 익숙지 않은 사람이 많았던 것이다. 당시 영국의 저명한 전염병 학자이자 훗날 의학 통계 분야의 선구자로 알려지는 윌리엄 파는 보고서는 간결할수록 좋으며 굳이 시각적인 요소를 넣을 필요는 없다고 생각했지만, 플로렌스의 생각은 달랐다.

"어떻게든 한눈에 알아볼 수 있게 표를 정리해야 해. 연간 데이터는 매년 순환하니까, 둥근 원 위에 표현되는 형태로 만들면 더 알아보기 쉽겠지."

플로렌스는 처음에는 영국의 통계학자인 윌리엄 플레이페어가 개발한 여러 그래프를 활용해보려 했다. 하지만 사람들은 의외로 그런 그래프를 바로 이해하지 못했다. 이를테면 각 항목의 길이를 봐야 하는데, 사람들은 숫자들을 표시해놓은 넓이를 먼저 인식하곤 했다.

"사람들이 더 잘 이해할 수 있는 방법을 찾아야 해. 그렇다면 데이터를 면적으로 나타내고, 이걸 눈에 띄도록 색칠하면 어떨까."

플로렌스는 면적으로 데이터를 나타내는 새로운 도표를 만들었다. 이것이 바로 부채꼴의 넓이를 이용해 데이터를 보여주는 '장미 도표'

였다. 이 도표를 통해 얼마나 많은 군인이 전염병으로 죽었는지 그리고 위생 개선 사업이 얼마나 극적인 효과를 보여주었는지 바로 알아볼 수 있게 되었고, 그러자 사람들의 인식이 바뀌기 시작했다.

"청결과 위생과 보건의료 정책이 사람들을 구할 수 있어."

사람들의 인식이 바뀌면서 플로렌스는 더욱 적극적으로 병원의 위생을 개혁해나갈 수 있게 되었다.

· · ·

크림전쟁이 끝나고, 플로렌스는 영국으로 돌아왔다. 우리가 어릴 때 읽었던 많은 위인전은 대체로 여기서 끝난다. 하지만 플로렌스 나이팅게일의 삶은 이후에도 계속되었다. 전쟁 중 플로렌스의 활약에 감동한 이들이 나이팅게일 기금을 조성했는데, 플로렌스는 이 기금을 바탕으로 1859년 런던의 세인트토머스 병원에 나이팅게일 간호학교를 설립하고, 같은 해 현대적인 간호의 바탕이 되는 《간호론》과 《간호사에게 전하는 편지》라는 책을 집필한다. 이는 간호사의 일을 단순히 환자를 돌보는

§ **윌리엄 플레이페어**(William Playfair, 1759~1823)

스코틀랜드의 공학자이자 정치경제학자로, 통계를 그래프로 나타내는 여러 방법을 창시했다. 우리가 이미 알고 있는 막대그래프와 꺾은선그래프, 원그래프 등 다양한 통계 그래프를 발명하고, 1786년에는 그동안 알려진 마흔네 가지 시계열 도표와 한 개의 막대그래프를 포함한 다양한 통계 그래프를 포함하는 《상업과 정치 지도》를 출간하기도 했다. 한편 윌리엄 플레이페어는 영국의 비밀 요원으로서 프랑스혁명에 대해 보고하고, 바스티유 습격 당시에도 참여했으며, 혼란기에 프랑스 화폐를 붕괴시키기 위한 위조 작전도 수행한 것으로 알려져 있다.

것이 아니라 민간병원의 환경을 개선하고 높은 수준의 병원 관리를 이루는 것으로 확장하는, 근본적인 부분을 개혁하는 데 이바지했다.

한편 플로렌스는 전쟁터에서의 경험을 살려 통계를 이용해 세상을 바꾸는 일에 적극적으로 나선다. 그는 당시 영국의 식민지였던 인도에 주둔하고 있는 영국군의 사망률이 1000명당 69명에 달한다는 사실을 확인하고, 전투가 벌어지지 않았는데도 이만큼이나 사람이 죽는 데 의문을 품었다. 플로렌스는 각 부대에 설문지를 돌려 그 결과를 분석했고, 통계를 통해 전쟁이 없는 평시에도 영국 군인의 사망률이 민간 사망률의 두 배에 달한다는 것을 확인했다. 플로렌스는 사망률의 주된 원인이 불결한 위생 때문임을 통계적으로 확인한 뒤, 이에 근거해 병영 전반의 위생 개선을 건의한다. 이 개선 작업이 시작되고 10년이 지난 뒤, 영국군의 사망률은 1000명당 18명으로 줄어들었다.

또한 플로렌스는 1860년, 런던에서 열린 세계 통계학회에서 병원의 기록지 양식을 통일할 것을 제안했다. 당시에는 병원마다 기록지의 양식이나 기준이 서로 달랐다. 그 때문에 기록을 모아도 병을 분석하는 데 어려움이 많았고, 어떤 정책을 실행해도 실제 효과가 있었는지 파악하기가 매우 어려웠다. 그래서 플로렌스는 기록지의 양식을 통일하고 기준을 구체적으로 정해 질병이나 보건·위생 문제에 대해 통계를 내고 관리할 수 있는 방법을 제안한 것이다.

1868년에는 왕립 위생위원회가 플로렌스에게 보건 전문가로서 위생 정책에 대한 자문을 구했다. 이 시기 런던에서는 상·하수도관이 연결되고 있었는데, 플로렌스는 장관인 스탠펠드에게 가난한 세입자가 아닌 부동산 소유자에게 상·하수도관 연결 비용을 지불하도록 공중보건법을 강화할 것을 설득했다. 이를 통해 상·하수도관 연결은 원활히 진행되었고, 상하수도의 개선으로 영국의 기대수명은 최대 20년 가까이 늘어났다.

이렇게 플로렌스는 통계자료를 단순히 표나 그래프로 알아보기 쉽게 정리한 데서 그치지 않고, 이를 통해 군대와 공공 보건, 나아가 사회 전반을 좀 더 나은 방향으로 개선하기 위해 애썼다. 통계로 어떤 현상을 설명하는 것뿐 아니라 그 현상을 바람직한 방향으로 수정하기 위해 통계를 활용한 것이다. 플로렌스는 당시 빅토리아 여왕의 신임과 지지를 받는 유럽 최고의 보건통계학자로서 수많은 통계자료를 바탕으로 병원을 설계하고, 적극적으로 정부에 제안해 행정적인 면에서 영국의 보건의료 분야를 개혁했다. 그리고 이 개혁은 전 유럽, 나아가 전 세계의 보건의료에 영향을 미쳤다. 이러한 업적을 인정받아 플로렌스 나이팅게일은 영국통계학회의 첫 여성 회원이자 미국 통계학회의 명예회원이 되었다.

한편 플로렌스 나이팅게일은 영국의 페미니즘 역사에서도 빼놓을 수 없는 위치를 차지하고 있다. 플로렌스는 이전까지는 천한 직업으로 여겨지고 존중받지 못했던 간호사라는 직업을, 제대로 된 훈련을 통해 전문직의 위치로 끌어올렸다. 여성의 사회 활동이 인정되지 않던 시대, 많은 여성이 교육을 통해 간호사가 되어 자립의 길로 나설 수 있었다. 물론 현대적인 관점에서, 돌봄과 간호가 여성의 일로 여겨지는 편견은 여전히 남아 있고, 나이팅게일이라는 존재가 실제 간호사가 담당하는 수많은 격무가 아닌 '백의의 천사'라는 이름의 사랑과 봉사 정신으로 상징되는 면을 비판하는 의견도 없지 않다. 하지만 플로렌스 나이팅게일이 저술한 200여 권의 책 중에는 여성의 사회 활동과 여성의 권리, 교육을 받은 상류층 여성이라 하더라도 벗어날 수 없는 결혼에 대한 압력과 가정의 천사로서 역할을 강요받는 현실에 대한 에세이들이 있다. 미국의 문학 평론가 일레인 쇼월터는 플로렌스 나이팅게일의 이와 같은 저술을 두고 "메리 울스톤크래프트와 버지니아 울프의 글 사이에 놓여야 할, 영국 페미니즘의 주요 텍스트"라고 평하기도 했다.

플로렌스 나이팅게일은 보건과 간호학, 페미니즘 그리고 통계의 측면에서 인류의 삶을 개선해나갔다. 그는 고리타분한 법률과 정부, 정치인들을 통계로 설득하며 병원 환경을 개선하고 질병을 추적해 인류가 병과 싸워나가는 방법을 한 단계 개선했다. 또한 여성이 사회로 진출해 스스로 삶을 개척할 수 있는 또 다른 가능성을 열었다. 인류가 새로운 전염병과 맞닥뜨린 현재, 감염률과 사망률을 계산해 위험성을 확인하고, 역학조사를 통해 질병에 감염될 가능성이 높은 이들을 선제적으로 검사할 수 있게 된 것 또한 결국은 통계에 뿌리를 두고 있다. 그리고 그 기반은 보건과 통계를 결합한 통계학자, 플로렌스 나이팅게일에게 있는 것이다.

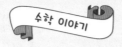
장미 도표

플로렌스 나이팅게일이 만든 장미 도표rose diagram, coxcomb 는 1년 동안의 환자와 사망자 수의 추이를 보여주기 위해 하나의 원을 12등분한 부채꼴로 나눈다. 그리고 각각의 부채꼴을 안쪽에서부터 세 구역으로 나누어 사망 원인별로 분류해 나타낸다. 사망 원인은 전염병, 부상, 기타 이유로 나누어 색깔로 구분한다. 이렇게 부채꼴의 넓이를 이용해 월별 사망자 수와 그 원인을 한눈에 볼 수 있게 만들자, 전염병으로 얼

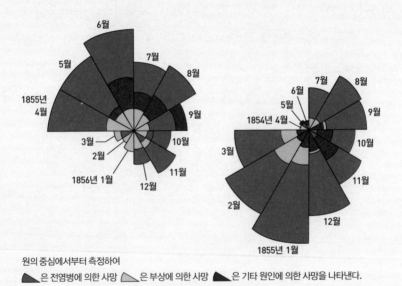

원의 중심에서부터 측정하여

▰은 전염병에 의한 사망 ◣은 부상에 의한 사망 ◣은 기타 원인에 의한 사망을 나타낸다.

동부지역 군대의 사망 원인에 대한 도표

마나 많은 군인이 죽어갔는지 그리고 위생 개선 사업이 얼마나 극적인 효과가 있었는지 누구나 알게 되었다.

이 방식은 서로 다른 색깔과 면적을 통해 구체적인 숫자 없이도 빠르게 내용을 전달할 수 있다. 장미 도표는 프랑스의 토목공학자 샤를 미나르가 만든 생키 도표과 함께 19세기 최고의 통계 그래픽으로 손꼽히며, 현대에 이르기까지 널리 사용되고 있다. 꼭 거창한 통계 프로젝트가 아니라도, 개인이 시간 관리를 위해 다이어리에 찍어서 사용하는 크로노덱스 스탬프 역시 장미 도표의 변형 중 하나다.

한편 플로렌스 나이팅게일은 장미 도표 외에도 다양한 그래프를 이용하며 정보와 통계 그래픽을 시각적으로 표현한 선구자가 되었다. 현대의 다양한 인포그래픽 역시 이와 같은 시각적 표현의 결과물이라 할 수 있다.

소피야
코발렙스카야

Со́фья Ковале́вская

(1850~1891)

유럽 최초의 여성 수학 박사

"여자도 대학에 갈 수 있으면 좋을 텐데……."

소피야 바실리예브나 크루콥스카야는 신문을 보며 중얼거렸다. 신문에는 러시아에서 처음이자 전 유럽에서 두 번째로 탄생한 여성 의학 박사, 나데즈다 프로코프예브나 수슬로바의 이야기가 실려 있었다.

"수슬로바는 원래 상트페테르부르크의 의학 아카데미에 다녔는데, 취리히로 유학을 갔다고 해. 거기서 박사 학위까지 받은 거고."

"그럼 원래는 여기서 대학을 다니다가 간 거야?"

"응, 저항운동 때 학교가 폐쇄되어서 결국 취리히로 간 모양이야."

"아아……."

방에 있던 네 여성, 소피야의 언니 아뉴타*와 아뉴타의 친구 제냐, 그리고 제냐**의 사촌 율리야***가 일제히 한숨을 쉬었다. 특히 원래대로라면 지금쯤 대학을 수료했어야 할 율리야가 괴로운 듯 중얼거렸다.

---

*   안 자클라르(안나 바실리예브나 코빈 크루콥스카야, 1843~1887). 러시아의 사회주의자이자 저널리스트. 파리에서 제1인터내셔널의 일원이었던 빅토르 자클라르와 결혼하며 파리 코뮌에 적극적으로 참여했으며, 코뮌의 페미니스트 혁명가들과 협력해 여성의 동일 임금, 여성 참정권, 가정폭력에 대한 조치, 파리의 매매춘 업소 폐쇄 등을 위해 투쟁한 여성 연합을 설립했다.

**   안나 미하일로브나 예브레이노바(1844~1919). 러시아 최초의 여성 법학 박사이자 평론가, 작가, 페미니스트. 연인인 마리아 페도로바와 함께 잡지 《세베르니 베스트니크Céверный вéстник》를 창간했다.

*** 율리야 프세볼로도브나 레먼토바(1846~1919). 러시아 최초의 여성 화학 박사.

"몇 년 전까지만 해도 이 정도는 아니었어. 여자들을 받아주는 대학도 드물지만 있었고, 그렇지 않아도 청강하는 것 정도는 내버려뒀다고."

"저항운동이 없었다면, 우리 모두 대학 문턱은 밟아볼 수 있지 않았을까……."

"그런 말은 하지 마. 그때 누군가는 농노해방 법안의 부당함에 대해 말해야 했어. 그걸 무자비하게 탄압하다 못해 운동권 학생들이 주장하는 요구사항이라면 토씨 하나 빼놓지 않고 금지한 정부가 잘못한 거야."

그들은 1860년대 초반에 있었던 대학생 저항운동에 대해 이야기하다 다시 한숨을 쉬었다. 여성들의 청강마저 금지된 이후 1865년 무렵에는 사설 학습원에서도 여성에 대한 고등교육 프로그램을 거의 없앤 상태였다. 이제 여성이 고등교육을 받으려면 개인 교습을 받거나 외국으로 가야만 했다.

하지만 그것도 문제가 있었다. 이 무렵 여성은 자기 여권을 소유할 수 없었고, 오직 남성 보호자의 여권에 등록된 형태로만 외국에 갈 수 있었다. 아버지나 남편의 허락 없이는 국경 밖으로 한 걸음도 나갈 수 없었던 것이다. 아뉴타는 문학에 재능이 있었고, 소피야는 스트란놀륩스키에게 수학을 배우고 있었다. 제냐는 변호사가 되고 싶어했다. 하지만 그들의 아버지들은 딸들이 공부하는 것을 탐탁지 않아 했다. 율리야의 아버지는 딸이 공부하기를 원하자 대학에 진학하도록 지원해주었지만, 그 딸이 공부를 계속하기 위해 외국으로 가는 것에는 반대했다.

"……결혼하는 수밖에 없어."

아뉴타가 중얼거렸다.

"우리 중 누군가가 결혼해서 자유를 얻으면, 다른 세 사람이 따라가는 거야."

"하지만 결혼을 한다고 해도 아버지가 소개하는 남자라면 뻔할 텐데."

"요즘은 허무주의자들 중에 이런 일을 돕겠다고 나서는 이들이 있어. 여성의 자유를 위해 위장 결혼을 하겠다는 사람 말이야."

이 무렵 러시아의 젊은 지식인 중에는 허무주의를 따르는 이들이 있었다. 당시 허무주의는 모든 것이 무의미하고 무가치하다고 생각해 지레 포기한 채 우울하고 무기력하게 살아가는 것이 아니라 기성세대의 가치관과 모든 권위를 부정하고 그 가치의 본질을 들여다보며, 개인은 제도와 관습에서 벗어나 자유롭게 살아야 한다는 주장이었다. 특히 허무주의자 남성 중에는 그동안의 역사에서 여성이 남성에게 억압당해왔으므로, 이제 여성이 자신의 삶을 살 수 있게 실질적인 도움을 줘야 한다고 생각하는 이들이 있었다. 이들 지식인 남성 중에는 아버지의 그늘에서 벗어나거나 외국으로 가서 공부를 계속하겠다고 생각하는 여성을 위해 위장 결혼을 하는 방식으로 그들의 자유와 독립을 돕는 이들도 있었다.

"위장 결혼을 해서라도 공부를 계속할 수 있다면, 난 그렇게 하겠어."

네 사람 중 가장 어린 소피야가 중얼거렸다.

얼마 지나지 않아 소피야는 혁명가 무리의 일원이자 상트페테르부르크 신보의 통신원이고, 고생물학을 전공한 젊은 학생인 블라디미르 코발렙스키와 위장 결혼을 했다. 그리고 블라디미르는, 소피야는 물론 아뉴타도 함께 데리고 국경을 넘었다.

소피야 크루콥스카야는 1850년 1월 15일, 모스크바에서 귀족이자 포병 장군인 바실리 코빈 크루콥스키의 둘째 딸로 태어났다. 어머니인 엘리자베타는 독일계 이민자의 후예였는데, 엘리자베타의 할아버지는 독일 출신의 천문학자이자 지리학자인 테오도르 폰 슈베르트였다. 테오도르는 1785년경 러시아로 이주한 이래, 상트페테르부르크 과학 아카데미 회원이자 천문대 소장을 지내는 한편, 러시아에서 천문학의 대중화를 위해 노력한 학자였다. 소피야의 외할아버지인 프리드리히 폰 슈베르트는 소피야의 아버지인 바실리와 마찬가지로 장군이었는데, 그는 군사지형 부서의 책임자이자 러시아 최초의 박물관인 쿤스트카메라의 박물관장이었으며 러시아 과학 아카데미의 명예 회원이기도 했다.

"이것 보세요. 아직 글자를 가르쳐주지도 않았는데 소피야가 혼자서 책을 읽고 있어요."

소피야는 여섯 살 때부터 혼자 힘으로 책을 읽었다. 그리고 수학과 과학에 재능이 뛰어난 아버지와 외가 쪽의 영향을 받아 어릴 때부터 숫자와 자연에 관심이 많았다.

한편 소피야가 아직 어렸을 때, 바실리는 가족들을 데리고 조상에게서 물려받은 비텝스크현(현 벨라루스의 비텝스크주)의 팔리비노 장원으로 이사했다. 이때 장원에 도착한 크루콥스키 일가는 주문해둔 벽지가 아이들 방까지 모두 바르기에 부족하다는 것을 알게 되었다. 새 벽지를 주문하려면 시간이 많이 걸렸기 때문에 하인들은 급한 대로 바실리가 학생 시절 공부하던 교재를 뜯어 벽을 발랐는데, 공교롭게도 그 교재는 러시아의 수학자이자 레온하르트 오일러의 제자였던 오스트로그라츠키의 미적분 강의록이었다.

러시아의 광활한 대지와 신비스러운 숲 그리고 아름다운 자연 속에서 소피야는 건강하게 자라났다. 영국 출신의 가정교사인 스미스 선생과는 그다지 사이가 좋지 못했지만, 소피야는 활력과 상상력 그리고 끝없는 호기심으로 가득한 어린 시절을 보냈다. 그런 소피야에게 처음으로 앎의 즐거움을 가르쳐준 사람은 소피야의 두 삼촌이었다. 상트페테르부르크 대학교 수학과에 다니고 있던 외삼촌, 표도르 표도로비치 슈베르트는 총명한 조카 소피야에게 대학에서 배운 과학 이야기들을 들려주었다. 소피야는 자신을 아이 취급하지 않고 진지하게 이야기를 들려주는 외삼촌과의 대화로 공부의 즐거움을 처음 깨달았다.

한편 아버지의 형인 표트르 바실리예비치 크루콥스키는 꾸준한 독서가였는데, 종종 팔리비노 장원에 찾아와 가족들과 책에 대한 이야기를 나누곤 했다. 표트르는 소피야가 자신의 말을 이해할 것이라고는 생각하지 않았지만, 소피야는 표트르가 이야기하는 수학 지식과 벽지로 재활용되어 자신의 방을 뒤덮고 있는 오스트로그라츠키의 강의록을 연결 지어 생각하기 시작했다. 스미스 선생과 함께 팔리비노 장원에 와 있던 남성 가정교사 말레비치는 소피야에게 수학을 가르쳤는데, 소피야가 어느 순간부터 대수학과 기하학에 푹 빠져버리는 것을 보고 깜짝 놀랐다.

"소피야는 수학에 소질이 있는 것 같습니다."

"음, 나도 알고 있네. 하지만 여자아이가 수학을 잘하는 게 장점이라고만은 할 수 없지."

포병 장교는 수학에 능숙해야 했다. 뛰어난 포병 장교 출신으로 지휘관의 자리에까지 올랐던 바실리는 원래 수학을 좋아하고 또 잘했기 때문에, 소피야가 수학에 관심이 많은 것이 기뻤다. 하지만 한편으로는 여자아이가 수학을 그저 잘하는 정도가 아니라 대수학에 푹 빠져 지낸다는 것이 불안하기만 했다.

그 무렵, 소피야의 사촌인 미하일이 상트페테르부르크의 고등학교 입시에 실패한 채 팔리비노 장원에서 여름을 보내게 되었다. 바실리는 말레비치에게 조카인 미하일의 입시 준비를 도와달라고 했지만, 예술가를 지망하던 미하일은 반항했다.

"저는 수학을 공부할 생각이 요만큼도 없는데요."

"그래? 그러면 말레비치, 미하일과 소피야를 함께 가르쳐보게."

"농담이시죠? 지금 소피야하고 함께 공부하라고요?"

"그래, 너보다 한참 어린 데다 여자아이인 소피야 정도는 이길 수 있겠지. 설마 그것도 못 한다고는 하지 않겠지?"

미하일의 입시 준비를 함께한 덕분에 소피야는 고등학교, 나아가 대학 입학을 준비하는 남학생이 공부하는 정규 수학 과정을 제대로 공부할 수 있었다. 그리고 다음 해, 상트페테르부르크 해군대학의 물리학 교수를 지낸 니콜라이 티르토프가 팔리비노 장원에 찾아왔다. 소피야는 티르토프의 《기초 물리학》을 읽은 뒤, 혼자서 생각하고 연구한 끝에 아직 제대로 배우지 않은 삼각함수의 대략적인 내용을 이해했고, 이 사실을 알게 된 티르토프는 깜짝 놀랐다.

"내가 아는 한 소피야는 인류 역사상 두 번째로 삼각함수를 개발한 사람이야. 내가 네 아버지를 설득해주마. 너는 더 깊이 있는 수학 공부를 해야 해."

티르토프는 소피야가 더 고급의 수학 과정을 공부해 그 재능을 꽃피워야 한다고 생각했다. 티르토프는 자신의 제자이자 여성 고등교육의 옹호자로 여성들에게 미적분을 가르친 것으로 유명한 알렉산드르 니콜라예비치 스트란놀륩스키를 소피야의 수학 교사로 천거했다. 딸이 수학에만 몰두하는 것을 걱정하던 바실리는 주저했지만, 티르토프는 집요하고 간절하게 소피야의 재능에 대해 말했다.

"그 애는 다시 태어난 파스칼과 같아. 그 재능을, 그저 여자아이라는 이유로 썩힐 셈인가?"

"소피야가 나를 닮아서 뛰어난 것은 나도 알아. 하지만 저 애는 귀족 가문의 딸이야. 대체 러시아의 귀족 여성 중에 누가 수학 같은 것을 한다는 말인가."

"천만에, 누가 소피야가 자네를 닮았다던가? 자네 처가인 슈베르트 가家를 생각해보게. 위대한 천문학자이자 수학자이고, 학술원 회원인 슈베르트가 말이야. 자네를 닮았으면 기껏해야 훌륭한 포병 장교가 되겠지만, 저 아이는 남자로 태어났으면 위대한 학자가 되고도 남아."

티르토프는 몇 번이나 싸우다시피 하며 바실리를 설득했다. 결국 바실리는 말레비치에게 소피야에게 고급 수학을 더 가르쳐도 좋다고 허락

했다. 가족이 혹독한 추위를 피해 상트페테르부르크로 돌아가서 보내는 겨울 동안에는 소피야가 스트란놀륩스키에게 수학을 배우게 했다.

"소피야는 반드시 공부를 계속해야 해. 그 애는 러시아의 어떤 여성보다도 자유롭게 공부해야 할 사람이야."

스트란놀륩스키는 진보주의자였다. 그는 소피야가 뛰어난 재능을 갖고 있음에도 불구하고 러시아에서 이 이상의 교육을 받을 수도, 그 능력을 증명할 수도 없음을 안타깝게 여겼다. 스트란놀륩스키는 소피야에게 자신과 허무주의 사상을 함께 논하는 동료들을 소개하는 한편, 이들 동료에게 누군가 소피아의 자유를 위해 위장 결혼을 해서라도 이 문제를 해결해야 한다고 종종 이야기했다. 한편 소피야는 스트란놀륩스키는 물론, 여전히 이들 가족을 종종 방문하는 표트르 큰아버지와 가정교사인 말레비치 그리고 그 누구보다도 언니인 아뉴타를 통해 진보적 사상에 눈뜨게 된다.

소피야가 아뉴타와 그 친구인 제냐, 율리야와 함께 위장 결혼 이야기를 나누고 얼마 지나지 않아 소피야는 혁명가이자 학생인 블라디미르 코발렙스키와 만났다.

블라디미르는 허무주의자이자 고생물학을 공부하는 학생이었고, 러시아에서 찰스 다윈의 책 일부를 최초로 번역해 출판한 번역가이기도 했다. 그는 가난했지만 귀족이었고, 소피야와 마찬가지로 어린 시절 비텝스크에 있는 장원에서 자랐다.

"결혼이라고?"

갑작스러운 청혼에 바실리는 당황했다. 블라디미르는 가난하긴 했지만 신분의 차이는 없었고, 무엇보다도 장래가 촉망되는 청년이었다. 하지만 바실리는 아직 어린 소피야를 그렇게 일찍 결혼시키고 싶지 않았다. 바실리는 고심 끝에 지금은 너무 이르다고 에둘러 거절했다. 그러자 소피야가 직접 나섰다. 소피야는 연회가 있던 날 블라디미르를 찾아갔고, 아버지가 결혼에 동의하기 전에는 집에 돌아가지 않겠다고 했다. 결국 바실리는 딸의 명예를 위해 그날 연회에 블라디미르를 급히 초대하고 딸의 약혼자로 소개할 수밖에 없었다.

· · ·

1869년, 소피야는 블라디미르와 결혼하고 곧 빈으로 떠난 뒤 다시 하이델베르크로 갔다. 소피야는 하이델베르크 대학교에 어렵게 청강 허가를 받고, 헤르만 폰 헬름홀츠와 구스타프 키르히호프, 로베르트 분젠과 같은 교수들의 문하에서 물리학과 수학을 공부했다. 소피야는 블라디미르와 함께 런던을 방문해 토머스 헉슬리와 찰스 다윈 그리고 조지 엘리엇과 심도 있는 이야기를 나누기도 했다.

런던에서 돌아온 소피야는 베를린으로 이사하고, 베를린 학파의 구심점과 같은 수학자 카를 바이어슈트라스Karl Weierstras를 찾아갔다. 그는 베를린 대학의 입학 허가를 받고 싶다는 소피야에게 수학 문제를 하나 내주었는데, 소피야는 일주일 만에 아주 독창적인 방식으로 그 문제를 풀어냈다.

"소피야 코발렙스카야는 여성이지만 훌륭한 자질을 갖추고 있고, 하이델베르크에서 뛰어난 교육을 받았습니다. 이 학생을 우리 대학에 받아들여야 합니다."

하지만 베를린 대학 행정부는 완고했다. 여성의 입학은커녕 청강도 인정하기 어렵다는 분위기였다. 바이어슈트라스 같은 대학자의 추천이 있었음에도, 소피야는 도서관 출입 허가를 받아내는 것이 고작이었다.

"어쩔 수 없군. 자네는 나와 따로 공부를 하기로 하세."

소피야가 그저 취미로 공부를 하는 귀족 부인이 아닌, 학문을 위해 위장 결혼을 불사하고 유학을 온 학자라는 것을 확인한 바이어슈트라스는 소피야를 개인 제자로 받아들였다. 소피야는 바이어슈트라스의 문하에서 편미분방정식partial differential equation, 토성의 고리 그리고 타원 적분elliptic integral 등에 대한 세 편의 논문과 이와는 별개로 아벨 정리Abel's limit theorem에 대한 논문을 썼는데, 이들 하나하나가 박사 학위 논문으로 충분한 것이었다. 특히 편미분방정식에 대한 논문에는 훗날 코시-코발렙스카야 정리로 알려지는 내용이 포함되어 있었다. 코시-코발렙스카야 정리는 해석적 편미분방정식의 초기조건 문제의 해의 존재에 대한 정리였다.

이 정리의 주된 내용은 편미분방정식보다 훨씬 간단한 일차 미분방정식에 대한 정리에 뿌리를 두고 있는데, 이는 미분방정식을 결정짓는 함수가 초기 시간에 주어지기를 원하는 해의 값에서 해석적analytic이라면 미분방정식의 해 또한 초기 시간을 중심으로 해석적이 된다는 것이다. 소피야는 코시가 이룬 결과를 30여 년 후 다시 일반적인 경우로 확장해 증명하는 데 성공한 것이다.

바이어슈트라스는 이제 소피아에게 박사 학위를 줄 방법을 생각했다. 마침 괴팅겐 대학에서는 몇 년 전 도로테아 슐뤼터가 여성으로서 철학 박사 학위를 받은 선례가 있었다. 바이어슈트라스는 괴팅겐의 동료들에게 소피야를 소개하고, 논문 심사를 요구했다. 그리고 마침내 소피야는 1874년, 스물네 살의 나이로 수학 박사 학위를 받으며, 유럽 대학에서 박사 학위를 받은 최초의 여성 수학자가 되었다. 한편 블라디미르 역시 예나 대학교에서 고생물학 박사 학위를 받았다.

학위를 받은 뒤, 소피야와 블라디미르는 상트페테르부르크로 돌아왔다. 하지만 러시아에서 고등학교 교사나 대학교 교수가 되려면 우선 러시아의 석사 학위를 받아야 했다. 소피야는 괴팅겐에서 박사 학위를 받았음에도 불구하고, 여성이기 때문에 러시아에서는 석사 학위 시험의 응시 허가조차 받지 못했다. 한편 블라디미르는 사상 문제로 역시 강의할 만한 자리를 쉽게 얻지 못했다.

"여기서 교수가 되지 못하면 다시 독일로 돌아가면 돼. 바이어슈트라스 교수님께서도 다시 돌아오라고 하셨고."

사교 모임이나 상트페테르부르크의 수학자 학회 등에 참석하던 소피야는 1875년 여름에 다시 베를린으로 돌아갈 계획을 세웠다. 하지만 일은 뜻대로 되지 않았다. 소피야는 그해 여름 홍역에 걸렸고, 소피야가 병석에서 일어날 무렵 그의 아버지인 바실리가 세상을 떠났다. 블라디미르는 소피야를 위로하며 교수가 되기 어렵다면 우선 재정 문제를 해결한 뒤 풍족한 상태에서 연구를 계속해야겠다고 마음먹었다. 그들은 빚을 내고, 가족들을 모두 끌어들이며 부동산 개발이나 석유 회사 등에 무리하게 투자했다. 이 무렵, 그동안 위장 결혼 관계였고 서로 동지처럼 지내던 소피야와 블라디미르는 바실리의 죽음을 계기로 자연스럽게 평범한 부부로 생활하기 시작했다. 소피야는 곧 임신해 1879년에는 푸파라는 이름으로 불리게 되는 딸 소피야를 낳았다.

하지만 불행은 거듭해 찾아왔다. 푸파가 태어나고 얼마 지나지 않아 소피야의 어머니인 엘리자베타가 세상을 떠났고, 뒤이어 코발렙스키 건설회사가 파산했다. 게다가 어느 신문에 블라디미르가 황제의 첩사라는 소문이 마치 사실인 것처럼 실리기까지 했다. 사업에 손을 대며 학계와 멀어졌던 블라디미르는 이제 파산하고 신용을 잃은 데다 정치 동지들에게도 외면당하고 말았다. 이제 그에게는 남은 것이 없었다.

하지만 소피야는 달랐다.

"블라디미르가 좌절했더라도 나는 멈춰선 안 돼. 내가 할 수 있는 분야에서 뭔가를 이루는 것이 장차 푸파가 갈 수 있는 세계를 넓히는 유일한 길이야."

아이를 키우면서 수학 연구를 하는 것은 아득하게 어려운 일로 느

---

§ **오귀스탱 루이 코시**(Augustin Louis Cauchy, 1789~1857)

고등학교 이상의 수학 과정에서 나오는 코시-슈바르츠 법칙으로 유명한 오귀스탱 루이 코시는 18세기 수학을 19세기로 도약시킨 수학자로 평가되는 인물이다. 그는 무한소라는 애매한 개념에 묶여 있던 미적분에 극한, 연속, 급수의 합과 같은 개념을 확립했고, 복소함수론의 기초를 다졌으며, 미분방정식의 해의 존재를 증명하는 등 해석학을 단순한 계산에서 논리의 영역으로 발전시켰다. 주요 업적으로는 코시 적분 정리, 코시-슈바르츠 부등식(선형대수학), 코시 정리(군론), 엡실론-델타 논법, 코시-오일러 방정식 등이 있다.

껴졌지만, 소피야는 출산을 하고 몸을 어느 정도 회복하자마자 친분이 있는 수학자 파프누티 체비쇼프Пафну́тий Чебышёв 와 연락했다. 체비쇼프는 반가워하며 소피야에게 1880년 상트페테르부르크에서 열리는 제6회 자연과학·의학 학술대회에서 강연해줄 것을 부탁했다. 소피야는 고민 끝에, 아직 공개하지 않은 아벨 적분에 대한 논문을 찾아 러시아어로 번역했다. 그 논문은 이미 6년 전에 결론을 냈던 것이지만, 여전히 당대 최고의 수학자들이 감탄할 만한 최신의 논문이었다.

"세상에, 소피야 코발렙스카야는 여전히 대단하군. 이 사람이 어떻게든 연구를 계속하고, 나아가 교수가 되게 해야 해."

그 학회에는 바이어슈트라스의 제자이기도 한 스웨덴의 수학자 예스타 미타그레플레르Gösta Mittag-Leffler도 와 있었다. 소피야는 수학계에서 다시 부활했고, 이제 딸을 위해 다시 수학자의 길을 가기로 마음먹었다. 그는 여성에게는 절대로 석사 시험 응시 허가를 내줄 수 없다는 교육부의 답변을 받고, 새로운 논문을 쓰기 위해 베를린으로 떠났다. 딸인 푸파는 율리야에게 부탁한 채였다. 소피야가 베를린과 파리를 오가며 빛의 이중굴절에 대한 새로운 논문을 준비하던 1883년, 불명예와 빚에 쫓기던 블라디미르는 자살했다.

소식을 들은 소피야는 정신을 잃을 만큼 슬퍼했지만, 곧 다시 논문에 몰두했다. 추상적인 세계에 온전히 몰두하며 소피야는 겨우 슬픔을 이겨내고, 그해 여름 블라디미르의 일을 정리하기 위해 모스크바로 떠났다. 출발 전 소피야는 바이어슈트라스에게 그동안 몰두했던 빛의 이중굴절에 대한 논문을 보여주고, 모스크바에 돌아와서는 오데사에서 열린 제7회 자연과학·의학 학술대회에서 그 논문으로 강연했다.

미타그레플레르는 그 논문이 소피야가 교수로 임용될 만한 자격을 갖추고도 남는다는 증거라고 보았다. 그는 소피야가 스톡홀름 대학교에서 강의할 수 있도록 주선했다. 1884년, 소피야는 스톡홀름에서 그 능력을 인정받아 조교수로 임명되었으며, 이후 미타그레플레르가 새로이 만든 수학 학술지 《악타 매스매티카Acta Mathematica》의 편집자이자 공동 발행자로 활동하기도 했다. 그리고 1888년 겨울, 소피야는 파리 학술원으로부터 편지를 받았다.

"세상에, 내가 보르당상을 받다니."

보르당상은 프랑스 과학한림원이 수여하는 명예로운 상으로, 인류의 안녕과 학문의 발전에 크게 기여한 학술 활동을 기리기 위해 제정된 상이었다. 게다가 이 상은 1815년에 제정된 이후, 지금까지 고작 열 번밖에 수상자가 나오지 않은 상이기도 했다.

소피야가 보르당상을 받게 된 것은 〈고정점을 둘러싼 강체의 회전에 관한 논문Sur le probleme de la rotation d'un corps solide autour d'un point fixe〉 덕분이었다. 일반적으로 한 지점의 둘레를 회전하는 강체를 팽이top 라고 한다. 이와 같은 팽이의 운동은 오일러의 운동방정식으로 설명할 수 있지만, 여기서 임의의 초기조건에서 해를 구할 수 있는 경우는 많지 않다. 이전까지는 오일러의 팽이와 라그랑주의 팽이가 있었고, 이제 소피야가 한 가지 경우를 더 찾아낸 것이다. 이 팽이는 이후 코발렙스카야의 팽이로 불리게 된다.

보르당상을 수상하고 소피야의 이름은 전 유럽에 알려졌다. 그리고 다음 해 스톡홀름 대학교의 정교수로 임명되었는데, 이는 역사상 최초의 여성 정교수였다. 한편 소피야는 미타그레플레르의 동생인 안나 샬로테와 함께 회고록과 희곡 그리고 자전적인 교양 소설을 쓰기도 했다.

1891년, 휴가를 마치고 돌아오던 소피야는 비를 맞고 그만 유행성 인플루엔자에 걸렸다. 그리고 병석에서 일어나지 못하고 세상을 떠났다. 불과 마흔한 살의 일이었다.

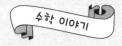

해석학

해석학analysis이라는 이름은 수학을 전공하지 않은 사람에게는 다소 낯설게 들린다. 하지만 수학에서는 미분과 적분의 개념을 바탕으로 함수의 연속성에 관한 성질을 연구하는 주요 분야다. 미적분학이 탄생한 이후, 이전에는 직관적으로 이해하고 넘어가던 분야들에 대해 엄밀한 정의가 필요해졌고, 얼핏 보기에는 당연하게 보이는 것들을 수학적으로 증명하기 위해 다양한 개념들이 도입되었다.

그중 가장 대표적인 것이 대학교 1학년 미적분학 시간에 배우는 엡실론-델타 논법이다. 엡실론-델타 논법은 오귀스탱 루이 코시가 사용하며 널리 알려졌다. 바이어슈트라스는 이 엡실론-델타 논법을 이용해 균등수렴uniformly convergent을 정의하기도 했다. 해석학은 이처럼 수학 개념들을 엄밀하게 형식화하는 것을 목적으로 한다.

해석학은 다시 실수계에서 미분과 적분, 수열과 극한, 급수* 등을 설명하는 실해석학, 함수 공간을 연구하는 함수해석학, 푸리에 급수Fourier series를 연구하는 조화해석학, 복소미분 가능한 복소변수 함수를 다루는 복

---

*   수열의 합을 말한다.

소해석학, 기하학의 문제를 미적분과 해석학, 대수학 등의 방법으로 풀어나가는 미분기하학 등으로 나뉜다. 컴퓨터가 수학에 도입되며, 알고리즘을 통해 수학적 해를 빠르고 정확하게 구하고 어림값의 오차를 줄여나가는 방법을 연구하는 수치해석학은 이공계 분야 대부분에서 널리 사용되기도 한다.

에미 뇌터
Emmy Noether
(1882~1935)

대학은 목욕탕이 아니다

막스 뇌터Max Noether는 불편한 한쪽 다리를 끌 듯이 하며 마차에서 내렸다. 그리고 감회가 새로운 듯 자신이 교수로서 강의하고 있는 이곳, 에를랑겐 뉘른베르크 대학교의 오래된 석조건물을 올려다보았다.

"괜찮을까요, 아버지."

"……괜찮고말고."

그는 자신을 따라 마차에서 내리는 맏딸 에미를 보며 웃음 지었다.

"세상은 변하고 있어. 미국에서는 50년 전에도 여자가 대학에 진학할 수 있었잖니.* 이 나라가 많이 뒤떨어지긴 했지만, 요즘은 여성 권리 운동도 점점 확산되고 있으니까, 머잖아 여자들도 대학에 입학할 수 있는 세상이 될 거다. 뭐, 비록 지금은 여학생의 입학이 금지되어 있지만, 청강까지 못 하게 막아둔 건 아니잖니."

"하지만……."

"누가 뭐라고 하면, 귀를 붙잡아서 내 연구실로 끌고 오거라. 세상이 변하고 있는 줄도 모르는 그런 뒤떨어진 녀석에게는, 이 막스 뇌터가

---

* 미국에서는 1841년 오벌린 대학에서 처음으로 여성이 학사 학위를 받았다. 여학생의 숫자가 늘어나면서 다른 대학들도 기존의 남자대학에 연계해 여자대학을 설립했는데, 1889년에는 컬럼비아 대학과 연계한 버나드 대학이, 1894년에는 하버드 대학과 연계한 래드클리프 대학이 설립되었다.

점잖게 한마디 해주마."

에미는 고개를 끄덕였다. 이 시기 독일의 여성들은 교사가 되기 위한 사범학교에는 갈 수 있었다. 하지만 수학이나 과학의 고등교육 분야는 아직 여성에게 문호를 개방하지 않은 상태였다. 다행히도 아버지인 막스가 교수로 재직 중인 에를랑겐에서는 여학생의 청강을 부분적으로 허가하고 있었다.

막스 뇌터는 부유한 유대인 가정에서 태어났다. 열네 살 때 소아마비에 걸려 평생 다리를 절었지만, 당시 독일에서 손꼽히는 대수기하학자였다. 이십대 초반부터 하이델베르크 대학에서 강의를 했고, 아이들이 태어난 뒤에는 에를랑겐 뉘른베르크 대학교에서 수학을 가르쳤다.

그의 네 아이는 모두 수학과 과학에 재능이 있었다. 알프레트는 화학을 공부했고, 프리츠도 수학을 공부하고 있었다. 구스타프는 아직 대학에 진학하진 않았지만, 그 아이도 재능이나 성격을 봐서는 역시 제형들과 비슷한 길을 갈 것이다. 하지만 가장 재능이 뛰어난 맏딸 에미는 다른 아들들과 달리 대학에 진학할 수 없었다. 에미는 사범학교를 졸업했지만, 그것만으로는 만족할 수 없었다.

"괜찮다, 에미. 너는 잘 해낼 거야."

막스 뇌터는 미소를 지었다. 그는 장애인이었고, 게다가 유대인이었다. 풍족한 가정에서 태어나 학문적 업적을 쌓고 교수가 되었지만, 유럽에서 점점 반유대주의가 확산되던 시대를 살아가는 것은 쉽지 않았다. 하지만 그는 유대인이자 여성인 딸의 인생이 더욱 순탄치 않으리라는 것을 알았다. 불과 몇 년 전, 학술원은 여학생과 남학생을 함께 공부하게 하는 것이 모든 학문의 질서를 무너뜨릴 것이라고 말했다. 에미는 이곳에서 청강은 할 수 있었지만, 정식으로 입학하는 것은 불가능했다. 학문의 길 자체가 고된 것은 차치하고서라도, 여성으로서 앞으로 학계에 진입하는 것 자체가 쉽지 않을 것이다. 다만 아버지인 그가 할 수 있는 일은, 그가 가르친 어느 학생보다도 재능이 뛰어난 이 딸에게 최선을 다해 기회를 열어주는 것뿐이었다.

에미는 시대가 변하리라고 믿었다. 에를랑겐에서 부지런히 수학 강의를 청강하는 한편, 대학 진학을 위한 아비투어Abitur* 시험을 치르고, 세계적인 수학 연구의 중심지였던 괴팅겐 대학에서 소피아 코발렙스카야의 지도교수이기도 했던 펠릭스 클라인의 지도를 받으며 한 학기 동안 강의를 듣기도 했다. 그리고 몇 년 뒤인 1904년, 에를랑겐 뉘른베르크 대학은 마침내 여학생들에게도 문호를 개방했다. 그 즉시 수학과에 정식으로 등록한 아말리에 에미 뇌터는 1907년 파울 고르단Paul Gordan 교수의 문하에서 박사 학위를 받았다.

• • •

"뇌터 양은 오늘도 밤늦게까지 남아 있는 모양이지?"
퇴근하던 조교들은 늦게까지 불이 켜져 있는 연구실을 쳐다보며 수

---

* 독일에서 고등학교 과정을 졸업했으며 전문 교육을 받을 능력이 있음을 증명하는 자격 시험으로, 대학 입학 시험에 해당한다.

군거렸다.

"정말 별난 여자라니까. 덩치는 크고, 옷차림에도 신경 쓰지 않고. 저러다가 결혼은 할 수 있겠어?"

"저 사람은 옷차림이 문제가 아니야. 글쎄, 수학과에서 제일 늦게까지 일을 하는데, 월급은 한 푼도 안 받잖아."

"바보 아니야? 부잣집 딸이면서 공연히 사서 고생을 하고 있다니."

그때 뒤쪽에서 헛기침 소리가 들렸다. 최근에 이 대학에 수학 교수로 부임한 에른스트 피셔였다. 그의 뒤쪽으로는 얼마 전 은퇴한 노교수 고르단과 그의 후임 에르하르트 슈미트가 오고 있었다. 피셔는 분개한 표정으로 조교들을 돌아보며 말했다.

"에미 뇌터가 바보라고? 당신들이 시시덕거리며 술을 마시러 가는 사이, 그 사람은 벌써 논문을 몇 편이나 발표하고 있어요. 어디로 봐도 그 사람은 훌륭한 학자이지, 당신들이 함부로 말할 사람이 아닙니다."

조교들은 머쓱한 표정을 지으며 서둘러 자리를 떴다. 피셔는 분한 듯 주먹을 움켜쥐었다. 고르단이 다가와 피셔를 달래듯 말했다.

"얼마 전에도 뇌터 양은 뇌터 교수를 대신해 강의를 했지. 연구 실적이나 강의 능력이나, 남자였으면 제 아버지를 뛰어넘을 인물이라는 말을 들으며 교수로 채용되었을 걸세."

"압니다. 하지만 이건 너무 부당하지 않습니까."

피셔의 말대로였다. 에미의 박사 학위 논문은 지도교수인 고르단의 영향을 받은 〈3중 4차항식의 불변량의 완비 체계에 관하여 On Complete Systems of Invariants for Ternary Biquadratic Forms〉였다. 에미는 학위를 받은 뒤에도 멈추지 않고, 이 논문을 3개의 변수에서 n개의 변수로 확장하는 연구에 몰두하고 있었다. 하지만 에미는 1908년부터 1914년까지 7년 동안 에를랑겐 뉘른베르크 대학에서 어떤 직함도 얻지 못하고, 한 푼의 보수로 받지 못했다. 이때까지도 여성이 대학에서 강의하는 것은 허가받지 못한 일이었으므로, 에미에게는 다른 조교들과 달리 강의를 하거나 교수가 될 희망도 보이지 않았다. 하지만 에미는 여섯 편의 논문을 발표하며 묵묵히 수학자로서 경력을 쌓아가고 있었다.

한편 고르단은 불변 이론invariant theory의 권위자였는데, "임의의 불변식을 유한 개의 불변식을 이용해 유리함수나 정함수로 표시할 수 있는 유한 기저가 존재하는가"라는 질문을 제기했다. 그리고 당대 최고의 수학자 가운데 한 사람인 다비트 힐베르트는 바로 이 '고르단의 문제'를 해결했다.

힐베르트를 존경하던 피셔는 대학에 오자마자 에미와 수학 토론을 시작하고, 힐베르트의 최신 이론들을 소개했다. 에미는 피셔를 통해 힐베르트의 최신 이론을 접하며, 고르단의 불변 이론에 기반한 자신의 연구를 한 단계 더 추상적이고 일반적인 방법으로 발전시키기 시작했다. 그리고 괴팅겐 대학의 수학자들, 특히 다비트 힐베르트와 여성의 고등교육을 지지하던 펠릭스 클라인, 이들과 함께 일하고 있던 알베르트 아인슈타인이 에미의 논문들을 높이 샀다.

"이 연구자야말로 지금 우리가 하는 공동 연구에 꼭 필요한 사람입니다. 대체 에미 뇌터가 누굽니까?"

"에를랑겐의 뇌터 교수의 딸이오. 몇 년 전에 우리 괴팅겐에서 청강하던 학생이었지."

"그때도 참 두각을 나타내는 학생이었죠. 우리가 계속 가르칠 수 있었다면 좋았을 텐데."

§ **다비트 힐베르트**(David Hilbert, 1862~1943)

19세기 말에서 20세기 초반, 세계 수학계를 이끈 독일의 수학자. 기하학을 공리화하고, 함수해석학의 기초를 닦았다. 또한 1900년, 파리에서 열린 세계수학자대회에서 20세기 수학의 가장 큰 과제가 될 23가지 난제를 목록으로 만들어 발표했는데, 이는 '힐베르트의 문제'로 불리고 있다. 힐베르트는 수학과 물리학의 공리화를 추구했다. 공리체계는 완비적이고, 서로 독립적이며, 모순되지 않아야 한다는 성질을 제시하고, 수학은 공리계를 통한 수식들로 이루어져 있다는 형식주의를 주장했다. 그는 모든 참인 명제를 증명할 수 있는 공리계를 꿈꿨지만, 그가 교수직에서 정년 퇴임한 이듬해인 1931년, 쿠르트 괴델은 '불완전성 정리'를 증명해 힐베르트가 생각했던 공리계가 불가능함을 밝혀냈다. 하지만 힐베르트가 은퇴할 때 고별 연설에 남긴 경구, "우리는 알아야만 한다. 우리는 알게 될 것이다"는 우리에게 진리를 추구하는 사람의 꺾이지 않는 의지와 희망을 보여준다.

"어쩔 수 없었잖습니까. 에를랑겐에서 우리보다 먼저 여학생의 입학을 받아들였으니까."

"어쨌든 이런 연구를 하면서도 7년째 무급 조교라니, 이대로 내버려 둘 수는 없어요. 뇌터 양을 우리 괴팅겐 대학에 초빙해야겠습니다."

당시 괴팅겐 대학은 독일 사회에서는 상당히 진보적인 대학이었다. 이곳에 몸담고 있던 당대 최고의 수학자들은 에미의 논문을 인정하고, 그를 자신들의 동료로 받아들이기로 했다. 하지만 문제가 있었다. 바로 하빌리타치온Habilitation이었다.

독일에서 독립적으로 대학 강의를 하려면, 우선 하빌리타치온에 통과해야 했다. 교수가 되려는 사람은 박사 논문을 발표한 뒤에도 여러 해에 걸쳐 연구를 계속하고 논문을 발표한 뒤, 다시 교수 자격을 얻기 위한 논문을 발표하고, 그 내용을 다른 교수들 앞에서 강연해야 한다. 에미가 괴팅겐에서 초임 교수인 사강사 자격을 얻으려면 우선 이 하빌리타치온에 통과해야 했다. 하지만 수학 교수들이 여성 학자를 초빙하고, 그를 임용하기 위해 하빌리타치온을 치르게 하겠다고 나서자, 괴팅겐 대학의 언어·역사·철학 교수들이 반대하고 나섰다.

"지금 우리 학생들은 전쟁에 참전해 목숨을 걸고 싸우고 있어요. 그

§ **펠릭스 클라인**(Felix Klein, 1849~1925)

군론과 비유클리드 기하학을 연구한 수학자. 기하학의 여러 문제를 해결하기 위한 〈새로운 기하학 연구를 위한 비교적 관점〉이라는 연구 방법론, 즉 에를랑겐 프로그램을 제안해 군론과 기하학의 영역을 연결했다. 그는 뫼비우스의 띠를 닮아 만든, 내부와 외부를 구별할 수 없으며 3차원 공간에서 존재할 수 없는 입체도형인 '클라인 병'을 발견한 것으로 유명하다.

런데 이 학생들이 돌아와서 여자 교수에게 강의를 들어야 한다는 사실을 알면 뭐라고 생각하겠습니까?"

게다가 교수로 임용되면 대학 평의원회에서의 투표권 역시 부여받았기에, 그 반대는 매우 거셌다. 여성이 자신들과 마찬가지로 평의원회 투표권을 받는 것을 용납할 수 없었던 것이다. 이런 반대에 맞선 힐베르트가 빈정거렸다.

"에미 뇌터의 성별이 그의 학문적 역량에 대한 반례가 될 수는 없지요. 여긴 목욕탕이 아니라 대학이지 않습니까."

우여곡절 끝에 에미는 괴팅겐에서 강사로 일할 수 있게 되었다. 허나 처음에는 공식 직함도 없었으며, 보수도 받지 못해 가족들에게 생활비를 송금받으며 지내야 했다. 강의조차도 '에미 뇌터'로서가 아니라 힐베르트의 이름으로 소개된 강의에서 대신 강의를 맡는 형태였다. 하지만 1918년, 에미 뇌터가 〈불변량의 문제Invariante Variationsprobleme〉라는 논문을 쓰며, 대칭함수symmetric function 와 보존법칙law of conservation 의 관계를 설명하자 상황은 달라졌다.

"어떤 미분 가능한 물리계가 있고 이 계의 작용에 연속적인 대칭성이 있다고 할 때, 대칭성과 보존법칙 사이에는 일대일 대응이 존재한다니. 대체 이게 무슨 이야기지?"

"이를테면 여기 완벽한 구가 하나 있다고 하지. 이 구는 회전운동을 해도 그대로야. 회전대칭을 갖는 거지. 이 구가 회전할 때, 질량이나 속도, 거리를 곱해서 얻어지는 각운동량은 일정하게 보존되는 거야."

"하지만 실제로는 구는 돌다가 멈추고, 지구도 늘 일정한 속도로 도는 건 아니잖아?"

"당연하지. 현실에서의 구는 마찰력이나 다른 힘 때문에 멈추고, 지구는 달과 영향을 주고받으니까. 하지만 그런 방해가 매우 적은 세계라면 어떨까? 원자 안의 입자들, 양자나 중성자라면 말이야."

"양자역학을 설명할 수 있는 새로운 방법이로군."

"그래, 이 증명은 좌표와 속도로 동역학을 설명할 수 있는 계에서 보편적으로 적용할 수 있는 이야기야. 이번에 나온 뇌터의 정리는 앞으로 이론물리학에서 아주 중요한 도구가 될 거야."

"뇌터라면 에를랑겐 뉘른베르크의 막스 뇌터 교수?"

"아니, 그 딸이야. 에미 뇌터. 아인슈타인이 연구하는 일반 상대성 이론을 수학적으로 정리하고 있었다더군."

"아인슈타인의 논문에 나오는 새로운 수학 개념들을 그 사람이 정리했다고 들었어."

수학자와 물리학자들은 에미의 설명을 '뇌터 정리'라고 부르며 열광했다. 학자들은 이제 에미 뇌터를 "유명 수학자 막스 뇌터의 딸"이라고 말하지 않았다. 오히려 "에미 뇌터의 아버지 막스 뇌터"라고 말하기 시작했다. 게다가 아인슈타인도 공식적으로 에미를 지지하고 나섰다.

"뇌터 양과 같은 석학에게 공식적인 강의를 허가하지 않다니, 정말 불공평한 일입니다. 교육부에 다시 항의해야겠어요."

이런 상황에서 괴팅겐 대학이라고 언제까지 에미 뇌터를 그대로 내버려둘 수는 없었다.

"이러다가 다른 대학에서 에미 뇌터를 초빙할 수도 있어요. 사람들은 우리가 손안의 보석도 못 알아본 어리석은 자들이라고 하겠죠."

"일리가 있습니다. 강의와 연구는 하되, 평의원회 투표권만 제한하면 우리도 이제 반대하지 않겠습니다."

1918년, 독일은 제1차 세계대전에서 패배했다. 그리고 독일에서는 11월 혁명이 일어난다. 1919년 독일에는 사회민주당을 중심으로 하는 바이마르 연립정부가 들어서고, 여성에게 처음으로 선거권이 부여되었다.

그리고 에미에게도 기회가 왔다. 에미는 교수 자격을 얻기 위한 하빌리타치온 논문을 비롯해 열두 편의 논문과 두 편의 원고를 제출하고, 학술위원회 앞에서 강연을 한다. 1919년, 마침내 에미 뇌터에게 여성 수학자로서는 처음으로 국가교수 자격이 부여되었고, 괴팅겐 대학에서는 에미를 투표권이 없는 사강사로 임명했다. 몇 년 뒤인 1922년에는 내부 행정에 대한 권한이 제한된 부교수로 임명된다.

• • •

"뇌터 교수님은 정말 별난 사람이지 않아? 여자 아인슈타인 같아."

"좋은 쪽에서, 나쁜 쪽에서?"

학생들은 연구하느라 바빠 외모에 전혀 신경을 쓰지 못하는 에미를 보고, 머리가 뻗친 줄도 모르고 돌아다니는 아인슈타인 같다고 놀렸다. 하지만 이들은 곧 에미의 수업을 듣고, 저 부스스한 외모의 '여성' 교수가 아인슈타인만큼 대단한 사람이라는 것을 알게 되었다. 에미는 수학 토론을 할 때는 다른 모든 것은 잊어버린 듯이 행동해 사람들을 놀라게 했고, 여성을 차별하거나 조롱하는 이들에게는 언성을 높여 맞서 싸우기도 했지만, 기본적으로는 학생들을 좋아하는 친절한 교수였다. 에미는 자신의 집에 학생들을 불러 같이 저녁 식사를 하며 수학 이야기를 나누는 것을 좋아했다.

그러면서도 에미는 겨우 손에 넣은 안정된 자리에 만족하지 않고, 새로운 연구로 나아가고 있었다. 바로 힐베르트가 연구하던 추상대수학이었다. 이 무렵 수학에서는 체field 나 군group, 환ring, 아이디얼ideal 의 추상적인 특징들에 대한 논의가 이뤄지고 있었는데, 에미는 힐베르트나 헤르만 바일과 같은 괴팅겐의 수학자들과 함께 추상대수학의 연구를 한 단계 더 발전시켰다. 특히 1921년, 에미는《가환환의 아이디얼 이론Idealtheorie in Ringbereichen》이라는 논문을 통해 오늘날 '뇌터 환'이라고 불리는, 아이디얼들이 오름차순으로 연결된 조건을 만족하는 환을 설명했다. 또한 러시아의 위상수학자 파벨 알렉산드로프와 괴팅겐에서, 또 모스크바에서 함께 연구하기도 했다.

1932년, 50세를 맞이한 에미 뇌터의 경력은 정점에 달했다. 그해 에미는 취리히에서 열린 세계수학자대회ICM 에서 기조연설을 맡았다. 에미가 한 '가환대수 및 정수론과 다원계의 관계Hyperkomplexe Systeme in ihren Beziehungen zur kommutativen Algebra und zur Zahlentheorie'라는 연설에는 800명에 달하는 수학자가 참석했다. 같은 해, 에미는 수학에 대한 공로를 인정받아 아커만-타우너 기념상을 받았다. 하지만 영광은 길지 않았다. 해가 바뀌어 1933년, 아돌프 히틀러가 총리가 된 것이다.

히틀러 정권은 반유대적이고 인종차별적인 요소를 담은 새로운 공무원법을 통과시켰다. 이 법은 아리안 혈통이 아닌 이들을 솎아내기 위한 것으로, 교사, 교수, 판사, 공무원 중에서 비非아리아인, 특히 유대인의 후손인 이들 중 대부분이 해고되었다. 특히 사회주의자나 진보적인 사상을 가진 이들 역시 정치적으로 위험한 인물로 여겨 물러나게 했다. 정부는 바로 이 공무원법에 따라 여성이고 유대인이며 사회주의자이자 페미니스트였던 에미 뇌터에게서 '가르칠 권리'를 철회한다. 교수 자리를 잃게 된 것이다.

"······나보다 더 어려운 상황인 사람들도 있어. 공부를 계속하자. 수업은 대학에서만 할 수 있는 게 아니야."

에미는 연구를 계속하면서, 자신의 아파트에 학생들을 모아 비밀 수업도 이어갔다. 하지만 어느 날 학생 중 한 사람이 나치 돌격대의 갈색 셔츠를 입고 수업에 나타났다. 위험은 시시각각 다가오고 있었다.

"미국으로 가십시다. 지금은 교수 자리를 잃었지만, 나치들이 계속 득세하다간 나중에는 목숨을 잃을 수도 있어요."

다른 나라의 학자들은 독일에서 실직한 동료 학자들을 구하기 위해 노력했다. 특히 미국에서는 독일의 석학들을 적극적으로 초빙했다. 여행 중 집을 급습당한 뒤, 독일 시민권을 포기하고 난민이 된 알베르트 아인슈타인은 터키의 총리 이스메트 이뇌뉘 파샤에게 편지를 보내고 윈스턴 처칠과 오스틴 체임벌린 같은 영국 정치인들을 만나 위험에 처한 유대계 학자들을 도와달라고 설득했다. 처칠은 친구이자 자신의 과학 고문인 물리학자 프레더릭 린데만을 보내 여러 명의 과학자를 데려왔으며, 터키에서도 여러 학자를 모셔갔다. 한편 아인슈타인은 프린스턴 대학의 초빙을 받아 미국에 정착했다.

에미 뇌터에게도 도움의 손길이 왔다. 에미는 영국 옥스퍼드 대학의 서머빌 칼리지와 미국의 브린모어 대학에서 연락을 받았다.

"영국이 더 가깝기도 하고, 역사나 전통이나 여러 면에서 역시 옥스퍼드가 좋지 않겠어요? 브린모어 대학은 역사도 짧고 여자대학이잖아요."

"브린모어는 19세기 말부터 여성에게 박사 학위를 수여했고, 여성 노동 운동에도 관심이 많이 있지. 게다가 그곳엔 아는 사람도 있고."

에미는 친분이 있는 여성 수학자 애나 휠러의 초청으로 미국에 이민하고, 브린모어 대학에서 다시 연구와 강의를 맡게 되었다. 애나 휠러와 함께 연구를 하고, 아인슈타인이 머무르고 있는 프린스턴에서도 매주 강의를 하며 에미는 활발한 활동을 했다. 하지만 미국에 온 지 2년이 못 된 1935년, 에미 뇌터는 골반과 난소의 종양 제거 수술을 받은 뒤 감염으로 인한 합병증으로 사망했다. 그의 남동생인 수학자 프리츠 뇌터는 소비에트 연방으로 탈출했으므로 미국에는 뇌터의 친척이 아무도 없었다. 에미는 화장된 뒤 동료 교수들의 추모 속에서 브린모어 대학의 토머스 그레이트 홀 안뜰에 묻혔다.

§ **애나 휠러**(Anna Wheeler, 1883~1966)

미국의 수학자로, 미국 수학회 콜로키엄에서 강의를 발표한 최초의 여성 수학자다. 갈루아 이론을 선형 미분방정식으로 확장하고, 무한 차원의 선형대수학을 연구하는 등 활발하게 활동했지만, 여성이기 때문에 강의 자리를 얻는 데 어려움을 겪었다. 1918년, 여자대학인 브린모어 대학의 부교수가 된 휠러는 1921년 학과장이 되고, 1925년 정교수로 임명되었다. 한편 그는 수학자 도로시 마하람을 지도하기도 했다.

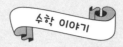

대수학

대수학의 기원은 고대 바빌로니아인이 추상적인 방식으로 방정식을 풀었던 것에서 시작된다. 이 방식은 그리스나 중국, 이집트 등에서 기하학적 방법으로 방정식의 해를 구했던 것과는 다른 방식이었다. 이후 이 방정식 풀이법은 디오판토스의 《아리스메티카》에 있는 디오판토스 방정식으로, 인도의 수학자 브라마 굽타에게로, 또 페르시아 수학으로 이어진다. 특히 9세기 페르시아의 수학자 알 콰리즈미는 기하학이나 산술과는 또 다른 독립적인 분야로서 대수학을 연구한 최초의 책 《복원과 대비의 계산》을 출간했는데, 이는 현대 대수학의 시초로 여겨진다. 대수학algebra이라는 말 역시 이 책의 제목에 있는 '알 자브르الجبر' 라는 말에서 기원한다. 이 말은 '흩어진 것들을 묶는다'는 뜻으로, 이 책에서는 방정식에서 항들을 묶어서 소거하는 것을 의미한다. 이 말은 중국으로 넘어오며 숫자를 대신해 문자를 사용하는 것에 착안한 대수代數라는 표현으로 바뀐다.

16세기 말 이후 프랑스의 프랑수아 비에트가 미지수를 알파벳 문자로 나타내는 새로운 표현법을 만들어냈고, 데카르트는 기하학에서 이와 같은 표기법을 사용했다. 또 16세기 중반 이후 카르다노에 의해 3차·4차 방정식의 해법이 만들어지고, 17세기 라이프니츠는 연립방정식을 이용해 행렬식을 계산하는 방법을 찾아내는 등 대수학의 역사는 수학의 역사 그 자체와 함께했다. 실제로 대수학은 가장 기본적인 단계인 수를 대입해 간단한 방정식을 풀고 계산하는 방법부터 수학적인 구조까지, 수학의 가장 기본적인 부분을 포괄하고 있다 보니 거의 대부분의 수학 분야와 밀접한 관계를 맺고 있다. 그뿐만 아니라 선형대수학 등 몇몇 분야는 과학·공학·의학·경제학과 같은 응용 분야에서 필수적으로 다뤄지고 있다.

19세기 이후의 추상대수학은 대수 구조가 공리적으로 정의되는 것을 연구하는데, 특히 군, 환, 체, 모듈module, 벡터vector, 격자lattice 등이나 나아가 '불 대수'와 같이 논리학을 연구하기 위한 구조를 연구하는 것 등을 모두 포괄한다.

얼리셔
불 스토트
Alicia Boole Stott

(1860~1940)

4차원 나라의 앨리스

앨리스는 침실에 들어서다 말고 어두운 천장을 가만히 올려다보았다. 천장에는 종이를 자르고 풀칠해 만든 정다면체의 모형들이 매달려 있었다. 여러 해 전, 어머니인 메리 에베레스트가 어린 다섯 딸을 위해 만들어서 매달아준 것들이었다.

메리 에베레스트는 남편인 조지 불이 마흔아홉 살의 나이로 사망하자 어린 자식들을 부양하기 위해 영국 최초의 여자대학인 퀸스 칼리지에 사서 자리를 얻어 일하고 있었다. 메리가 젊었을 때는 여자대학이 없었으므로 메리에게는 학위가 없었고, 교수로서 학생들을 가르칠 수도 없었다. 하지만 수학은 물론 가르치는 일 자체에도 흥미가 많았던

§ **메리 에베레스트**(Merry Everest, 1832~1916)

독학으로 수학을 공부한 여성 수학자. 책을 쓰는 작가이자 편집자이기도 했다. 남편인 조지 불이 대수 논리에 대해 쓴 논문 〈사고의 법칙〉을 편집했고, 수학에 대한 글도 썼다. 훗날 딸들이 다 장성한 뒤, 메리 에베레스트는 대수의 논리를 익숙한 우화와 비유로 설명해 역사와 철학, 문학으로 연결하는 《대수의 철학과 즐거움》을 집필하기도 했다. 메리의 관심은 수학을 넘어 다원주의 이론, 철학, 심리학, 대체의학의 일종인 동종요법 등으로 확장되었다. 여성의 참정권에 반대했고, 일부다처제를 주장하는 제임스 힌튼과 가까이 지내며 맏딸인 메리를 제임스의 아들인 찰스 하워드 힌튼과 결혼시키는 등 여성의 권리를 억압하는 쪽을 지지했다. 이로 인해 장성한 딸들과 불화를 겪기도 했다.

그는 종종 젊은 학생의 공부에 대한 고민이나 어려움을 들어주고, 때로는 문제를 해결할 수 있도록 돕기도 했다. 그 과정에서 메리는 막대기나 돌과 같은 자연물을 사용하거나 신체 활동을 통해 수학에 친근감을 느끼게 하고, 실과 바늘을 이용해 곡선을 만드는 스트링 아트로 직선과 곡선의 개념, 그래프, 미적분을 이해하는 방법을 고안했다. 종이로 기하학 모형을 만들며 상상력을 발휘하는 방법을 사용하기도 했다. 앨리스의 방에 매달려 있는 낡은 종이 모형도 그런 메리의 교육 철학에서 나온 것이었다.

오늘은 평소와는 다른 날이었다. 자매들 가운데 큰언니인 메리는 얼마 전 수학자 찰스 하워드 힌튼과 결혼했는데, 오늘 그 신혼부부가 친정에 방문한 것이다. 지금도 1층에서는 어머니와 언니, 힌튼 형부가 이야기를 나누고 있었다.

"아버님께서 살아계셨다면 제 연구를 무척 흥미로워하셨을 겁니다."

그랬을까. 어쩌면 그랬을지도 모른다. 자매들의 아버지인 조지 불은 대수와 미분방정식differential equation 그리고 기호논리학symbolic logic 으로 이름 높은 수학자였다. 특히 아버지가 연구하던 논리대수는, 그가 폐렴으로 갑자기 세상을 떠난 뒤 그의 이름을 따서 '불 대수Boolean algebra' 라고 불리게 되었다.

아버지와 마찬가지로 수학자인 형부는 오늘, 수학을 사랑하는 이 집안 사람들을 위해 자신이 연구하던 기하학 모형들을 잔뜩 들고 찾아왔다.

"이건 테서랙트라고 합니다. 더 높은 차원에서의 기하학 모델이지요."

"테서랙트? 처음 듣는 말인데."

"제가 만든 말입니다. 지금 쓰고 있는 책에서 이 형태에 대한 설명이 나옵니다."

종이 위에 그릴 수 있는 것은 2차원이다. 여러 개의 선분으로 이루어진 도형을 면 위에 표현할 수 있으며, 그중 도형을 이루는 선분과 각의 크기가 같은 도형을 정다각형이라고 부른다. 우리가 살고 있는 세계는 3차원이다. 가로·세로·높이의 세 축으로 이루어져 있고, 면과 면으로 이루어진 전개도를 접어서 입체를 만들 수 있다. 이때 입체를 구성하는 각 면이 정다각형으로 이루어진 입체를 정다면체라고 부른다.

그렇다면 4차원에서의 도형은 어떨까. 힌튼이 이야기하는 도형은 4차원에서 네 축 모두가 직각으로 교차하고, 여덟 개의 정육면체로 이루어진 '테서렉트'였다. 물론 3차원에서 4차원을 있는 그대로 볼 수는 없

§ **조지 불**(George Boole, 1815~1864)
....

영국의 수학자. 빈민가의 초등학교를 졸업한 뒤 가족을 부양하기 위해 학교의 보조 직원으로 일했지만, 독학으로 수학 공부를 계속했다. 가르쳐주는 사람 없이 공부를 계속하는 것은 무척 힘겨웠지만, 그는 라플라스의 《천체역학》과 라그랑주의 《해석역학》과 같은 책들을 읽고 연구해 스물여섯 살에 대수적 불변식론에 대한 논문을 《케임브리지 수학저널》에 발표한다. 이 논문으로 그는 영국의 대수학자들 사이에서 이름을 알렸다. 이후 불은 1844년 왕립 학회의 메달을 받고, 1849년에는 퀸스 칼리지의 교수가 된다. 1855년에는 에든버러 왕립 학회가 수여하는 키스 메달을 받고, 1857년에는 왕립학회의 펠로우로 선출되어 명예 학위를 받는 등 영국 수학계에서 입지를 굳혔다.

그는 처음에는 대수학과 불변식에 대해 연구했고, 이후 미분방정식과 계차방정식도 연구했다. 하지만 그를 유명하게 만든 것은 기호논리학이었다. 불은 논리와 추론을 수학적으로 다루는 방법을 생각했고, 마침내 1854년 〈논리와 확률의 수학적 기초를 이루는 사고의 법칙 연구〉라는 논문으로 이를 정리했다. 기호논리학은 논리에 대한 수학적 표현인 동시에 현대의 이산수학, 나아가 컴퓨터공학에도 영향을 미쳤다.

기 때문에 힌튼이 가져온 모형은 이것을 3차원상에 나타낸 전개도, 즉 여덟 개의 정육면체가 붙어서 만들어진 입체의 형태였다.

호기심이 강하고 학문을 사랑했던 아버지라면, 사위인 찰스 힌튼이 직접 만든 모형들을 이리저리 살펴보며 무척 즐거워했을지도 모른다. 그가 지금 쓰고 있는 책에 대해 그리고 다른 차원의 기하학에 대해 밤새도록 논했을지도 모른다.

하지만 앨리스는 문득 생각했다. 아버지가 살아 계셨다면, 언니는 힌튼과 결혼하지 않았을지도 모른다. 어려운 형편에 학교에 다니는 것도 사치가 아닐까 고민하며, 열여섯 살까지 학교에 갈 수 있었던 것에 감사하는 데 그치지 않았을지도 모른다. 아버지가 교수로 일했고 어머니가 사서로 일하고 있는 저 퀸스 칼리지에 다녔을지도 모른다. 언니는 물론 자신도, 다른 자매들도. 그렇게 대학에서 수학을 공부할 수 있었다면, 힌튼 형부가 가져온 모형과 '4차원에 대한 직관적 인식'이라는 말을 좀 더 잘 이해할 수 있었을 것이다. 그리고…….

앨리스는 어둠 속에서 하얀 그림자처럼 보이는, 천장에 매달린 정다면체의 모형들을 올려다보았다. 3차원에서의 정다면체들을 그림으로 그릴 때, 보이는 각도에 따라 그 모습이 달라지듯이, 더 높은 차원에서의 다면체를 3차원의 형태로 나타낼 때도 마찬가지일 것이다. 힌튼이 가져온 모형은 축에 직교하는 방향으로 투영한 것이라서 평범한 정육면체들의 모임처럼 보였지만, 그렇지 않은 방향에서 투영하면 아주 다른 모습으로 보일지도 모른다. 앨리스는 힌튼의 설명을 직관적으로 이해했지만, 자신이 그것을 표현할 언어를 갖지 못했다는 것을 떠올렸다.

그리고 한숨을 쉬며, 먼저 잠든 동생들, 루시와 에셀이 깨지 않도록 조심조심 문을 닫고 잠옷으로 갈아입었다.

．．．

조지 불은 입지전적인 인물이었다. 그는 가난한 구둣방 주인의 맏아들로 태어나 대학은 고사하고 빈민가의 초등학교를 겨우 졸업했을 뿐이었지만, 스스로의 노력과 그의 노력에 감동한 다른 수학자들의 도움으로 공부를 계속했다. 그렇게 논문을 발표하고, 학계에서 이름을 얻어 아일랜드 코크의 퀸스 칼리지에서 수학을 가르치게 되었다. 그런 조지 불은 퀸스 칼리지의 그리스어 교수 존 라이얼의 집에 방문했다가 존 라이얼의 조카이자 에베레스트산을 측량했던 지리학자 조지 에베레스트의 조카인 메리 에베레스트를 알게 되었다. 수학을 좋아하는 메리는 조지와 이야기가 잘 통했고, 두 사람은 몇 년 뒤 결혼했다. 두 사람 사이에는 메리와 마거릿, 얼리셔, 루시, 에셀이라는 다섯 딸이 태어났고, 부부는 수학과 수학 교육에 대한 이야기를 나누거나 조지의 논문을 메리가 편집하며 학문적인 분위기가 넘치는 행복한 가정을 꾸려갔다.

하지만 막내딸인 에셀이 태어난 해 겨울, 조지는 그만 폐렴에 걸려 죽고 말았다. 11월의 추운 어느 날, 출근하던 길에 갑자기 쏟아진 비를 맞은 것이 화근이었다. 셋째 딸인 앨리스, 즉 얼리셔가 네 살이 되던 해의 일이었다. 아버지인 조지가 죽은 뒤, 살림은 어려워졌고 영리한 그의 다섯 딸의 앞날 또한 어두워졌다. 가난한 형편 때문에 좋은 교육을 받을 기회는 사라졌고, 변변한 지참금도 없으니 좋은 남편을 만날 가능성도 줄어들었다.

하지만 어려운 상황에도 메리 에베레스트는 딸들의 교육에 힘을 기울였다. 한동안 딸들을 친척들에게 맡길 수밖에 없었지만, 자리를 잡은 뒤에는 다시 딸들을 불러들였다. 메리는 퀸스 칼리지에서 일하고 돌아와서는 다섯 딸에게 수학을 가르쳤고, 조지 불이 받았던 금메달을 팔아 딸들에게 음악을 가르치기 위한 작은 오르간을 구입하기도 했다. 퀸스 칼리지의 학생들이나 자신의 딸들이 즐겁게 그래프나 미적분의 개념을 이해할 수 있도록 스트링 아트를 활용해 수학을 가르친 것도 이 무렵이었다. 메리의 방식은 런던 교육위원회의 책임자에게도 감명을 주었지만, 메리는 곧 퀸스 칼리지를 그만둬야 했다. 바로 메리의 아버지인 토머스 에베레스트의 친구 제임스 힌튼 때문이었다.

제임스 힌튼은 당대의 유명한 의사이자 작가로, 철학과 심리학에도 조예가 깊었다. 수학 교육에 대한 관심을 다른 학문으로 확장하던 메리는 퀸스 칼리지에 제임스 힌튼을 초빙해 이 주제에 대한 세미나를 열려고 했다. 하지만 제임스 힌튼은 일부다처제를 주장하며, 잭 더 리퍼와 연관이 있다는 소문까지 돌 정도로 부도덕하다고 알려진 인물이었다. 대학 당국은 이 일을 문제 삼아 메리를 대학에서 해고했다. 그런 상황에서 제임스 힌튼의 아들인 찰스 하워드 힌튼이 메리의 큰딸인 메리 불과 결혼하면서 메리의 가족은 불화에 휩쓸리고 말았다.

"난 어머니에게 실망했어. 힌튼 아저씨는 여성의 권리나 행복에 대해서는 의도적으로 묵살해버리는 끔찍한 사람인데, 그런 남자와 가까이 지내다니!"

"난 힌튼 형부도 일부다처제 같은 생각을 할까 걱정이야. 언니가 불행해지면 어떻게 해. 앨리스, 너도 뭔가 말 좀 해봐."

"……앨리스를 곤란하게 하지 마. 쟤는 지금 결혼이나 사랑이나 여성의 권리에 대해 생각할 수 있는 상황이 아냐. 그날 힌튼 형부가 가져온 모형을 본 이후로, 식사도 제대로 안 하고 철사와 판지로 뭔가를 만들고만 있는걸."

자매들은 결혼한 메리를, 그리고 힌튼이 가져온 테서랙트 모형에 푹 빠져 있던 얼리셔를 걱정했다. 하지만 얼리셔의 귀에는 다른 자매들의 걱정 어린 말이 들어오지 않았다.

"정다각형은 모든 각의 크기가 같고 모든 변의 크기가 같은 다각형이지. 정다면체는 볼록 다면체convex polyhedron 중에서 모든 면이 합동인 정다각형이고, 각 꼭짓점에서 만나는 면의 개수가 같은 도형이야. 이걸 더 큰 차원으로 확장한다면……."

얼리셔는 마치 이상한 나라의 앨리스가 된 것처럼, 현실에서는 보이지 않는 더 높은 차원의 세계에 푹 빠져 있었다.

"차원이 높아질수록 그 세계를 이루는 축의 개수는 늘어나고, 그 아래 차원의 도형들로 이루어진 새로운 도형들이 만들어질 거야. 그런 세계의 도형을 다포체polytope (폴리토프)라고 부르자. 다각형은 2차원 다포체고, 다면체는 3차원 다포체. 힌튼 형부가 말한 테서랙트는 4차원 다포체에 포함되는 거겠지."

얼리셔는 한참 동안 몰입해 생각한 끝에 판지로 정사면체 여러 개로 이루어진 모형을 만들었다. 그리고 메리와 힌튼이 다시 집에 방문했을 때, 자신의 생각을 이야기했다.

"형부의 이야기를 듣고 생각해봤어요. 정다면체를 이용해서 만들 수 있는 4차원 도형들에 대해서요."

얼리셔가 생각한 것은 한 개의 모서리에 세 개의 정사면체가 만나고 총 다섯 개의 정사면체로 이루어진 정오포체, 힌튼이 가져왔던 한 개의 모서리에 네 개의 정사면체가 만나고 총 열여섯 개의 정사면체로 이루어진 4차원 정축체인 정십육포체, 여덟 개의 정육면체로 이루어진 정팔포체(테서랙트), 한 개의 모서리에 세 개의 정팔면체가 만나고 스물네 개의 정팔면체로 이루어진 정이십사포체, 한 개의 모서리에 세 개의 정십이면체가 만나고 총 120개의 정십이면체로 이루어진 정120포체 그리고 한 개의 모서리에 다섯 개의 정사면체가 만나고 총 600개의 정사면체로 이루어진 정600포체였다. 힌튼은 그 이야기를 듣고 깜짝 놀랐다.

"이걸 앨리스 혼자서 생각해낸 거야?"

이 여섯 가지 4차원 정다포체에 대해서는 이미 독일의 수학자 루트비히 슐레플러가 '폴리스키마'라는 이름으로 1850년대에 생각한 바 있었다. 하지만 그런 최신 수학은커녕 대학 교육도 받지 못한 열일곱 살의 소녀가 혼자서 몇 달 동안 고민해서 생각해내다니. 놀랄 만한 일이었다.

얼리셔의 재능에 감명받은 힌튼은 얼리셔에게 수학을 가르치고, 자신의 동료 수학자인 존 포크에게 얼리셔를 소개해 비서 일을 맡기게 했다. 때로는 힌튼의 논문을 얼리셔가 정리하기도 했다. 그 과정에서 얼리셔는 수학 공부를 계속했고, 판지와 나무 등으로 4차원 정다포체의 3차원 전개도를 만들었다.

하지만 힌튼은 자매들의 걱정대로 곧 문제를 일으켰다. 자신의 아버지인 제임스 힌튼의 일부다처제 주장에 내심 공감하고 있던 힌튼이 존 웰던이라는 이름으로 다른 여성과 결혼한 것이다. 중혼重婚이 들통난 힌튼은 교수 자리를 잃고 감옥에 들어갔다. 메리는 힌튼과 이혼하지는 않았다. 하지만 영국에 계속 살기에는 너무나 남부끄러운 일이었기에 힌튼과 메리 그리고 아이들은 일본으로 떠났다.

"부탁해, 앨리스. 이 책을 제대로 이해하고 완성할 수 있는 사람은 앨리스밖에 없어."

힌튼은 영국을 떠나기 전 얼리셔에게 곧 출간될 자신의 책을 부탁했다. 테서랙트를 포함해 4차원에 대한 이론들을 담은 《새로운 사고의 시대》가 마무리 단계였기 때문이다. 얼리셔는 언니를 불행하게 만든 힌튼에게 환멸을 느꼈지만, 그렇다고 그의 수학적 성과를 무시할 수는 없었기에 부탁대로 이 책을 성공적으로 마무리했다. 그리고 존 포크의 비서 노릇을 그만두고, 리버풀에서 새 일자리를 구했다.

"결코 쉽지 않겠지만, 혼자서도 4차원에 대한 생각만은 계속할 수 있을 거야."

새로운 곳에서 비서 일을 하던 얼리셔는 보험 계리사인 월터 스토트의 청혼을 받았다. 월터는 돈을 많이 벌지는 못했지만 겸손하고 가정적인 남자였다. 얼리셔는 월터와 결혼해 메리와 레너드를 낳고, 적은 수입으로 알뜰하게 가정을 꾸리며 고되게 일하는 가정주부가 되었다. 하지만 여전히 4차원에 대한 생각을 멈추지는 않았다. 아이들을 낳고 키우고 살림을 하면서도 얼리셔는 계속 4차원 정다포체들을 3차원에 사영하는 문제를 생각했다.

월터 스토트는 학자가 아니었고, 최신의 고등 수학에 대해서는 잘 알지 못했다. 하지만 금융상품을 만드는 일을 하는 만큼 수학에 대해 남들보다는 잘 알고 있었다. 또한 얼리셔가 수학을 공부했고, 결혼한 뒤에도 계속 그 문제들을 생각하고 있다는 사실도 알고 있었다. 1895년의 어느 날, 월터는 퇴근길에 학술지 한 권을 가지고 돌아왔다.

"당신은 수학 연구를 더 하고 싶은 거죠? 특히 4차원 도형에 대해서."

"그렇긴 하지만……."

"당신이 어떻게 하면 그 연구를 계속할 수 있을지 생각해봤어요. 내가 알아봤는데, 네덜란드 흐로닝언 대학의 피터 헨드릭 셔우트 교수가 당신 연구에 관심이 있을 것 같아요."

얼리셔는 월터가 가져온 학술지를 꼼꼼히 읽었다. 그리고 용기를 내 셔우트 교수에게 자신이 만든 모형들을 찍은 사진을 동봉한 편지를 보냈다. 셔우트는 얼리셔의 편지를 받고 깜짝 놀랐다.

"사람들에게 4차원을 설명하는 건 쉽지 않은 일이야. 그런데 이렇게 판지로 만든 간단한 모델로 설명하다니."

셔우트는 영국으로 와서 얼리셔를 직접 만났다. 그는 얼리셔가 평범한 가정주부처럼 보이는 것에 한 번 놀라고, 그가 초공간에 대해 어떤 수학자보다도 제대로 이해하고 있다는 점에 한 번 더 놀랐다.

"나와 공동 작업을 해주십시오, 스토트 부인."

"공동 작업이라니, 제가 할 수 있을까요? 저는 한동안 바닥을 청소하거나 집안일을 하는 것보다 더 복잡한 일을 한 적이 없어요."

"나는 그동안 내 연구를 기존의 기하학적 방식으로 설명했습니다. 새로운 차원에 대한 이야기를 사람들에게 설명하려면 새로운 방식이 필요하다고 생각은 했지만, 구체적인 방식을 찾지 못했어요. 기하학을 시각적으로 나타낼 수 있는 부인의 통찰력이야말로, 4차원에서의 기하학을 사람들에게 설명하는 데 꼭 필요한 능력입니다. 나를 도와주지 않겠습니까."

이후 셔우트는 영국과 네덜란드를 오가고, 때로는 편지를 주고받으며 얼리셔와 함께 일했다. 그동안 줄곧 혼자서 공부해왔던 얼리셔는 셔우트에게 최신 수학과 논문을 쓰는 법에 대해 배웠다. 이후 1900년 무렵 얼리셔는 두 편의 논문을 썼는데, 셔우트는 이 논문을 발표할 것을 권했다.

"당신은 평범한 가정주부도, 누군가의 조수나 비서도 아닙니다. 스토트 부인, 당신은 훌륭한 수학자예요."

셔우트의 격려와 남편 월터의 지지에 힘입어 얼리셔는 마침내 자신의 이론을 논문으로 발표했다. 〈4차원 하이퍼-정다면체의 특정 부분에 대하여 On certain Series of Sections of the Regular Four-dimensional Hypersolids〉에서 얼리셔는 4차원에서 여섯 개의 정다포체가 존재한다는 직관적인 증거와 함께, 이들의 꼭지점, 모서리, 면 그리고 셀의 숫자를 명시했다. 이 논문에서 얼리셔는 '다포체'라는 단어를 사용했다.

이후 얼리셔는 1900년에서 1910년 사이에 여섯 편의 논문을 더 발표했는데, 여기에는 4차원 다포체를 위한 도면과 판지로 만든 모형의 전개도들이 수록되어 있었다. 나아가 얼리셔가 1910년 발표한 〈정규 폴리토프 및 공간 채우기에서 반 정규의 기하학적 추론Geometrical deduction of semiregular from regular polytopes and space fillings〉에는 이른바 아르키메데스 다면체라고 하는, 두 종류 이상의 정다각형으로 이루어져 있으며 각 꼭짓점에 모인 면이 배치가 서로 같은 다면체의 4차원 형태를 설명했다.

하지만 1913년, 셔우트가 세상을 떠나고 말았다. 흐로닝언 대학의 교수들은 셔우트의 생전의 뜻을 기려 흐로닝언 대학 300주년 기념 행사에 얼리셔를 초대하고 수학물리학 명예박사 학위를 수여했다. 하지만 얼리셔는 셔우트의 죽음과 함께 자신의 학자로서의 경력은 끝났다는 것을 알았다. 20년 가까이 셔우트와 함께 연구해왔지만, 셔우트라는 연결고리가 없는 한, 정규 교육을 받지도 않았고 학위도 없는 중년 여성인 자신은 수학자들의 커뮤니티에서 고립될 수밖에 없기 때문이었다. 학자로서의 꿈결 같던 시간은 끝났다. 이제 마치 마법에서 풀려난 신데렐라처럼 가정주부로 돌아갈 시간이었다. 흐로닝언 대학에서 명예 학위를 받고 돌아온 얼리셔는 남편 월터에게 졸업장이 담긴 통을 보여주며 별일 아니라는 듯 말했다.

"파스타를 담아두면 딱 좋겠네요."

하지만 세상은 얼리셔가 평범한 가정주부로 그리고 평범한 이웃집 할머니로 살아가도록 내버려두지 않았다. 둘째 언니인 마거릿의 아들,

즉 얼리셔의 조카인 제프리 테일러는 수리물리학자가 되어 종종 이모의 조언을 구했고, 나중에는 케임브리지의 대학원생인 해럴드 스콧 맥도널드 콕서터를 얼리셔에게 소개했다.

"콕서터는 천재예요. 열 살도 되기 전부터 음악을 작곡하고, 어린 시절에는 피아니스트가 되려고 했죠. 트리니티 칼리지에서는 수석을 놓치지 않았어요. 저는 이모가 이 친구를 도와주셨으면 해요."

"그런 대단한 학생을 내가 도울 수 있을까?"

"당연하죠. 이모는 셔우트 교수님이 돌아가시고 나서는 수학에 대해 아무 말씀도 안 하셨지만, 사실은 계속 연구하고 계셨잖아요."

일흔 살의 얼리셔가 콕서터를 만났을 때, 콕서터는 불과 스물세 살이었다. 하지만 둘은 곧 정기적으로 만나며 4차원 기하학에 대해 논하는 사이가 되었고, 콕서터는 베이커 교수의 기하학 티 파티에 얼리셔를 초대해 강의를 하도록 주선했다. 얼리셔는 자신이 만든 기하학 모델들을 가져와 보여주고, 훗날 케임브리지의 수학과에 기증하기도 했다.

얼리셔는 나이가 많이 들어 콕서터와 함께 많은 연구를 할 수는 없었다. 그런 데다 몇 년 뒤 콕서터는 토론토로 떠났다. 얼리셔는 콕서터에게 자신이 만든 기하학 모델 형태의 전등갓을 선물했고, 그와 다시만나지 못한 채 1940년 세상을 떠났다. 스스로를 주부이자 아마추어 수학자라고 여겼던 얼리셔의 아이디어와 4차원에 대한 직관은 이후 콕서터의 연구에 큰 영향을 미쳤고, 현대 기하학의 초석이 되었다.

. . .

조지 불은 불행히도 일찍 세상을 떠났지만, 그의 다섯 딸과 그 자손들은 저마다의 방식으로 역사에 발자취를 남겼다. 맏딸 메리는 수학자이자 교사이고 작가인 찰스 하워드 힌튼과 결혼했다. 힌튼은 메리 에베레스트가 딸들을 가르친 방식과 마찬가지로 자신의 아이들에게 대나무나 종이로 여러 입체 구조를 만들어주었는데, 메리와 힌튼의 아들인 세바스티안은 현재 우리가 알고 있는 놀이기구인 정글짐을 만들었다. 둘째 딸인 마거릿은 예술가인 에드워드 테일러와 결혼했고, 그들의 장남인 제프리 테일러는 수학자로서 왕립 학회의 회원이 되었다.

셋째 딸인 앨리스, 즉 얼리셔 불 스토트는 유일하게 아버지와 어머니의 뒤를 이어 수학자가 되었다. 그 아들인 레너드는 의사가 되어 결핵 연구에 힘을 기울이고, 기흉 치료장치를 발명했다. 조지 불의 넷째 딸인 루시는 영국 최초의 여성 화학 교수이자 제약 분야의 연구에 대한 논문을 공동 집필한 최초의 여성 과학자로 역사에 남았다. 음악가이자 작가인 막내 에셀은 폴란드의 혁명가 보이니치와 결혼하고, 소설 《쇠파리》를 썼다.

§ 해럴드 스콧 맥도널드 콕서터

20세기의 가장 위대한 기하학자 가운데 한 사람으로, 영국 출신의 캐나다 수학자다. 그의 어머니는 화가였고 외사촌인 자일스 길버트 스콧은 리버풀 대성당을 설계한 건축가로, 빨간 공중전화 부스 디자이너로도 유명하다. 이러한 환경에서 자란 그는 자연스럽게 기하학이나 투시를 수학적 관심사와 연결할 수 있었다. 그는 콕서터-토드 격자, 보어딕-콕서터 나선 등을 발견했고, 균일 다면체의 전체 목록을 발표했으며, 기하학 분야에서 열두 권의 책을 출판했다. 그의 기하학 연구는 화가이자 그의 친구인 마우리츠 에셔의 〈원의 한계〉 연작에 영향을 끼쳤다.

얼리셔가 세상을 떠나고 60년 뒤, 흐로닝언 대학에서는 색칠이 된 다면체의 도면이 발견되었다. 그 도면에는 작성자의 서명은 남아 있지 않았지만, 얼리셔의 연구로 인정받았다. 이 도면은 스페인의 수학자이자《수학적 모델의 정의와 역사》를 쓴 이렌 폴로 블랑코의 대수기하학 algebraic geometry 연구에 영감을 주었다.

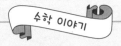

4차원과 다포체

차원은 수학에서 공간 안에 있는 도형이나 어떤 지점의 위치를 나타내기 위해 필요한 축의 개수이다. 0차원은 길이도 넓이도 없는 점으로 이루어져 있으며, 흔히 1차원은 선, 2차원은 면, 3차원은 입체라고 말한다. 수직선 위의 한 점의 위치를 말하는 데는 숫자 하나로 충분하지만, 평면 위의 한 점의 위치를 말할 때는 X축과 Y축의 좌표, 지도 위에서라면 위도와 경도가 필요하다. 우리가 사는 이 세계에서는 높이 또는 고도가 추가되는데, 이는 Z축이 된다. 그리고 각각의 차원 속에서 구현할 수 있는 가장 차수가 높은 도형은 그 아래 차원의 도형으로 구현할 수 있다. 예를 들면 평면인 정사각형은 가로·세로를 이루는 선분들로 나타낼 수 있다. 정육면체라면 정사각형으로 이루어진 전개도를 만들 수 있다. 그러므로 현실에는 존재하지 않는 4차원에서의 초입체, 즉 다포체도 3차원 입체로 이루어진 전개도를 통해 나타낼 수 있다.

살바도르 달리의 그림 〈십자가에 못 박힌 예수-초입방체〉에는 네 개의 정육면체를 쌓아 올린 기둥에, 사방에 한 개씩의 정육면체가 덧붙어 있는 매우 입체적인 십자가에 매달린 예수가 묘사되어 있다. 이 십자가는 모든 각이 직각을 이루고 있는 여덟 개의 정육면체로 이루어져 있는데, 이는 4차원 초입방체인 정팔포체의 전개도다. 정육면체로 이루어진 이 전개도에서 같은 숫자가 적힌 면들을 맞붙이면 정팔포체가 만들어지는 것이다.

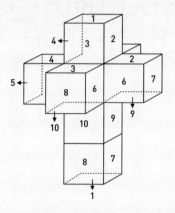

　물론 이와 같은 정팔포체 혹은 4차원 다포체들을 우리가 눈으로 직접 확인할 수는 없다. 수학을 계산하고 그래프를 그리는 수학 패키지 프로그램에서 4차원 이상의 방정식을 그래프로 나타내면, 애니메이션 효과가 적용되어 그래프가 꿈틀꿈틀 움직이는 것을 확인할 수 있을 뿐이다. 하지만 만약 여덟 개의 정육면체로 만들어진 저 전개도를 아주 얇고 탄력이 뛰어난 소재로 만들 수 있다면, 그래서 정말로 저 면에 표시된 대로 이어 붙일 수 있다면, 우리는 정팔포체를 만들 수 있을 것이다.

허사 에어턴
Hertha Ayrton
(1854~1923)

여성과 과학은 별개일 수 없다

1912년 여름, 영국의 해안 마을에는 언제나처럼 낯선 손님들이 휴가를 보내며 머무르고 있었다. 이곳에 도착한 명랑하고 씩씩하지만 상복 같은 느낌의 수수한 옷을 입은 부인과, 다소 군인 같은 인상의 어쩐지 딱딱한 프랑스어를 쓰는 키가 큰 부인, 그리고 두 소녀도 그렇게 휴가를 보내러 온 이들이었다. 눈썰미가 좋은 사람이라 해도 이들이 영국과 프랑스를 대표할 만한 저명한 물리학자들이라는 사실을 한눈에 알아보기는 어려웠을 것이다. 특히 프랑스에서 온 여성은 '스크워도프스카 부인'이라는 결혼 전에 썼던 이름으로 서명을 하고 있었으니까.

　"그나저나 이렇게 나하고 한가하게 지내도 괜찮은 거예요?"

　산책을 하던 스크워도프스카 부인이 문득 걱정스럽게 물었다. 그 사람이야말로 프랑스를 대표하는 과학자, 마리 퀴리였다. 그는 남편이자 동료 과학자인 피에르 퀴리가 죽은 뒤에도 멈추지 않고 연구를 계속하던 중, 피에르의 제자이자 동료인 폴 랑주뱅과의 스캔들에 휘말려 온 거 중이었다. 지난겨울 우울증과 급성 신장병에 시달렸던 마리는 수술을 받고, 건강을 회복하기 위해 여름 내내 영국의 수학자이자 물리학자인 허사 에어턴과 함께 휴가를 보내고 있었다.

　"어제 전보가 온 걸 봤어요. 바버라가 런던에서 경찰에 체포되었다고 하지 않았나요?"

"예, 정말 내 딸답다니까요."

허사는 생글생글 웃으며 대답했다. 허사는 피에르 퀴리가 런던의 왕립 학회에서 연설했던 지난 1903년 6월, 마리와 처음 만났다. 그들은 활발하게 업적을 쌓아 올리는 여성 과학자였다. 마리는 폴란드 출신, 허사는 폴란드계 이민자의 자손이었고, 그들의 남편들은 각각 한 나라를 대표할 만한 저명한 과학자였다. 지금은 두 사람 다 남편과 사별한 상태였다. 그리고 허사는 마리가 휘말린 스캔들과 사람들의 비난을 마리가 여성이기 때문에 겪는 부당한 일이라고 생각했다.

"우리 바버라는 여성 참정권 시위에 나갔다가 체포된 것뿐이에요."

"무슨 폭력을 휘둘러서 구치소에 갇혔다고 되어 있지 않았나요?"

"창문 한두 장쯤 깨뜨렸겠죠. 설마 경찰을 두들겨 패진 않았을 테고. 그 애도 스물여섯 살이나 되었으니 자기 일은 자기가 알아서 할 거예요, 마리. 사실 난 그 애가 조금 자랑스럽답니다."

딸이 폭력을 휘두르다 경찰에게 체포되어 구치소에 끌려갔다는데도 허사는 태연자약했다. 마리는 문득 걱정스러운 표정으로 자신의 딸인 이렌과 에브를 바라보았다. 마리가 몸과 마음을 치유하기 위해 이곳에 머무르는 동안, 허사는 넘치는 활력으로 마리를 돌봐주고, 연구를 하며, 이렌과 에브의 수학 공부를 도와주고 있었다.

"당신이 내 딸들을 돌봐주고 수학을 가르쳐주듯이, 나도 바버라를 조카처럼 아끼고 있어요. 그게 그 아이에게 중요한 일이라는 건 알지만…… 허사, 나는 그 애가 좀 더 안전하고 평화롭게 살았으면 좋겠어요."

"당신이 정치적인 문제에는 관여하지 않으려는 걸 잘 알아요, 마리."

허사의 말대로였다. 마리와 피에르 부부는 과학적이고 합리적인 해결이 최선이라고 생각하는 온건한 평화주의자였다. 정치적인 청원이나 서명 운동에는 가급적 이름을 올리지 않았다. 피에르는 투표만큼은 성실하게 참여했지만, 폴란드 출신이고 여성인 마리에게는 투표할 권리도 없었기 때문에, 마리는 정치에 신경을 쓰지 않다시피 했다.

하지만 허사는 달랐다. 그는 여성 인권 신장을 위해 거리로 나갔고, 여성 시위대나 파업 투쟁 중인 여성들을 자신의 집에서 보호하기도 했다.

"하지만 마리, 뭔가 이상하지 않아요? 당신에게는 피에르 이상의 재능과 업적이 있는데도, 당신이 교수가 되어 강의를 맡은 것은 피에르가 죽은 뒤에, 그의 아내로서였어요. 평범한 프랑스 남자와 비교할 수 없는 지성을 갖고 있지만, 당신에겐 투표할 권리도 없죠. 피에르가 마치 내 남편인 윌리엄처럼 열등감 없이 아내의 업적을 존중할 줄 아는 남자였으니 망정이지, 남편과 함께 연구하다가 연구 실적을 전부 빼앗겨버리고 잊히는 여성 과학자들은 역사 이래로 수도 없이 많았어요."

"그건 그렇지만……."

"이번 일만 해도 그래요. 나는 당신이 그 햇병아리 랑주뱅과 무슨 일이 있었을 거라고는 믿지 않지만, 그런 일이 있었든 없었든 비난이 온전히 당신에게 쏟아지는 건 말이 되지 않아요. 설령 무슨 일이 있었다 해도, 당신은 과부이고 얼마든지 새로운 사랑을 시작할 수 있는 몸이지만, 폴 랑주뱅은 아내가 눈 시퍼렇게 뜨고 살아 있는 사람이잖아요. 그런데도 당신보고 폴란드 여자니 유대인이니 남편의 명예를 더럽혔

다느니 있는 말 없는 말 지어내가며 비난하다 못해, 이젠 유례가 없는 두 번째 노벨상을 받을 상황에서 상을 받으라 말라 말이 많잖아요? 세상에, 당신이 일찍 죽고 피에르가 다른 여성 과학자와 스캔들이 나도 사람들이 이렇게 비난했을까요? 말도 안 되는 일이지."

허사는 고개를 절레절레 저었다. 마리는 문득 웃음을 터뜨렸다. 살면서 늘 마리를 붙잡고 있던 억울하고 갑갑한 것들, 하지만 러시아에 나라를 빼앗긴 가난한 폴란드 출신 유학생이었고, 프랑스 남자와 결혼해 두 아이를 낳고 살면서도 여전히 남들과는 다른 부분들이 남아 있기 때문에 어쩔 수 없는 거라고 체념했던 그 모든 일을, 허사는 단숨에 관통하듯 이야기해주었다.

"당신이 여자라서 과학자로서 못 한 일이 뭐가 있어요. 오히려 두 아이를 낳아 키우면서도 프랑스의 모든 남성 과학자보다도 많은 일을 해냈잖아요? 흥, 아홉 달 동안 배에 아이를 넣고 다니면서, 허리가 아프고 서 있기도 힘든 상황에서 연구를 하라고 하면 다들 죽어나갈 약골들이. 아이를 낳아보라고 하면 다들 황소처럼 울부짖으며 기절이나 할 졸장부들이, 외국인 출신의 여성 과학자인 당신이 쌓아 올린 업적들이 그렇게 부럽고 질투 나고 짜증 나고 얄미워서 그따위로들 나오는데."

"나는…… 허사, 나는 어떤 면에서는 내가 여자라고 생각하지 않고 살았어요. 그냥 과학자라고 생각하고 살았어요."

"마리, 여성과 과학은 별개가 아니에요. 그저 어떤 여성이 훌륭하고 위대한 과학자이거나, 그렇지 않거나 둘 중 하나일 뿐이죠. 그냥 어떤 인간이 훌륭한 과학자이거나, 그렇지 않거나 둘 중 하나이듯이요. 여성과 정치도 마찬가지예요. 보편적으로 인간이 정치라는 것을 할 수 있다면 여성도 정치를 하는 거예요. 당연하잖아요."

마리는 걸음을 멈추었다. 허사는 마리의 어깨를 쓰다듬었다. 마리는 잠시 먼 수평선을 바라보며 생각을 가다듬었다. 해안선을 따라 마리의 두 딸, 이렌과 에브가 치맛자락을 펄럭이며 뛰어놀고 있었다.

"지난번에 여성 참정권 운동 이야기를 했죠? 서명을 받고 있다고."

"지금도 서명을 받고 있어요. 나는 여성 참정권 운동을 하는 서프러제트와 함께하고 있는데, 그 지도자 중에는 지금 감옥에 갇혀 있는 이들도 있답니다. 난 그 사람들이 우리 모두가 평등해지는 길을 위한 위대한 목적을 갖고 활동을 하고 있다고, 내 이름을 걸고 말할 수 있어요."

"만약에 두 번 노벨상을 받은 저명한 여성 과학자가 서명을 하면, 그 여성 참정권 운동이라는 것에 도움이 될까요?"

"어머나, 마리."

허사는 웃음을 터뜨리며 마리를 끌어안았다. 마리는 평생 정치와는 상관없이 살아왔고, 자신이 허사가 하는 생각을 전부 다 이해할 수 있을 거라고는 생각하지 않았다. 하지만 마리는 언젠가 자신의 딸들이 자신이 느꼈던 억울함을 느끼기를 원하지 않았다. 이렌과 에브가 지금보다는 좀 더 자유롭게, 마치 사내아이들처럼 하고 싶은 것을 다 하면서 살아가기를 바랐다.

"그렇네요, 나에게도 두 딸이 있네요. 저 애들이 커서 만날 세상을 위해서라도 나도 바버라가 하는 일을 응원해야겠어요. 당신 딸은 정말 용감한 일을 하고 있군요."

      • • • •

피비 세라 마르크스는 영국 햄프셔 포트시섬에서 폴란드계 유대인 시계공인 레비 마르크스의 일곱 남매 중 셋째로 태어났다. 하지만 일곱 살 무렵 레비가 세상을 떠나자 세라는 아직 어린 동생들을 돌보며 고된 날들을 보내야 했다. 그런 세라를 끝없는 노동에서 구해준 사람은 런던 북서부에서 학교를 운영하던 매리언 이모였다.

"여자아이라고 해도 제대로 교육을 받으면, 가정교사가 되어서 자기 한 몸은 건사할 수 있어. 지금 세라에게는 갓난아기들을 돌보는 것보다 그게 더 중요해."

세라는 매리언 이모 댁에서 잔심부름을 하며, 사촌들과 함께 이모의 학교에서 공부를 할 수 있었다. 이곳에서 세라는 열정적이고 장난기 많은 아이였지만, 책 읽기를 좋아하고 수학과 과학에 특히 두각을 나타내는 학생이기도 했다. 세라는 아홉 살부터 열여섯 살까지 이모의 학교에서 공부하고, 열여섯 살부터는 가정교사로 일했다.

"꼭 제인 에어 같네."

"농담하지 마. 로체스터 같은 고용주를 만나서 결혼하는 건 소설 속 이야기야. 만약 제인 에어도 여자가 대학에 갈 수 있는 시대에 태어났으면, 나중에 유산을 물려받아서 그걸로 공부를 더 했을지도 몰라."

세라는 이 무렵 독일 출신의 유대인인 카를 블라인드 가족과 가까이 지냈는데, 카를의 딸인 오틸리는 페미니스트이자 다양한 문학에 관심이 많았다. 오틸리가 스웨덴의 여성 작가 프레드리카 브레메르의 소설

속 주인공 허사에게서 영감을 얻었는지, 혹은 관능적이고 금기에 도전하는 앨저넌 찰스 스윈번의 시 〈허사〉에서 영감을 얻었는지는 모르지만, 오틸리는 세라를 '허사'라는 별명으로 부르기 시작했다.

"허사는 재생과 전통, 어머니 대지를 상징하는 여신이야."

특히 스윈번의 시에서 허사는 기독교적 세계관에 도전하며, 원초적이고 여성주의적인 힘을 일깨우는 여신이었다. 사라는 여신 허사의 힘, 열정, 평등함을 동경하게 되었다. 자연스럽게 주변 사람들은 세라를 허사라는 이름으로 부르기 시작했다.

허사는 '여신 허사'처럼 거침없이 자신의 앞길을 개척해갔다. 가정교사로 일하면서 공부를 계속하던 허사는 조지 엘리엇이라는 필명으로 유명한 메리 앤 에번스와 물리학자 리처드 글레이즈브룩 경의 지원을 받아 스물두 살부터 스물일곱 살까지 케임브리지의 거튼 칼리지에서 수학과 물리학을 공부했다. 이곳에서 허사는 합창단을 이끌고, 칼리지 내의 의용 소방대를 결성하고, 샬럿 스콧와 함께 수학 동아리를 만드는 등 누구보다도 열의 넘치는 학교 생활을 했다. 또 혈압계를 설계하는 등 배운 것을 바탕으로 자신의 아이디어를 구현하기 위해 애썼다.

하지만 허사는 케임브리지에서 학위를 받지는 못했다. 당시 케임브리지에서는 여성에게 정식 학위가 아닌 수료만을 인정했기 때문이다. 허사는 거튼 칼리지에서 과정을 이수한 뒤, 1881년 런던 대학교에서 외부 시험에 합격하고 나서야 이학사 학위를 손에 넣을 수 있었다.

학위를 받은 뒤, 허사는 런던의 노팅힐 학교에서 교편을 잡고 수학을 가르치는 한편, 어린 나이부터 노동에 시달리는 소녀들을 위한 모임을 만들어 도움을 주었다. 그러면서도 허사는 수학 문제를 만들고 해법을 찾아 잡지의 수학 코너에 기고하곤 했다. 발명에 대한 열의도 식지 않아서 1884년에는 제도할 때 선을 여러 개의 동일한 길이로 나누거나, 도면을 확대하고 축소할 때 사용하는 디바이더를 발명했다.

"사람들은 여성이 훌륭한 기술적 업적을 남길 수 없다고 생각하지. 그럴수록 이런 발명을 해내는 사람이 있다는 걸 보여줘야 해."

여성의 직접고용과 평등한 노동 그리고 관련법 개정을 위해 일한 바버라 보디션과 여성 참정권 운동을 이끌었던 루이자 골드스미드는 허사의 발명품들이 특허를 얻을 수 있도록 지원해주었다. 그 덕분에 허사가 앞서 만들었던 혈압계와 디바이더는 산업 전시회에 출품되어 언론의 주목을 받을 수 있었다. 하지만 허사는 여기서 만족하지 않았다.

"앞으로는 전기의 시대야. 새로운 발명을 하려면 전기에 대해서도 공부해야 해."

같은 해, 허사는 전기공학의 선구자이자 왕립 학회 회원인 윌리엄 에드워드 에어턴 교수가 주관하는 학습 모임에 참석하기 시작했다. 에어턴 교수는 네 살 된 딸이 있는 홀아비였는데, 허사의 발명에 대해서도 이미 관심이 있었다. 에어턴 교수는 허사의 지적 능력과 탐욕스러울 정도로 공부에 몰입하는 모습에 호감을 느꼈고, 허사 역시 에어턴 교수가 자신의 과학에 대한 노력을 지지하는 모습에 감명을 받았다. 두 사람은 1885년 결혼했는데, 다음 해 딸이 태어나자 허사는 자신이 어려울 때 도움을 아끼지 않았던 멘토, 바버라 보디션의 이름을 따서 딸의 이름을 바버라로 지었다. 허사는 에어턴의 전처가 낳은 딸인 힐다와 자신의 딸 바버라 모두를 여성 인권에 관심을 가지고 행동할 수 있는 사람으로 키웠다. 힐다는 참정권 운동의 영향을 받은 소설을 썼고, 바버라는 여성 사회정치동맹 조직에 참여하고 여성운동을 위해 투쟁하다가 제2차 세계대전 이후 노동당 의원으로 정계에 진출했다.

• • •

결혼을 하고 아이를 낳았지만, 허사는 연구를 멈추지 않았다. 결혼 후 몇 년간은, 이제는 배우자가 된 윌리엄 에어턴과 함께 물리학과 전기 실험을 하는 데 몰두했지만, 그러면서도 허사는 자기 나름대로 수학과 물리학 연구를 계속해나갔다. 허사의 새로운 관심사 중에는 전기의 아크방전에 대한 것도 있었다.

전극의 전위차를 이용해 빛을 내는 아크등은 가스등을 대신해 널리 사용되기 시작했지만, 중간에 깜빡거리거나 지직거리는 소음이 발생하곤 했다. 허사는 이 점에 착안해 독자적인 연구를 시작했다.

"이것은 아크방전을 만들어낼 때 사용된 탄소봉이 산소와 접촉하면서 일어나는 현상입니다."

1895년, 허사는 〈아크 방전의 소음〉이라는 제목의 논문을 발표한다. 이 논문으로 허사는 전기공학협회의 첫 여성 회원이 되고, 협회의 총회에서 논문을 강독한 최초의 여성 학자가 되었다.

허사는 1899년, 런던에서 열린 국제 여성의회에서 물리학 분야의 대표로서 발표하고, 1900년에는 국제전기회의에서 연설하며 승승장구했다. 이와 같은 여성 과학자의 활약에 고무된 영국과학발전협회는 여성들에게도 부분적으로 문호를 개방하게 된다.

"기쁘다. 이젠 정말 혼자가 아니야. 그러면 아직 아무도 해내지 못한 일을 해보자."

허사는 이와 같은 일련의 성공에 힘입어 1901년 왕립 학회의 문을 두드렸다. 명예 회원이라면 간혹 있었지만, 왕립 학회의 정회원이 되는 것은 아직 어떤 여성도 성공하지 못한 일이었다. 하지만 이제는 시대가 변하지 않을까. 20세기의 초입에 허사는 시대가 변할 것을 믿고 자신의 논문을 제출하려 했다. 하지만 왕립 학회는 완고했다.

"여성은 왕립 학회에서 직접 연설하거나 강의할 수 없습니다."

허사의 새로운 논문 〈아크방전의 메커니즘〉은 결국 물리학자 존 페리가 대신 강독해야 했다. 대신 허사는 다음 해인 1902년, 자신의 연구를 정리한《아크방전》이라는 책을 출간했다.

이전에 허사의 논문을 대신 강독했던 존 페리는《아크방전》을 읽고, 이번에야말로 허사 에어턴을 왕립 학회의 회원으로 받아들일 시기라고 생각했다. 하지만 왕립 학회는 이번에도, 결혼한 여성을 정회원으로 받아들인 전례가 없다며 거절했다.

하지만 허사는 멈추지 않았다. 1904년, 허사는 수많은 실험을 반복해 물결의 높이와 깊이, 간격을 연구하고는 물결무늬ripple mark에 대한 논문을 발표하고, 1907년 왕립학회에서 자신의 논문 〈물결무늬의 기원과 성장〉을 강독하는 데 성공했다. 이 논문에서 허사는 물결이 만들어내는 자국과 사막지대의 사구에 남은 바람의 흔적이 같은 물리법칙을 따름을 설명했다. 이 논문과 그간의 아크방전에 대한 연구로 허사는 여성 최초로 왕립 학회에서 수여하는 휴즈 메달을 손에 넣었다.

• • •

허사 에어턴은 살아 있는 동안 스물여섯 개의 특허를 등록했다. 그중 다섯 개는 제도에 사용하는 각종 디바이더, 열세 개는 아크등이나 전극에 대한 것이었다. 그 외의 특허 가운데 특이한 것은 와류를 이용한 공기 순환 장치였다. 허사는 제1차 세계대전 때, 유체역학 이론을 바탕으로 참호의 공기를 순환시켜 빠르게 독가스를 내보내는 장치를 만들었다. 이 장치는 서부전선에 10만 대 이상이 설치되어 수많은 병사의 생명을 구했다.

그밖에도 여성 참정권 운동에 한 획을 그은 여성 운동가로서, 에멀린 팽크허스트를 지원하고, 1919년에는 국제 여자대학 연맹을 설립하는 등 수학과 물리학 그리고 발명 외에도 여성의 참정권과 교육권을 위해 꾸준히 노력하던 허사 에어턴은 1923년 8월 26일, 벌레에 물린 상처 때문에 패혈증으로 세상을 떠났다.

한때 허사 에어턴의 논문조차도 다른 남성 과학자가 강독하게 했던 왕립학회는 2010년 허사 에어턴을 과학 역사상 가장 영향력 있는 영국인 여성 10명 중 한 사람으로 선정했다.

그레이스
머레이 호퍼
Grace Murray Hopper
(1906~1992)

세계 최초로 '버그'를 발견한 수학자

1947년 9월 9일, 하버드 대학의 컴퓨터 연구소에서 작은 소란이 일어났다.

"자꾸만 같은 지점에서 오작동을 일으키고 있어요."

그레이스 호퍼는 25톤에 달하는 거대한 기계 덩어리인 하버드 마크II 앞에 서서 중얼거렸다. 하버드 마크I을 만든 하워드 에이킨이 매뉴얼 작업을 맡겼을 때부터, 그레이스는 마크I의 구조와 작동 방식에 대해 모르는 게 없었다. 게다가 이 마크II는 시작부터 그 프로그래밍과 시스템 구축을 그레이스가 전부 점검해온 시스템이었다.

"입력이 잘못된 건지도 몰라요. 다시 입력해보겠습니다."

"아니, 잠깐 기다려봐요. 내 생각에는 마크II를 한번 열어보는 게 좋을 것 같네요."

그레이스는 마크II를 열고 그 시스템을 면밀히 살펴보았다. 특히 오작동을 일으켰으리라고 생각되는 패널 F 부분에서는 하나하나 먼지를 털며 회로의 연결 상태를 확인했다. 그러다가 그레이스는 릴레이 70 앞에서 눈살을 찌푸리며 말했다.

"핀셋을 가져와요."

조교가 무슨 영문인지 몰라 어안이 벙벙한 채 핀셋을 가져오자, 그레이스는 핀셋으로 기판 사이에 끼어 있던 죽은 나방을 집어냈다.

"나방이잖아요!"

"그래요, 이건 처음으로 시스템에서 진짜 버그bug를 발견한 사례가 되겠네요."

그레이스는 나방을 들고 나오며 웃음기 어린 얼굴로 말했다.

원래는 벌레를 의미하는 '버그'라는 말은 19세기 중반부터 기술자와 과학자들 사이에서는 작은 결함이나 자꾸 실패가 일어나는 것을 의미하는 말로 쓰이고 있었다. 심지어는 토머스 에디슨이 1878년에 테오도르 푸스카스에게 보낸 편지에서도 "버그가 발견되었다"는 내용이 나오기도 했다.

그레이스가 말한 것은 바로 이런 버그가 발견되는 지점에서, 정말로 죽은 나방이 발견되었다는 중의적인 농담이었다. 잠시 후 다시 마크Ⅱ를 실행하자 시스템은 정상적으로 작동했다. 그레이스는 그 나방을 일지에 붙이며 장난스러운 농담 한 줄을 덧붙여 적어넣었다.

"처음으로 버그를 발견한 사례First actual case of bug being found."

이후 기술 분야 전반에 쓰이던 이 버그라는 속어는 지금까지 살아남아 컴퓨터 분야에서 가종 오작동을 뜻하는 말로 쓰이고 있다. 그레이스 호퍼는 수학자이자 군인이자 컴퓨터 과학자로서 많은 업적과 함께 '버그의 발견자'로도 알려졌다.

· · ·

식품점에 다녀온 메리는 이상한 점을 깨달았다. 집에 있던 자명종 시계가 전부 사라진 것이었다. 보험회사의 임원인 남편이 집을 비운 사이에 좀도둑이라도 든 것일까? 아니면 남의 시계만 노리는 이상한 사람의 소행일까? 메리는 프라이팬을 손에 들고, 혹시 모를 침입자를 찾아 살금살금 집안 구석구석을 살폈다.

메리는 커튼 뒤에 놓여 있는 분해된 시계들을 발견했다. 놀란 메리는 입을 딱 벌렸다가 그대로 커튼을 원래대로 해놓았다. 잠시 후, 이 모든 사고를 친 진짜 범인이 범행 현장에 모습을 드러냈다.

"엄마, 다녀오셨어요?"

메리는 어린 딸, 그레이스를 향해 미소를 지었다.

"뭐 하고 놀고 있었니?"

"할아버지가 주신 기하학 책을 풀고 있었어요."

그레이스는 천진하게 웃으며 여러 색의 색연필로 원과 삼각형을 그려놓은 종이를 들어 보였다. 그레이스의 외할아버지는 토목기사였고, 영리한 손녀에게 수학과 기하학을 가르치는 것을 좋아했다. 메리 역시도 수학을 공부한 여성으로, 어린 시절 아버지에게 기하학을 배웠다. 메리는 잠시 그레이스가 풀어놓은 문제를 들여다보며 이야기를 나누었다. 하지만 집안의 시계란 시계를 전부 분해해버린 것을 이렇게 슬그머니 넘어갈 수는 없는 일.

"그레이스, 저 시계들은 어떻게 할 거니."

"다시 조립해놓을게요."

다시 조립하겠다는 말에, 메리는 분해한 부품들을 전부 가져오게 했다. 그레이스는 부품들을 골라내더니, 메리가 침실에서 쓰던 자명종 시계를 차분히 조립하기 시작했다.

얼마나 시간이 흘렀을까. 그레이스가 태엽을 감고 시간을 맞추자, 시계는 바로 멀쩡하게 잘 돌아갔다. 메리는 그 모습을 보고 한숨을 쉬었다.

"좋아, 그레이스. 나머지 시계들도 전부 조립해놓으럼. 그리고 집에 있는 시계를 그렇게 다 분해해버리면, 필요할 때 시간을 볼 수 없겠지?"

"죄송해요."

"죄송한 걸 알면 되었다. 그리고 이 시계는 네게 주마."

메리는 조금 전 그레이스가 다시 조립한 시계를 딸에게 건네주며 말했다.

"다른 시계들은 분해하지 말고 이걸 분해하렴."

메리가 생각하기에도 딸은 무척 영리한 아이였다. 메리는 몇 주 뒤 남편 월터가 집에 돌아오자마자 그레이스의 교육에 대해 의논했다.

"지금은 시대가 변했어요. 우리 딸은 수학이나 기계에 소질이 있으니 그에 걸맞은 교육을 받게 해주고 싶어요."

"맞는 말이에요. 그레이스를 좋은 학교에 보내서 원하는 만큼 공부하게 해줍시다."

메리와 월터는 그레이스에게 그 비범한 재능에 어울리는 교육을 받게 해줘야 한다는 데 의견을 함께했다. 이후 그레이스는 부모님의 지지를 받으며 사립학교인 하트리지스쿨에 입학하고, 뉴욕 배서 대학에 진학해 수학과 물리학을 전공한다. 우리의 예상과는 달리 1930년대 전

후는 여성, 특히 부유한 지식인 계층의 미국인 여성이 수학을 공부하는 것이 그리 특이한 일은 아니었다. 특히 1930년대에 수학 박사 학위를 받은 미국인 여성은 113명으로, 그해 미국 전체에서 수학 박사 학위를 받은 사람의 15퍼센트에 달한다.* 그레이스는 예일 대학에서 수학 석사와 수리물리학 박사 학위를 받았다.

최초의 컴파일러를 개발한 컴퓨터 과학자이자 코볼 언어의 어머니로 불리며, 미 해군 제독으로 그 이름이 이지스 구축함에 붙여진 그레이스 머레이 호퍼의 뒤에는, 딸의 엉뚱한 장난을 꾸짖지 않고 그 재능을 끝까지 믿고 지지해준 부모님이 계셨다.

· · ·

그레이스는 스물여덟 살에 수리물리학 박사 학위를 받았고, 모교인 배서 대학의 교수가 되었지만, 그때까지만 해도 컴퓨터에 대해서는 잘 알지 못했다. 모교에서 조교수로 승진하고, 뉴욕 대학교의 비교문학 교수인 빈센트 호퍼와 결혼하며, 학문적인 분위기에서 평화롭게 살아가던 그레이스는 제2차 세계대전이 터지자 자신의 위치에 대해 고민하기 시작했다.

~~~~~~~
*   반면 전쟁이 끝난 뒤, 어떻게든 여성을 가정으로 쫓아내려는 사회적 압력이 컸던 1950년대에는 106명의 미국인 여성이 수학 박사 학위를 받았는데, 이는 그 10년 동안 수학 박사 학위를 받은 미국인 전체의 4퍼센트에 불과했다. 2000년대 이후 미국에서 수학 박사 학위를 받은 여성은 전체의 30퍼센트를 웃돈다.

"전쟁에서 이기기 위해 수많은 사람이 노력하고 있어. 남자들뿐 아니라 여자들도 군대에 자원입대해서 힘을 보태는데, 나와 내 가족만 이렇게 안전하고 평화롭게 살아도 괜찮은 걸까."

그레이스의 증조부인 알렉산더 러셀 머레이는 해군 제독이었다. 그레이스는 자신의 영웅이었던 할아버지를 따라 해군에 입대하고 싶어했다. 마침 1943년이 되어 군 복무를 할 수 있는 남성의 숫자가 부족해지자 미 해군은 여성들을 WAVES, 즉 자발적 비상근무자라는 명목의 예비군으로 받아들이기 시작했다. 그레이스는 곧 입대원을 냈지만, 해군은 처음에는 그레이스의 입대 신청을 받아들이지 않았다.

"일단 교수님은 나이가 너무 많습니다. 서른이 넘은 여성이 입대라니, 더 젊은 사람들에게도 쉽지 않은 일이에요."

"하지만 내가 할 수 있는 일이 있을 겁니다."

"호퍼 교수님, 과거에는 포병들이 목표물을 조준할 때 수학을 사용했어요. 요즘은 적의 암호를 푸는 데 수학자들의 힘이 필요합니다. 교수님이 군복을 입고 총을 드는 것보다 학교에서 분필로 하실 수 있는 일들이 더 많을 겁니다."

하지만 그레이스는 포기하지 않았다. 수천 명의 미국 여성이 군대에 자원입대하고 있는데, 자신만 안전한 곳에서 수학 계산에 몰두할 수는 없다고 생각했다. 그레이스는 1943년, 대학에 휴직원을 내고는 장교후보생으로 해군 연구소에 들어갔다.

"아마도 나는 수학자니까 암호 해독 부서에 가게 되겠지."

그레이스는 후보생 중 1등으로 졸업하고 중위로 임관했다. 그레이스에게는 뜻밖에도 하버드 대학으로 가라는 명령이 내려졌다. 다시 대학으로 가라는 말에 그레이스는 당황했지만, 하버드 대학에는 해군의 컴퓨터 프로젝트를 맡고 있는 병기국 계산팀과 하워드 에이킨이 설계한 최초의 범용 컴퓨터, 하버드 마크 I 이 있었다.

"여긴 대학이지만 동시에 군대입니다. 나는 하버드의 교수이자 해군의 장교죠. 여긴 그런 곳입니다."

그레이스가 도착하자 컴퓨터 프로젝트의 책임자인 하워드 에이킨은 커다란 방을 가득 채운 거대한 기계 덩어리를 보여주며 말했다. 마크 I 은 에이킨이 IBM과 협력해 찰스 배비지의 해석기관에 대한 이론을 바탕으로 만들어낸 것이었다.

"이게 뭔지 알겠습니까?"

"아뇨, 처음 보는 건데요."

"마크 I , 디지털 컴퓨터죠. 이제부터 당신이 맡아야 할 겁니다."

그레이스는 그 거대한 기계를 바라보았다. 기계에서는 시끄러운 소리가 났고, 속의 내부 구조가 다 들여다보였다. 이 기계를 제대로 작동시키려면 기계가 어떻게 돌아가는지, 그 구조와 작동원리부터 완전히 이해해야 했다. 그레이스는 마크 I 의 설계도와 찰스 배비지의 회고록을 읽으며 이 기계를 이용해 탄젠트 보간법tangents interpolation 의 계수를 찾는 일을 시작했다. 그전까지는 컴퓨터에 대해서도, 프로그래밍에 대해서도 전혀 몰랐던 그레이스는 마크 I 의 스태프로 일하면서 수학적인 풀이법을 컴퓨터로 명확하게 구현하기 시작했다.

하워드 에이킨은 그레이스가 수학자로서 실제 문제를 수학 방정식으로 빠르게 변환해내는 것은 물론, 수학적인 해법을 다시 기계에 명령을 내릴 수 있는 형태로 프로그래머들에게 전달하는 방법을 빠르게 이해하는 것을 눈여겨보았다.

"당신이 할 일이 있어요. 마크 I 의 매뉴얼을 만드는 겁니다."

그레이스는 그 말대로 책을 쓰기 시작했고, 마크 I 의 설계자였던 에이킨이 그 내용을 보충해나갔다. 특히 그레이스는 매뉴얼의 첫 번째 장에서 마크 I 이 이전의 계산 기계들, 파스칼이나 라이프니츠의 계산기, 찰스 배비지의 차분기관 등과 어떤 차이가 있는지, 그 역사적인 배경부터 설명했다. 특히 이 매뉴얼에서 그레이스는 찰스 배비지와 함께 자칫 잊힐 뻔했던 인류 최초의 프로그래머 에이다 러브레이스의 업적을 분명히 했다.

"에이다 러브레이스는 최초로 루프를 만들었습니다. 우리 모두 그 업적을 잊어선 안 됩니다."

그레이스는 에이다가 그 개념만을 만들었던 서브루틴을 마크 I 에서 실제로 구현하고, 컴퓨터를 이용해 해군의 함정 탄도를 계산하는 프로그램을 개발해 혁신적인 초탄 명중률을 기록했다. 이렇게 그레이스 호퍼가 컴퓨터로 계산해낸 것 중에는 일본 히로시마에 떨어진 원자폭탄도 있었다. 그야말로 세계대전의 마무리에 그레이스의 프로그램이 있었던 것이다.

이처럼 매뉴얼을 만들고 프로그래밍을 개선하는 그레이스의 노력으로 하버드 마크 I 과 마크 II 는 하드웨어를 변경하거나 케이블을 하나하나 손으로 다시 꽂는 대신, 천공카드를 이용해 작업을 변경할 수 있는, 세계에서 가장 편리하게 프로그래밍을 구현한 컴퓨터로 알려졌다. 하지만 기본적으로 군사 조직이었던 하워드 에이킨의 팀은 신기술에 유연하지 못했다. 그사이 펜실베이니아 주립대학의 모클리와 에커트는 당시로서는 새로운 방식인 진공관 컴퓨터 에니악ENIAC 을 만드는데 성공했다.

"우리는 군사 목적을 위해 최적화한 전용 컴퓨터라서 탄도 계산이 쉽고 더 빠르지만, 진공관 컴퓨터는 범용성을 추구하다 보니 새로운 작업을 입력하는 데만 하루가 꼬박 걸리지. 이렇게 자원을 낭비할 필요가 있을까?"

그레이스는 처음에 에니악을 보고 속도가 느리고 최적화되지 않았다고 투덜거렸다. 하지만 곧 그게 아니라는 것을 깨달았다.

"컴퓨터는 군사 목적으로만 쓰일 게 아니야. 전쟁이 끝나면 더 다양한 방식으로 활용될 수 있을 거야. 에니악은 바로 그 목적에 맞는 컴퓨터인 것이고."

그레이스는 에니악 개발의 최전선에 있는 이들이 여섯 명의 여성이라는 사실에 더욱 기쁨을 느꼈다. 전쟁이 끝난 뒤 그레이스는 에니악을 만든 에커트와 모클리의 회사에 합류해 일하게 되었다. 1954년, 그레이스는 한 사람이 6개월간 매달려 계산해야 할 만큼 복잡한 미분 문제를 불과 18분 만에 해결하는 미분 해석 프로그램을 만드는 등 이후로도 수학과 프로그래밍을 결합해 여러 문제를 해결했다.

. . .

당시만 해도 프로그래밍이란 케이블을 연결하거나 분리하고, 스위치를 올리거나 내리며, 참과 거짓에 따라 구멍이 뚫린 천공카드를 사용하는 형태였다. 다시 말해 참과 거짓, on과 off, 혹은 이진수로 표현이 가능한 것들이었고, 숫자 형태였다. 이와 같은 기계어는 CPU가 별다른 해석을 거치지 않고도 바로 이해할 수 있었지만, 입력하는 사람 입장에서는 말도 안 되게 까다로운 것이었다.

게다가 컴퓨터 시스템마다 기계어가 달랐다. CPU가 다르면 그에 맞는 기계어를 다시 배워야 했다. 똑같은 수학 문제를 마크 I과 에니악에 입력할 때, 그 입력 형식이 달라지는 식이었다. 앞으로도 다양한 범용 컴퓨터가 만들어질 텐데, 이런 방식으로는 컴퓨터라는 기계를 제대로 활용할 수 없을 게 분명했다. 그레이스는 패러다임의 전환이 필요하다고 생각했다.

"좀 더 인간이 이해하기 쉬운 형태로 약속을 정하고, 이를 CPU에 맞춰서 변환할 수 있다면 실수가 줄어들지 않을까? 그리고 한 번 짠 프로그램은 그대로 두고, 변환기를 CPU에 맞춰 바꾼다면 프로그램을 매번 새로 짤 필요 없이 사용할 수 있을지도 몰라."

그레이스는 이와 같은 생각으로, 1951년 기계어에 가까운 프로그래밍 언어인 A-0과 최초의 초보적인 컴파일러를 만들었다. '컴파일러'라는 단어를 처음 만든 사람도 바로 그레이스였다. 이후 그레이스는 아무리 쉬워도 숫자로 된 프로그래밍 언어는 역시 인간이 이해하기 어렵다고 생각하고, 1957년 영어 데이터를 처리할 수 있는 컴파일러인 B-0, 정식 명칭은 'Flow-Matics'라 불리는 최초의 영어 데이터 처리 컴파일러를 UNIVAC에서 구현한다.

"사람이 쓰는 말로 프로그래밍을 할 수 있다니. 프로그래밍 속도도. 정확도도 함께 개선될 거야."

사람들은 그레이스의 발상에 감탄하며, 그를 '어메이징 그레이스'라고 부르기 시작했다. 이후 IBM에서 수학 계산을 위한 언어로 포트란이 만들어지고, 허니웰에서도 컴파일러를 만들며 컴퓨터 업계에서는 표준안의 필요성에 대한 이야기가 나오기 시작했다.

"비슷비슷한 언어가 많이 나온다면 업계에 혼란이 올 겁니다."

"상용언어의 표준이 될 만한 언어가 있어야 해요."

업체들은 프로그래밍 언어의 표준을 만들기 위해 CODASYL, 즉 데이터시스템 언어회의를 창설하고, 데이터베이스 인터페이스의 표준화와 코볼 언어의 개발에 나섰다. 데이터 처리를 위해 범용적으로 여러 시스템에서 사용할 수 있도록 만들어진 코볼은 CODASYL이 중심이 되어 설계했으나, 중요한 몇몇 부분에서는 그레이스 호퍼의 Flow-Matics를 기반으로 하고 있으며, 현재까지도 메인프레임 컴퓨터의 대용량 데이터 처리 등에 사용되고 있다.

한편 그레이스 호퍼는 1967년부터 1977년까지 해군 정보시스템 기획실에서 코볼로 군용 프로그램을 개발하는 한편, 국방부의 시스템을 대규모 중앙집중식으로 유지하는 것이 아니라 여러 개의 소규모 분산 네트워크로 바꿀 것을 주장하기도 했다.

그레이스 호퍼는 1966년, 해군에서 은퇴했지만 다시 1967년 소환되어 현역으로 복귀하며 은퇴와 복귀를 반복하다가 1986년에야 완전히 은퇴했다. 은퇴 당시 79세였던 그레이스 호퍼는 미국 해군에서 가장 나이가 많은 현역 장교였으며, 해군의 몇 안 되는 여성 제독이었다. 은퇴 후에도 컴퓨터 회사의 컨설턴트로 활동하며 청년들을 위한 교육에도 힘을 기울이던 그레이스 호퍼는 1992년 세상을 떠났다. 이후 1996년, 미 해군은 신형 이지스 구축함에 그레이스 호퍼의 이름을 따서 'DDG 70 Hopper'라고 명명해 평생에 걸친 그 위대한 업적에 경의를 표했다.

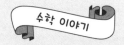

코볼과 포트란

코볼과 포트란은 비슷한 시기에 만들어졌지만, 그 지향점은 다르다. 포트란FORTRAN은 기상예측, 유체역학, 천문학, 반도체 설계 및 복잡한 금융 계산 등 슈퍼컴퓨터를 이용해 자연과학이나 공학에서 필요한 계산을 수행하기 위해 만들어졌으며, 그 이름도 수식 변환기FORmula TRANslation에서 유래한다. 포트란은 사칙연산 등의 산술기호를 그대로 사용할 수 있으며, 삼각함수와 지수함수 등의 기본적인 수학 함수들을 별도의 정의 없이 사용할 수 있다. 또한 정밀성을 높이기 위해 더 많은 자릿수를 계산할 수 있으며, 버전이 올라감에 따라 과학기술 계산에서 필수적인 벡터와 행렬 등의 계산도 지원하게 되었다. 포트란은 1953년 존 배커스가 IBM 메인프레임에서 어셈블리어를 대체해 사용하기 위해 처음 고안되어 1957년 첫 번째 고급 프로그래밍 언어와 그 컴파일러로서 발표되었다.

코볼COBOL은 1959년에 CODASYL이 설계했으며, 부분적으로는 코볼의 어머니로 불리는 그레이스 호퍼의 이전 프로그래밍 언어 디자인을 기반으로 하며, 그 이름 그대로 사무 지향 보통 언어COmmon Business-Oriented Language다. 코볼은 은행업이나 보험, 공과금과 같은 금융 분야나 기업의 재고 관리 등 다양한 환경에서 대용량의 데이터를 처리하고, 각종 관리 시스템에서 사용하도록 만들어졌으며, 지금도 메인프레임 컴퓨터의 레거시 응용 프로그램들에 사용되고 있다. 더 많은 사람이 쉽게 익힐 수 있고, 소스 코드를 보고 쉽게 이해할 수 있도록 영어와 비슷한 문법을 사용했다. 또한 다양한 환경에서 사용하고, 동시대 기술의 제약을 받지 않고 더 나은 시스템에서도 처리할 수 있도록 기계와는 독립적인 형태로 만들어졌다. 이런 철학으로 만들어진 코볼의 매뉴얼에는 "코볼은 산업 표준이며 어떠한 컴퓨터나 회사 그룹의 재산도, 어느 단체나 단체 그룹의 소유도 아니다"라는 안내문이 들어가 있으며, 1997년 당시 모든 비즈니스 프로그램의 80퍼센트 정도가 코볼로 작성되어 있었다고 알려져 있다.

코볼과 포트란은 이처럼 프로그래밍 언어의 역사에서 고급 언어의 원점으로 기록되고 있다.

진 제닝스
Jean Jennings (1924~2011)

매를린 웨스코프
Marlyn Wescoff (1922~2008)

루스 릭터먼
Ruth Lichterman (1924~1986)

베티 스나이더
Betty Snyder (1917~2001)

프랜시스 빌라스
Frances V. Bilas (1922~2012)

케이 맥널티
Kay McNulty (1921~2006)

‖

에니악을 움직인 여섯 명의 '컴퓨터'

'컴퓨터computer'라는 말은 문자 그대로는 '계산하는 사람'을 의미했다. 옥스퍼드 영어사전에 따르면, 이 말은 1613년 영국의 리처드 브레이스웨이트가 《용감한 탐구》라는 책에서 처음 '계산하는 사람'이라는 뜻으로 사용했다. 이후 19세기 말부터 이 말에는 '계산을 수행하는 기계'라는 뜻이 덧붙여졌다. 그리고 20세기 중반이 되기 전까지, '계산을 수행하는 기계'를 위해 일하는 여성 계산원들 역시 '컴퓨터'라고 불렸다.

　이들 여성이 당대로서는 최첨단의 기계들을 운영하며 수학 계산을 하게 된 데는 두 가지 이유가 있었다.

　그중 한 가지는 두 차례의 세계대전이었다. 전쟁을 효과적으로 수행하기 위해서는 탄도 궤적과 같은 수많은 계산이 필요했는데, 이를 수행할 남성 인력이 부족해지자 여성 그리고 유색인종 계산원들을 모집해 이와 같은 계산을 맡긴 것이다. 1941년 6월, 미국의 루스벨트 대통령은 "정부 기관과 연방 사업자들은 국가 방위사업에서 인종, 종교, 국적에 따른 고용 차별을 할 수 없다"는 내용이 담긴 대통령 행정명령 8802호에 서명했다. 이것은 엄밀히 말하면 인종차별을 금지하기 위한 것이라기보다는 전황이 급박해지면서 군수품 생산부터 전투원 그리고 전쟁과 관련된 모든 산업의 종사자 수가 부족해진 것을 해결하기 위해 나온 조치였다. 이와 같은 상황에서 수학을 공부하고 학위를 받았지만 제대로 된 대접을 받지 못하던 여성과 유색인종 전문가들은 전쟁을 위한 계산원으로 일할 수 있었다.

또 다른 이유는 당시 남성들이 자리에 앉아 수학 계산을 하는 일을 남자답지 못하다고 생각한 것이었다.

"엔지니어라면 직접 움직일 수 있는 기계를 구현해야지. 손으로 계산이나 하는 건 아무래도 기술자답지 못한 일이야."

"손이나 수동 계산기로 단순 계산이나 하는 건 남자의 일이 아니야."

"계산 기계가 어떻게 동작하는지 본 적 있나? 디스크를 이리저리 옮겨놓고, 굵직한 케이블들을 제자리에 꽂으면서 일하더군. 최첨단의 기계를 만진다고는 하지만, 마치 전화교환원 같지 않나."

남성들은 아직 물리적으로 회로들을 직접 움직이며 조작해야 하는 초기 컴퓨터의 프로그래밍을 전문 지식이 필요한 일이라기보다는 번거로운 노동이라고 생각했다. 물론 당시 하버드 마크 I 을 개발한 하워드 에이킨이나 에니악을 개발한 에커트와 모클리까지 계산원들을 폄하했던 것은 아니었다.

"그들은 단순 작업을 하는 사람들이 아니야. 전문적인 수학 지식을 갖춰야 하는 인력이지."

하지만 전문적인 수학 지식을 갖춘 남성 수학자들은 여전히 그 일을 원하지 않았다. 그래서 당시 컴퓨터를 개발하던 이들은 실질적으로 이 거대한 계산 기계를 움직이기 위해 여성 수학자들을 찾았다. 마침 대학에 진학해 수학을 공부하는 여성도 늘고 있었고, 아직 수는 적지만 여성 수학 박사도 배출되고 있던 시기였다. 당시 펜실베이니아 대학 부설 무어 전기공학학교에서는 이와 같은 수학을 전공한 여성을 대상으로 다음과 같은 구인광고를 내기도 했다.

"여성 수학자 모집: 과거에는 남성만 선호되던 과학 및 엔지니어링 직무에 여성들을 모집합니다."

훗날 미국 컴퓨터 산업의 발상지로 알려지는 이 무어 전기공학학교에서는 전쟁 중 여성 컴퓨터들로 팀을 꾸려 날씨 계산과 각종 탄도 계산 등 복잡한 미적분이 필요한 일들을 맡고 있었다. 그리고 이 무어 전기공학학교에서 탄도 계산을 맡고 있던 여섯 명의 여성이 에니악의 '컴퓨터'로 발탁되었다.

· · ·

"수학 분야에서 일하고는 싶지만, 학교 선생님이 되고 싶지는 않아요."

"결혼하고 집에서 아이를 키우며 '가정의 천사'로 살 생각은 없어요."

육군에서 여성 수학자를 모집하자 적지 않은 여성들이 그 자리에 자원했다. 군대에서 조직의 톱니바퀴처럼 쓰일 거라고, 굳이 고생스러운 길을 자원해서 갈 필요는 없다고 말하는 이들도 있었다. 하지만 여성 수학자들은 무어 전기공학학교에서 손으로 혹은 수동 계산기에 의지해, 크리스마스와 독립기념일을 제외하면 주 6일간 쉬지 않고 일하며 복잡한 계산들을 처리했다.

그리고 인간 컴퓨터가 수작업으로 계산하던 탄도 계산을 기계로 수행하기 위해 에니악이 개발되었을 때, 이들 중 여섯 사람이 발탁되었다. 바로 진 제닝스, 베티 스나이더, 매를린 웨스코프, 루스 릭터먼, 프랜시스 빌라스, 케이 맥널티였다. 이들 외에도 무어 전기공학학교의 여러 인간 컴퓨터가 남성 노동력이 부족한 동안 에니악의 개발과 운영을 위해 힘을 보탰다.

이곳에 모인 여섯 사람은 수학을 전공하거나 부전공으로 택했다는 공통점이 있었지만, 살아온 배경은 다양했다. 이민자 출신도 있었고, 종교도 유대교, 천주교, 기독교, 퀘이커 등으로 제각각이었다. 하지만 이들에게는 이런 동료들의 '다름'이 큰 문제가 되지 않았다. 에커트와 모클리는 이들에게 에니악으로 수학 계산을 해내라고 지시했는데, 그들 앞에 주어진 것은 에니악이 아니라 그저 설계도와 배선도뿐이었던 것이다.

"아니, 어떻게 기계를 보여주지도 않고, 설계도만 보고 일을 하라는 거야?"

당대의 최첨단 컴퓨터인 에니악은 그 자체가 군사 기밀이었다. 그래서 이 최초의 프로그래머들은 설치된 에니악의 실물도 보지 못하고, 가까운 방에서 설계도와 배선도에 의지해 이 거대한 기계를 추측하여 계산을 적용할 방법을 찾아야 했다. 그야말로 에니악을 설계한 에커트와 모클리도 하기 어려운 일이었다.

막막한 상황에 놓인 이들에게 실질적인 도움을 준 사람은 에니악의 설계자인 에커트와 모클리가 아니었다. 펜실베이니아 대학 부설 무어 전기공학학교의 기술 교사 아델 골드스틴이었다.

"전쟁에서 우리, 컴퓨터의 역할은 정말 중요해요. 그리고 우리 여성들은 남성들보다 일을 빠르고 정확하게 하는 데 소질이 있죠. 그럼 같이 해봅시다."

아델은 이들에게 수백 개의 케이블과 3000개에 달하는 스위치를 사용해 에니악을 설정하고 논리 회로들을 순차적으로 연결하는 방법을 가르치는 한편, 에니악의 매뉴얼을 작성했다. 그리고 이들 여섯 명은 곧 에니악을 이용해 실질적으로 수학 계산을 해낼 방법을 찾아냈다.

에니악은 정말로 거대한 기계였다. 30톤에 달하는 이 기계에는 1만 7468개의 진공관과 7200개의 크리스탈 다이오드, 1500개의 릴레이, 7만 개의 저항 그리고 1만 개의 커패시터가 들어갔으며, 한 번 기동할 때마다 150킬로와트의 전력을 소비했다.

"저 기계를 작동시킬 때마다 필라델피아 전역의 조명이 어두워질 지

경이야.”

그렇게 거대한 기계로 프로그래밍을 하기 위해 여섯 명의 컴퓨터는 에니악의 안쪽에 들어가서 논리적인 명령을 하나하나 '꽂아넣었다'. 그런 데다 실제로 프로그램을 실행하기 전, 즉 시스템을 사용할 때마다 이들은 전체 시스템의 무결성을 보장하는 테스트 프로그램을 설정하고 실행해야 했다. 모든 진공관과 전기회로가 이상 없이 동작하는 것을 확인한 뒤에야 이들은 다시 이 커다란 기계의 안쪽에 들어가서 순서대로 명령을 꽂아 넣는 작업을 반복해야 했다.

하지만 이들을 정말로 괴롭힌 것은 이런 지난한 작업이 아니었다. 그들이 하는 일은 인류 역사상 없었던 개념을 새로 만들어내는 일이나 다름없었다.

“용량이 부족해.”

진 제닝스는 머리를 쥐어뜯었다. 미사일의 궤도를 계산하기 위한 논리적인 프로그램을 만들 수는 있었다. 하지만 계산 과정에서 에니악의 용량이 부족해지는 것이 문제였다.

이 문제를 해결한 것은 케이 맥널티였다.

“에이다 러브레이스가 해석기관의 개념을 만들 때, 서브루틴이라는 개념을 만든 적이 있어.”

“그걸 쓰면 용량을 줄일 수 있을까?”

“이 부분과 이 부분은 입력되는 숫자만 달라지지. 그러니까 숫자를 입력받아서 값을 돌려주는 작은 프로그램을 만들어서 필요할 때마다 반복해 사용하면 전체 용량을 줄일 수 있을 거야.”

케이 맥널티는 하나의 프로그램을 여러 부분으로 나누어 같은 기능을 하는 프로그램을 여러 차례 불러서 수행할 수 있는 서브루틴, 지금의 함수 개념을 에니악에서 구현해냈다. 이와 같은 서브루틴이 구현되면서 같은 기능을 수행하는 코드를 반복적으로 입력하지 않게 되었고 그로 인해 프로그램의 전체 용량이 줄어들었다. 또한 함수의 기능과 내부 구현을 분리하고, 다른 프로그램에서 같은 코드를 다시 불러서 사용할 수 있는 구조적 프로그래밍의 기초가 만들어졌다.

에니악의 컴퓨터들은 과거 에이다 러브레이스가 생각했던 논리적 기능들을 구현하고 더욱 발전시켰다. 서브루틴을 구현하고, 단순히 루프를 사용하는 것뿐이 아니라 루프를 중첩해 사용했다. 더 나아가 메모리를 간접 주소 형태로 사용하고, 이전에 없던 개념들을 만들어내기도 했다.

"자꾸 문제가 발생하는데, 이걸 제대로 디버깅하려면 문제가 어디서 일어나는지 정확히 알아야 할 것 같아. 특정 조건에서 프로그램 실행을 멈추고 중간 계산을 출력해보는 게 좋겠어."

베티 스나이더는 수많은 진공관 중 어느 진공관이 고장 났는지 확인할 수 있는 점검 시스템과 디버깅에서 흔히 사용되는 브레이크 포인트 개념을 만들었다. 베티는 데이터 정렬 알고리즘에도 관심을 가져, 이진 정렬이나 존 폰 노이만이 제안한 머지 소트를 구현하기도 했다. 이와 같은 과정을 통해 에니악은 탄도 계산을 위한 미적분을 수행할 수 있게 되었다.

마침내 1946년 2월, 최초의 전자 컴퓨터 에니악의 시연 행사가 열렸었다. 《뉴욕타임스》에는 에니악을 시연하는 행사를 취재한 기사가 실렸다.

"에니악에게 숙련된 남성도 푸는 데 몇 주나 걸릴 어려운 문제를 주었다. 에니악은 정확히 15초 만에 해냈다."

이 기사에는 군복이나 정장을 입은 남성들의 사진이 함께 실렸다. 하지만 에니악이 계산할 수 있도록 코딩하고 수많은 디버깅을 해왔던 여성들의 사진과 이름은 전혀 실리지 않았다. 이들은 에니악 개발에 없어서는 안 될 존재였으며, 공개 행사 하루 전날까지도 제대로 작동하지 않은 에니악을 끝내 움직이게 만든 핵심 인력들이었지만, 이들 여성 컴퓨터의 업적은 지워졌다. 심지어 군인들이 시연을 준비하는 동안 에니악을 실질적으로 운영해온 여섯 명의 컴퓨터는 마치 행사의 도우미처럼 주변 사람들을 맞이하라는 지시를 받았다. 이들은 기계 근처에 서서 미소를 지으며 안내했을 뿐, 어떤 인정도 영광도 받지 못했다.

훗날 진 제닝스는 이날의 일을 다음과 같이 회상했다.

"에니악 공개 행사가 끝나고, 모두 저녁을 먹으러 나갔다. 그러나 우리 프로그래머들은 저녁에 초대받지 않아 갈 수 없었다. 사람들은 우리가 그동안 해온 일을 알아주지 않았다."

• • • •

전쟁이 끝나고 이들 여섯 명의 운명은 달라졌다. 탄도 소프트웨어를 개발하던 매를린 웨스코프는 에니악 팀이 애버딘으로 이전하기 전, 결혼하기 위해 팀에서 물러났다. 매를린과 함께 탄도 궤적 방정식을 구현하는 일을 맡았던 루스 릭터먼은 전쟁이 끝난 뒤에도 한동안 탄도 소프트웨어 개발을 지원했다.

프랜시스 빌라스와 케이 맥널티, 진 제닝스는 종전 후에도 에니악에 협력했고, 에커트, 모클리와 함께 BINAC, UNIVAC-I의 개발을 도왔다. 하지만 프랜시스 빌라스는 에니악 프로젝트에 배정되어 컴퓨터 부서 책임자가 된 호머 스펜스와 결혼하고 은퇴했다. 케이 맥널티는 에니악의 설계자인 존 모클리와 결혼하고, 이후 BINAC과 UNIVAC-I 같은 당대의 최신 컴퓨터의 소프트웨어 설계를 맡았다. 진 제닝스는 BINAC, UNIVAC-I의 개발을 돕고 이 시스템에 사용되는 논리회로를 설계했으며, 미국 인구조사국과 원자력위원회를 비롯해 UNIVAC-I을 도입한 곳에서 유니백 교육을 맡기도 했다. 하지만 결혼한 뒤에는 남편과 아내가 함께 일하는 것을 막는 정책에 따라 일을 그만두었다. 첫 아이가 태어날 때까지는 모클리의 의뢰를 받아 프로그래밍을 하기도 했지만, 아이가 태어난 뒤에는 경력이 단절되었다. 하지만 진은 굴하지 않았다. 수년 뒤 1967년, 펜실베이니아 주립대학에서 석사 학위를 받고 아우어바흐에 입사해 미니컴퓨터에 대한 기술 보고서를 만드는 등 다시 경력을 이어나갔고, 1986년까지 컴퓨터 업계에서 엔지니어이자 관리자 혹은 매뉴얼 집필자로 일했다.

베티 스나이더는 1950년 미국 인구조사에 사용된 통계 조사 패키지를 만들었다. 1953년부터 1966년까지는 메릴랜드의 해군 수학 연구소에서 일하며 프로그래밍 책임자를 맡았다. 또한 그레이스 호퍼와 함께 코볼과 포트란의 개발에 힘을 보탰다. 베티는 훗날 포트란 77은 물론, 포트란 90의 개정에도 적극적으로 참여했다.

· · ·

종전 이후, 하드웨어 개발이야말로 엔지니어다운 일이라고 생각했던 남성들의 생각이 바뀌었다. 에니악을 실질적으로 운영한 여성들의 명예조차 돌려주지 않았던 남성들은 여성들이 도맡고 있던 프로그래머로서의 역할마저 빼앗았다. 프로그래밍 부서의 책임자 자리를 차지한 남성들은, 곧 프로그래머 자리를 남성 엔지니어들로 채워나갔다. 여성들이 초기 개발자로서 해냈던 수많은 성과는 제대로 인정받지 못했으며, 이후 수십 년 동안 여성들은 컴퓨터의 역사에서 철저히 배제되었다.

에니악을 움직인 여섯 컴퓨터의 업적이 다시 기려진 것은 1990년대 후반의 일이었다. 1997년, 이들은 국제 여성 기술 명예의 전당에 올랐고, 2010년에는 〈극비사항: 제2차 세계대전의 여성 프로그래머〉라는 다큐멘터리로, 2013년에는 〈더 컴퓨터〉라는 다큐멘터리로 소개되었다.

하지만 이들의 이름은, 에니악을 운영할 당시의 이름인 진 제닝스, 매를린 웨스코프, 루스 릭터먼, 베티 스나이더, 프랜시스 빌라스, 케이 맥널티가 아니라, 결혼 후의 이름인 진 바틱, 매를린 멜처, 루스 타이텔바움, 베티 홀버튼, 프랜시스 스펜스, 캐슬린 안토넬리로 기억되었다.

최초의 컴퓨터들

흔히 에니악을 최초의 컴퓨터라고 말하지만, 그 이전에도 컴퓨터들이 만들어졌고 전쟁에 사용되었다.

독일에서 독립적으로 컴퓨터를 개발한 콘라트 추제는 1936년부터 제한적인 프로그래밍 기능과 메모리를 갖춘 계산기 Z 시리즈를 개발했다. 이 후속기인 Z3은 프로그래밍이 가능한 최초의 범용 디지털 컴퓨터이자 튜링 완전 컴퓨터였다. 콘라트 추제는 제2차 세계대전 동안 초창기 컴퓨터 과학을 연구하던 영국·미국 학자들과의 교류 없이 완전히 독립적으로 연구했고, 전쟁 후에는 독일의 경제 사정으로 한동안 후속 연구를 할 수 없었기에 그의 연구는 한동안 알려지지 못했다.

영화 〈이미테이션 게임〉에는 수학자 앨런 튜링이 만든 컴퓨터가 나온다. 바로 콜로서스다. 1939년, 영국은 제2차 세계대전이 일어나자마자 런던 근교의 블레츨리 파크에 수학자들을 모았고, 이곳에서 암호를 해독했다. 1937년 미국에서 유학하던 시절 현대 컴퓨터의 모델인 튜링 머신을 수학적으로 고안했던 앨런 튜링은 1939년 영국으로 돌아와 폴란드 출신의 공학자 레빈스키를 만나게 된다. 유대인의 자손이라는 이유로 독일에서 추방된 레빈스키는 독일에서 암호화 타자기인 에니그

마를 사용한다는 정보를 알려주었고, 이를 바탕으로 튜링과 고든 웰치먼 그리고 폴란드 수학자인 마리안 레예프스키는 전자기계식 계산기 봄베를 개발해 1941년부터 암호 해독을 시작했다. 이후 독일에서 또 다른 암호화 타자기인 로렌츠를 개발했고, 블레츨리 파크의 암호 사령부에서는 이에 대항하기 위해 1943년 2400개의 진공관을 사용해 암호를 전문적으로 해독하는 연산장치 콜로서스를 만들었다. 이 콜로서스는 1944년 독일 베를린 사령부의 암호를 해독한 뒤, 이를 바탕으로 노르망디 상륙 작전을 감행하는 데 결정적인 역할을 했다.

에니악은 1943년부터 제작되어 1946년 완성되었다. 에니악은 전시에 만들어졌다가 전쟁 이후 완성되어 콜로서스처럼 암호 해독뿐 아니라 탄도 계산, 난수 연구, 풍동 설계, 일기예보, 우주선 연구 등 다양한 분야에서 사용되었다. 말하자면 다용도 디지털 컴퓨터인 셈이다. 에니악은 내부에서 십진수 연산이 가능하고, 매초 5000회 덧셈에 14회의 곱셈을 실행할 수 있었으며, 십진수 열 자리의 곱셈을 0.0028초에 처리할 수 있는 획기적인 컴퓨터였지만, 한번 가동되면 펜실베이니아 시내의 가로등이 모두 희미해지고 거리의 신호등이 꺼질 만큼 어마어마한 전력을 소모했다. 에니악은 1955년까지 사용되었다.

그 외에도 아나타소프사는 1942년 아이오와 주립대학에서 자신들이 개발한 아타나소프 베리 컴퓨터가 최초의 컴퓨터라고 주장하기도 했고, 1944년 하워드 에이킨이 전자 디지털 컴퓨터인 마크 I 을 만드는 등 제2차 세계대전 중 여러 컴퓨터가 개발되었다.

홍임식

(1916~2009)

한국 최초의 여성 수학 박사

경기공립고등여학교의 수학 교사 홍임식은 집에 돌아와 책상 앞에 앉았다. 흐릿한 불빛 아래, 그는 가방 깊숙이 넣어 가져온 두꺼운 책을 펼쳤다. 그 안에는 일본으로 돌아간 은사의 편지가 들어 있었다.

"우노 선생님……."

홍임식의 은사인 우노 토시오洪姙植 교수는 해방 전까지 경성제국대학 이공학부의 수학 교수를 지낸 수학자였다. 일본에서 수학을 공부하고 돌아온 홍임식은 조선이 독립하기 전까지 우노 교수의 조교로 일하며 수학을 공부했다. 하지만 1945년 해방이 되고, 우노 교수는 조선의 독립과 함께 일본으로 돌아가고 말았다. 그리고 그해 서른 살이었던 홍임식의 운명 역시 흔들리기 시작했다.

홍임식은 어렵게 전해진 우노 토시오 교수의 편지를 꺼내 읽으며 한숨을 쉬었다. 일본인들은 모두 일본으로 돌아가고, 한국과 일본의 국교는 단절되었다. 해방된 조선에서 함께 수학을 발전시킬 수 있을 줄 알았던 동료 수학자들 가운데 적지 않은 수는 미 군정청이 일방적으로 내놓은 '국립서울대설립안'에 반발하다가 학교를 떠났다. 몇몇은 북한으로 가기도 했다. 이런 혼란스러운 시기에 대학 조교직을 그만둔 홍임식은 조용히 수학 교사로 살아가려고 했지만, 그조차도 쉽지 않았다. 친일파와 반민족주의자들을 척결하자는 목소리가 드높은 상황에서, 일본에서 수학을 전공하고 돌아와 경성제국대학에서 조교로 일했던 홍임식은 끊임없이 의심의 눈길을 받아야 했다.

"……자네가 모교인 경기고등여학교에서 수학 교사가 되었다는 이야기는 들었네. 하지만 난세를 살아가는 학자로서 다른 말 못 할 고생도 많았을 테지. 결심이 선다면 일본으로 오게. 자네가 공부를 계속할 수 있도록 돕고 싶네."

그렇게 마음고생을 계속하던 상황에서 우노 교수의 편지는 한 줄기 빛과 같았다. 국교가 끊어진 후 사람들이 서로 오가지 못하고, 편지를 전하는 것조차 쉽지 않게 된 일본에서 인편으로 어렵게 도착한 옛 은사의 편지에서는, 아끼는 제자에 대한 따뜻한 정이 느껴졌다. 홍임식은 눈물을 흘리며 몇 번이나 편지를 읽다가 마침내 결심했다.

일본으로 밀항하겠다고.

· · ·

홍임식은 1936년 경성여자고등보통학교(현 경기여자고등학교)를 졸업했다. 놀랍게도 그때까지 한반도에는 4년제 대학에 수학의 학부 과정이 개설되어 있지 않았다. 때는 일제강점기였고, 일본은 실용적 학문처럼 자신들 통치에 도움이 되는 분야의 전문가만을 양성하는 식민지 교육정책을 펼치고 있었다. 특히 총독부는 조선인들이 반발하는 데 이론적 바탕이 될 수 있는 정치나 철학, 실력 있는 고등 지식인이나 학자

양성에 기반이 되는 기초과학 등의 학부 과정은 아예 설립하지 못하도록 제한을 두었다. 수학이나 과학 분야는 중등학교 교사를 양성할 수 있는 사범학교 수준 이상은 아예 가르치지 않았다.

물론 식민지 조선에서 수학 교육이 전혀 이뤄지지 않은 것은 아니었다. 종로에서 사람들을 모아놓고 수학을 가르쳐 '최대수'라 불리던 수학 교육자 최규동이 자신이 교련을 잡던 중동학교를 인수해 대수와 기하 등을 집중적으로 가르쳤고, 여러 뛰어난 수학 교사들을 배출했다. 특히 최규동은 직접 수학 교과서를 집필하기도 했다. 연세대의 전신인 연희전문학교에도 수물과, 즉 수학과 물리학을 가르치는 학과가 있었고, 경성제국대학 예과에서도 수학을 가르쳤다. 하지만 본격적인 고등수학을 배울 수 있는 곳은 없었다.

"저는 장차 수학을 공부하고 싶습니다."

경성여자고등보통학교 신입생 홍임식은 또렷하게 자신의 희망을 말했다. 여학교가 많지 않던 경성에서 경성여자고등보통학교는 이과 분야에 뛰어난 여학생들이 많이 지망하던 명문 학교였다. 1908년 관립여학교에 대한 필요성과 황실의 여성 교육에 대한 관심에서 비롯되어 순종 황제의 칙령에 따라 설립된 한성고등여학교에서 시작된 이 학교는, 당시 총독부의 압력에 의해 지식 교육 대신 가사와 수예, 현모양처가 되기 위한 여성 교육을 강조했다. 하지만 그럼에도 이과 분야에 뛰어난 졸업생들이 많이 배출되어 두각을 나타내고 있었다.

예를 들면 일제강점기 일본에서 배출된 한국인 여성 의사 총 111명 가운데 최소 14명이 이 학교 출신이었으며, 우리나라 최초로 개업한 여성 의사인 허영숙도 이 학교 출신이었다. 특히 허영숙이 졸업한 도쿄 여자의학전문학교의 한국인 졸업생 중에는 경성여자고등보통학교 출신이 20퍼센트나 될 정도였다. 수학에 관심이 많았던 홍임식이 이 학교를 지망한 것도 이런 선배들의 영향 때문이었다.

하지만 수학을 공부하고 싶은 조선인 학생, 특히 여학생이 선택할 수 있는 길은 많지 않았다. 연희전문학교도, 중동학교도 남학교였고, 대학에는 아예 수학과가 없었다. 심지어 당시에는 최고학부였던 경성제국대학에서조차도 법문학부와 의학부만 운영하고 있었다. 애초에 경성제국대학에 수학과는 고사하고 이공학부 자체가 없었던 시절이었다. 조선인 학생이 4년제 대학에서 수학이나 기초과학을 공부하려면 일본에 유학해 고등사범학교나 대학에 들어가는 수밖에 없었다.

"알다시피 조선에는 대학에 학부 자체가 없어. 몇몇 전문학교에서 수학을 가르친다고는 하지만, 여자가 진학할 수 있는 전문학교 중에는 그런 곳이 없고. 네 뜻을 이루려면 일본으로 가야만 해. 이곳 선배인 김삼순처럼 말야."

홍임식은 경성여자고등보통학교에서 졸업생인 김삼순*에 대한 이야기를 들었다. 김삼순은 생물학을 좋아했는데, 졸업 후 도쿄여자고등사범학교(현 오차노미즈 여자대학)를 거쳐 홋카이도 제국대학에 진학해 졸업을 앞두고 있었다. 홍임식은 그를 본받기로 마음먹고 열심히 공부했다. 그리고 마침내 1936년, 경성여자고등보통학교를 졸업했다.

졸업 후 일본으로 건너간 그는 1940년 나라여자고등사범학교(현 나라여자대학) 이과를 졸업했다. 하지만 사범학교에서는 학사 학위가 나오지 않았다. 홍임식은 대학 졸업을 의미하는 학사 자격을 얻기 위해 히로시마 문리과대학에 편입해 마침내 1943년 히로시마 문리과대학 수학과를 졸업한다. 홍임식은 한국인 여성 중 처음으로 수학을 전공해 학사 학위를 취득한 것이다.

한편 홍임식이 히로시마 문리과대학에 재학 중이던 1941년, 경성제국대학에는 이공학부가 설치되었다. 전쟁으로 인해 공학 분야의 인재들이 필요해지자 부랴부랴 설립한 것이었다. 하지만 신설된 이공학부에는 물리학과 화학 그리고 몇몇 공학 전공이 만들어졌을 뿐, 수학과

---

*   김삼순(1909~2001). 생물학자이자 한국 최초의 여성 농학 박사로 곰팡이와 버섯에 대해 연구했다. 1933년 홋카이도 제국대학을 졸업하고, 1940~1941년 일본 규슈대학 이학부 조수를 역임했다. 1966년 일본 규슈대학 농학 박사를 받았다. 정치인 이회창의 이모이기도 하다.

는 만들어지지 않았다.

"수학 없이 물리학과만 있는 이학부라니, 그야말로 구색이나 맞추자는 게 아닌지."

여러 해 만에 고국에 돌아온 홍임식은 여전히 조국에 수학 학부 과정조차 없다는 사실을 알고 조금 실망했다. 하지만 경성에는 동경제국대학 수학과를 졸업하고 경성제국대학 이공학부 예과에서 수학을 가르치던 젊은 수학자 우노 토시오 교수가 있었다.

홍임식은 1943년 10월 7일 우노 교수의 조교가 되었다. 그는 우노 교수의 연구와 강의를 도우면서 고등 수학을 배우고, 자연스럽게 수학자가 되는 길을 택했다. 홍임식은 미적분학과 타원함수에 대해 강의하던 우노 교수의 연구를 돕고, 때로는 강의를 하기도 했다.

한편 이 시기, 경성제국대학 물리학과에는 천재로 소문난 조선인 학부생 이임학이 있었다. 이임학은 당대의 수재들만 모인 경성제국대학에서도 수학 천재로 알려진 전설적인 존재였다. 이임학은 예과 시절 배우는 수학은 이미 독학으로 모두 이해하고 있어서 정작 수업에는 자주 들어오지 않았다. 오히려 동경제국대학 수학과에서 배우는 전공 서적을 구해 혼자서 공부에 몰두하는 것을 더 좋아했다. 홍임식은 몇 번인가, 이임학에게 수업에 들어오라고 이야기하기도 했다.

"예과에서 배우는 수학은 너무 쉽단 말입니다."

"그래도 수학 수업에는 들어오지 그래요."

"저는 총독부의 정책도 마음에 들지 않습니다. 명색이 제국대학이라면서 조선에서는 고등 수학을 가르치지 않겠다는 게 말이 됩니까."

이임학은 일본에서 수학을 전공하고 돌아온 홍임식과 가까이 지냈다. 한편 1945년까지 한반도 안에서 배출한 수학 학사는 한 명도 없었기 때문에, 해방 후 한반도에 모인 한국인 수학자 중 수학을 전공하고 연구 경험이 있는 사람은 김지정과, 미국 오하이오 주립대에서 수학 석사 학위를 받고 귀국해 연희전문 수물과 교수로 근무하던 이춘호 교수뿐이었다. 학사 학위를 받은 사람도 십여 명에 불과했다. 그중에서도 여성은 홍임식뿐이었다.

"연구를 계속하게. 자네는 더 높은 곳을 바라볼 수 있을 거야."

우노 교수는 이런 환경에서 연구를 계속하는 홍임식의 노력을 높이 사고 열심히 지도했다. 하지만 1945년, 조선이 광복을 맞으며 상황은 달라졌다. 36년 동안 조선을 식민지로 삼았던 일본인들은 패전과 함께 서둘러 제 나라로 돌아가야만 했다. 우노 교수도 마찬가지였다.

일본인들이 남기고 간 집과 재산, 동양척식주식회사에서 차지한 부동산들은 미 군정청이 몰수했다. 일본식으로 이름을 바꾸었던 이들은 다시 한국식으로 이름으로 바꾸었다. 일본어가 아닌 한국어를 '국어'라고 부르게 되었다. 바로 얼마 전까지 수시로 배가 오가던 부산과 시모노세키 사이에 배가 끊어졌고, 일본과의 국교는 단절되었다. 그리고 모든 것은 바뀌었다.

조국을 되찾은 것은 기뻤지만, 홍임식은 그런 감상에 빠져 있을 시간도 없었다. 경성제국대학이 경성대학으로 이름을 바꾸고 새로 문을 열어야 했다. 더구나 신설 경성대학에는 한반도에서 처음으로 독립된 수학과가 만들어지려 하고 있었다. 게다가 일본인 수학 교수들이 떠난 자리를 한국인 수학 교수들로 채워야 했다.

"조선 땅에서 처음으로 수학과가 만들어지는 거요. 최고의 교수진을 뽑아야 합니다."

"조선 사람 중에 수학 깨나 공부한 사람은 전부 모여서 의논해봅시다."

경성대학 수학과에서 학생들을 가르칠 교수들을 정하기 위해 한국 최초의 수학자 회의가 열렸다. 당시 수학을 전공했다고 알려진 거의 모두가 모였지만, 그 숫자는 열다섯 명에서 스무 명 정도였다고 한다. 이 수학자 회의에는 최윤식, 김지정, 이재곤, 이임학, 유충호 그리고 홍임식 등이 참석했다.

수학자들은 열심히 의논하고 투표한 끝에 김지정과 이임학, 유충호를 경성대학 수학과 교수로 추천했다. 김지정은 해석학, 유충호는 미분기하, 이임학은 대수와 정수론, 위상수학topology 을 맡으며 우리나라 최초의 수학 학부 강의가 시작되었다. 하지만 곧 미 군정청은 독단적으로 '국립서울대설립안'을 내놓았고, 교수와 지식인들은 이에 반발했다.

"종합대학을 만든다는 것은 좋지만, 지금 미 군정청의 방식은 교수가 아닌 이사회에 막강한 권력을 주는 것입니다. 이 방식은 권력의 취향에 맞춰 학문의 자유를 침해할 수 있어요."

"이사회라고 하지만 결국 미 군정청의 입맛에 맞는 학자만을 남기겠다는 게 아닙니까. 이는 좌파 계열 학자들을 강단에 세우지 않겠다는 겁니다."

결국 이와 같은 갈등 끝에, 1946년 9월 5일 경성대학 이공학부에 발령을 받았던 교원 38명은 국립서울대학교설립안에 반대해 사직서를 냈다. 이때 투표로 선출된 세 사람의 수학과 교수는 모두 종합대학과 학술원을 설립하고 더 나은 연구 여건을 보장하겠다는 북한으로 향했다. 막상 평양에 도착한 이임학은 달라진 고향의 분위기에 크게 실망하고 서울로 돌아왔다. 하지만 김지정과 유충호는 북한에 남았다. 특히 김지정은 김일성종합대학의 설립에 참가하고, 수학과의 강의안과 교과서를 만들며 많은 후학을 양성하고 북한 수학계의 기초를 다졌다.

이런 상황에서 홍임식은 모교에서 교편을 잡고 있었다. 모교인 경성여자고등보통학교는 경기공립고등여학교가 되어 있었다. 이곳에서 수학을 가르치던 홍임식은 대학 미적분학 교재를 번역해달라는 출판사의 부탁을 받았다. 일본으로 돌아간 우노 교수와 어렵게 연락이 닿은 것도 이 무렵의 일이었다.

"이걸 좀 대신 맡아 번역해보지 않겠어요?"

일본으로 가겠다고 마음을 먹자 미적분학 번역은 본인이 할 일이 아니었다. 한시가 급했다. 홍임식은 자신이 번역하려던 원고를 들고 이임학을 찾아갔다.

"이건 윌리엄 그랜빌의 미적분학 교재 아닙니까."

"그래요. 서울대 수업에도 쓰고 있는 책이지요? 청구문화사에서 이 책을 번역하자고 내게 의뢰했는데, 나는 시간이 없을 것 같으니 이 선생이 직접 번역하면 어떻겠어요?"

"그거야 괜찮습니다만…… 무슨 일이십니까."

"일본에 좀 가려고요. 한동안 못 볼 것 같습니다."

홍임식은 당시 서울대에서 교재로 사용하던 그랜빌의 미적분학 책

번역을 이임학에게 권하고 일본으로 떠났다. 당시에는 한국어로 번역된 좋은 미적분학 교재가 전혀 없었기 때문에, 이임학이 편역한 이 책은 당시의 베스트셀러가 되었다. 이후 이임학은 미국으로 떠나기 전까지 미적분학과 대수학, 평면해석기하학 등의 대학 교재를 저술했다.

• • •

일본에 도착한 홍임식은 마침내 우노 교수와 재회했다.

"우노 선생님!"

"왔구만, 올 줄 알았네!"

국교가 끊어진 상황에서 쉽지 않은 길을 선택한 홍임식을 우노 교수는 반갑게 맞이해주었다. 이 무렵 우노 교수는 도쿄도립대학에 근무하고 있었다. 홍임식은 우노 교수의 문하에서 박사 학위를 받는 것을 고민했지만, 결국 도쿄대 대학원 수학과에 진학하기로 했다.

이곳에서 홍임식은 델타 함수나 미분방정식의 해에서의 예외값에 대해 연구하는 한편, 여러 편의 책과 논문을 발표하며 활발하게 활동하던 수학자 코마츠 유사쿠와 함께 고리 형태에서의 경계값 문제 등에 대한 논문을 발표하며 열심히 연구에 매진한다. 그리고 마침내 1959년 9월, 도쿄대에서 수학 박사 학위를 취득하며 한국인 최초의 여성 수학 박사가 된다.

이 무렵 우노 교수는 수치해석numerical analysis 에 관심을 기울이고 있었다. 수치해석이란 어떤 함수나 방정식에 대해, 컴퓨터를 사용해 더 빠른 속도와 더 적은 오차로 근삿값을 구하는 알고리즘을 연구하는 학문이다. 1960년대 초반은 본격적으로 수학에 컴퓨터가 도입되기 전이고, 아직 기계식 컴퓨터의 계산 능력에도 한계가 있던 시대였지만, 그는 1959년 니혼대학으로 옮긴 뒤 부지런히 수치해석을 연구하던 중이었다.

"저도 선생님을 돕겠습니다."

홍임식은 우노 교수를 따라 니혼대학의 이공학부 교수로 부임하고, 이곳에서 우노 교수와 여러 수치해석과 관련된 연구를 함께했고, 여러 논문과 책 또한 함께 집필했다. 1961년에는《포텐셜(전위) 정리》를, 1966년에는《급수 입문》을, 1974년에는《라플라스 변환》을 공동 집필했다. 한편 홍임식은 우노 교수와의 공동 연구 외에도 적분방정식이나 등주부등식* 등에 대한 연구를 계속했으며, 〈근사 이론 실행에의 균등 분포 응용〉, 〈헬름홀츠 방정식의 최대 계수원리에 대한 고찰〉 등의 논문을 발표하고, 1972년에는《응용복소함수》를 출간하는 등 활발한 활동을 했다. 니혼대학에서 정년 퇴임한 뒤에도 그는 평소와 같이 연구를 계속했다.

홍임식의 인생의 스승인 우노 교수는 1998년 타계했다. 홍임식은 '우노 선생님을 그리워하며'라는 추도사를 썼다. 서른 살이 조금 넘은 나이에 모국을 떠난 홍임식이 일본에 온 지도 50년이 되었다. 그동안 홍임식은 결혼도 하지 않고, 평생 연구와 교육에 매진하며 살았다. 그

---

* 폐곡선의 둘레와 그 폐곡선이 둘러싸는 영역의 넓이뿐만 아니라 그것의 다양한 일반화에 대한 기하학적 부등식을 말한다.

동안 한국 수학계와의 교류는 거의 없었고, 경성제국대학 시절의 지인들도 이미 세상을 떠나거나 월북해 소식을 알 수 없었다. 서울에 남을 줄 알았던 이임학 역시 캐나다로 떠나 그곳에서 군론에 대한 연구를 하고 있다고 들었다.

그 무렵, 일본 수학회는 제9회 수학교육세계회의ICME-9를 유치했다. 국제수학교육위원회ICMI가 4년에 한 번씩 개최하는 수학교육세계회의는 수학 교육에 관한 학술모임 가운데 가장 큰 규모의 세계적인 행사로, 수학 교육의 올림픽이라고도 불리는 행사였다. 2000년 도쿄에서 열리는 제9회 회의에서는 전 세계에서 4000명 이상이 참가하기로 되어 있었다.

"아시아에서는 처음으로 열리는 겁니다. 기대도 크고, 책임감도 무겁습니다."

제9회 회의의 조직위원이 된 모리모토 미츠오 교수는 홍임식의 도쿄대학 후배였다. 홍임식은 오래 생각했던 일에 대해 말했다.

"내가 이번 행사에 기부를 하면, 그 기부금을 혹시 내가 생각한 용도대로 쓸 수 있을까요?"

"물론입니다. 어떤 용도로 쓰면 좋겠습니까?"

"회의에 한국인 수학자가 참석했을 때 도움이 되면 좋겠습니다. 가능하면 경제 형편이 어려운 북한에서 오는 수학자를 돕는 데 사용해주시면 좋을 것 같군요."

홍임식은 차분히 대답했다. 밀항해 일본에 도착한 이래 평생 일본에서 살아온 노년의 홍임식은, 아마도 황무지나 다름없던 상황에서 시작해 국제적인 학술회의에 학자들을 보낼 만큼 성장한 한국 수학계를 보면서, 젊은 날 북한으로 간 우수한 수학자들에게도 그런 방식으로 응원과 격려를 보내고 싶었는지도 모른다.

§ **이임학**(1922~2005)

한국 출신의 캐나다 수학자. 함흥 출신으로 경성제국대학 재학 중 이미 천재라는 소문이 자자했고, 해방 후 휘문중학교와 경성대학 수학과에서 교편을 잡았다. 그는 1947년 남대문시장을 지나다가 미군들이 버린 책 《미국수학회지》를 발견하고, 거기에 실린 미해결 문제를 해결해 막스 초른에게 편지를 보냈다. 막스 초른은 이 편지를 이임학의 이름으로 학회지에 투고했는데, 이 논문이 한국인 최초로 국제 수학회지에 실린 논문이 되었다. 이후 그는 미국 공보원에서 학회지를 보다가 한 논문의 미비함을 보완하는 편지를 보냈고, 이를 계기로 서울대학교 교수직을 휴직하고, 캐나다 밴쿠버의 브리티시컬럼비아 대학교로 유학한다.

이후 한국 정부는 이임학이 연구를 위해 여권을 연장하려 하자, 귀국을 강요하며 여권을 뺏고 무국적자로 만들어버렸다. 그는 캐나다 시민권을 취득하고, 예일대학교에서 유한단순군을 연구한 뒤 브리티시컬럼비아 대학교로 돌아가 은퇴할 때까지 이곳에서 교수로 지냈다.

그는 대수의 군론, 특히 리 군Lie Group 연구에서 많은 업적을 남겼으며, 특히 리 군의 일종인 복소수 예외적 단순 리 군을 연구했다. 이들 군에는 이임학의 이름을 따서 '리 군Ree Group'이라는 이름이 붙었다. 그는 군론에 관한 32편의 논문을 발표했고, 그 업적을 인정받아 40세에 캐나다 왕립학회 정회원으로 선출되었다. 프랑스의 수학자 디외도네는 그를 "군론을 근원적으로 창시한 21명의 수학자" 중 한 명으로 꼽았고, 영국 수학 아카이브 수학사 사이트와 일본 이와나미 수학사전에 이름이 실리는 등 업적에 걸맞은 명예를 얻었다.

하지만 한국 정부는 그의 입국을 금지했고, 그가 폴 에르되시를 통해 함흥에 남은 친척들의 소식을 알아본 일로 한국에 남아 있는 그의 가족을 중앙정보부로 끌고 가 조사하기까지 했다. 이임학은 대한수학회 창립 50주년이 되던 1996년 국내 수학자들의 노력으로 겨우 한국에 방문할 수 있었다. 2005년, 그가 타계한 이후에야 한국 정부는 그를 '과학기술인 명예의 전당'에 헌정했고, '광복 70주년 과학기술 대표성과 70선'에 그의 업적을 소개했다. 하지만 그에게 행한 국가의 폭력에 대해서는 말하지 않았다.

도로시 후버
Dorothy Hoover
(1918~2000)

유리천장을 넘어서

"농담하는 거야? 흑인이 수학을 한다고? 그것도 여자가?"

1940년대 후반, 미국 버지니아주 NACA(미국항공자문위원회) 산하 랭글리 연구소에서는 작은 소동이 일어났다. 백인 여성 '컴퓨터'들로 이루어져 있던 이스트 에어리어의 계산 부서가 해체된 것이다. 백인 여성 수학자들 가운데 베테랑이라 할 만한 이들이 저마다 규모가 큰 사업부나 연구팀에 합류하다 보니 핵심 그룹의 수 자체가 너무 줄어들어버린 것이다. 이스트 에어리어에서는 몇 사람 남지 않은 계산 부서를 해체하고, 그 업무를 웨스트 에어리어로 넘기기로 했다.

지금 이들이 당황하고, 더러는 개탄하는 것도 바로 이 때문이었다. 이스트 에어리어 직원 가운데 상당수는 흑인 여성이고, 흑인 여성으로만 이루어진 계산 부서도 존재한다는 사실을 알지 못했던 것이다.

"우리가 지금 숫자 계산을 하는데 흑인 여자들 손까지 빌려야 한다니. 말세야."

"그렇게 말하지 마. 그들도 대학을 나왔고, 무엇보다도 수학에 대해서는 전문가야. 지금까지 우리가 했던 연구들 중에도 알고 보니 그 사람들이 계산을 해서 성과를 낸 것들이 적지 않더라니까."

적지 않은 연구자들은 흑인이 수학 계산을 한다는 사실이 무슨 종말의 징조라도 되는 것처럼 굴었지만, 웨스트 에어리어의 컴퓨터들은 그런 혐오와 차별을 어느 정도 불식시켜버릴 만큼 유능했다. 그들은 자신들이 흑인의 대표로 이곳에 와 있다고 생각하는 것처럼 옷차림을 단정하게 하고, 점잖은 말을 쓰고, 무엇보다도 완벽하게 계산을 해냈다. 그들 중에는 애틀랜타 대학에서 수학 석사 학위를 받고, 아칸소와 조지아, 테네시주에서 교사로 일했던 도로시 후버도 있었다.

· · ·

도로시 맥패든은 1918년 아칸소주 햄스테드에서 윌리엄 매튜 맥패든과 엘리자베스 월번 맥패든 사이에서 태어났다. 윌리엄과 엘리자베스는 흑인 노예의 자손들이었지만, 아이들은 공부를 하고 더 나은 삶을 살기를 강력하게 원했다. 이들 부부의 네 아이 가운데 막내딸로 태어난 도로시는 열다섯 살에 헨리 클레이 예거 고등학교를 졸업하고, 1934년 16세의 나이로 아칸소 농공사범대학(현 아칸소 대학)에 입학했다.

"도로시 맥패든은 정말 도서관에 틀어박혀 지내는 것 같아."

"거의 웹스터 사전을 갈아 먹은 것처럼, 보통 사람은 쓰지도 않는 현학적인 단어들을 구사하고."

도로시는 135명의 동기 가운데 수학을 전공한 두 사람 중 한 명이었다. 1938년 도로시는 대학을 졸업하고 뉴포트에서 교사 생활을 시작했다. 이후 도로시는 조지아주에서 학생들을 가르치는 한편, 애틀랜타 대학교에서 수학 석사 과정을 밟아나갔다.

"유페미아 헤인즈라는 사람이 곧 박사 학위를 받을 것 같다고 들었어. 논문이 통과되면 미국 최초로 흑인 여성 수학 박사가 탄생하는 거야. 나도 그렇게 되고 싶어."

도로시는 열심히 공부했다. 중간에 실바누스 보우 클라크와 만나 결혼했지만, 그는 일과 학업을 병행하는 생활을 멈추지 않았다. 도로시의 지도교수인 클로드 B. 댄스비도 도로시를 격려했다.

"이 학교는 미국에서 최초로 흑인에게 대학원 학위를 수여했던 학교라네. 자네도 그런 선배들 못지않게 잘 해낼 수 있어."

1943년, 노력 끝에 도로시는 〈일부 사영 변환과 그 응용Some Projective Transformation and Their Applications〉이라는 논문으로 석사 학위를 받았다.

바로 그 무렵, 루즈벨트 대통령은 대통령 행정명령 8802호에 서명했다. "정부 기관과 연방 사업자들은 국가 방위사업에서 인종, 종교, 국적에 따른 고용 차별을 할 수 없다"는 명령이 통과되며, 장차 NASA의 전신이 되는 NACA의 랭글리 연구소는 흑인 여성 수학자들을 고용하기 시작했다. 비록 백인 여성 수학자들보다는 적은 임금이었지만, 도로시에게는 좋은 기회였다.

NACA에서 도로시는 여러 뛰어난 여성들을 만났다. 이를테면 웨스트 에어리어에 새로 들어온 흑인 컴퓨터의 상사인 마저리 해나가 있었다. 또 뉴욕 출신으로, 1930년대 말부터 이곳에서 일해온 여성 수학자 도리스 코언도 있었다.

"도리스 코언은 굉장해요. 이곳 NACA에서 여성이 자기 이름으로 연구를 발표하다니!"

"그래, 도리스는 불과 4년 만에 고속항공 분야에서 아홉 편의 논문을 발표했지. 게다가 그중 다섯 편은 단독 저자로 이름을 올렸고."

"연구 보고서에 이름을 넣는다는 건, 학자로서도 엔지니어로서도 그 연구의 중심에 서 있다는 뜻이겠죠……."

도로시는 동경하듯 중얼거렸다. 하지만 도로시의 상사인 마저리 해나는 도로시에게도 연구자가 될 가능성이 있다고 생각했다. 도로시는 도리스 코언처럼 추상적인 수학 개념에 익숙했고, 게다가 대학원을 졸업한 사람이었다. 이 무렵 미국의 25세 이상 여성 중 4년제 대학을 졸업한 사람은 3.8퍼센트에 불과했다. 흑인 여성만 놓고 보면 1.2퍼센트였다. 랭글리 연구소 같은 곳에서는 어디에 가도 대학을 나온 사람들뿐인 것처럼 보였지만, 현실적으로 수학 개념을 제대로 훈련받은 사람의 수는 많지 않았다. 무엇보다도 도로시의 대학원 석사 논문은 항공기 개발에 꼭 필요한 항공역학 연구와도 무관하지 않았다.

"도리스 코언은 함께 연구를 하던 존스 박사와 결혼해서 이제 은퇴할 예정이야. 어쩌면 네가 그 부서의 수학 계산을 맡을 수도 있어."

마저리의 기대대로, 도로시는 어떤 복잡한 수식이라도 쉽게 이해했고, 곧 연구소 내 여러 엔지니어의 실력을 추월했다. 도로시의 실력을 확인한 마저리는 곧 도로시에게 탁월한 공기역학자이자 안정성 연구 부서의 책임자인 로버트 T. 존스 박사의 일을 맡겼다. 안정성 연구 부서원들은 공기역학, 그중에서도 주로 비행기의 날개 형태를 연구했는데, 이것은 비행기의 날개가 만들어내는 양력과 날개의 모양이 만들어내는 안정성, 가속도, 공기 저항 등을 바탕으로 최적의 형태를 찾아가는 연구였다. 부서원들은 대부분 북부 출신 유대인들로, 진보적이고 개방적인 편이었다. 그들이라고 해서 흑인에 대한 차별의식이 아주 없는 것은 아니었지만, 도로시의 입장에서는 뼛속 깊이 차별이 내재화된 것 같은 남부 출신 백인들보다는 상대하기 수월한 이들이었다.

이곳의 엔지니어들은 도로시에게 비행기의 날개 모양과 그에 따른 실험 결과들 혹은 거기에 적용할 만한 계산식들을 보내고, 이것들을 변수를 변경해 다시 계산하거나, 혹은 보편적인 형태의 방정식이나 공식으로 다시 정리해달라고 요구했다. 도로시는 주어진 식들을 제대로 검토해 식을 만들고, 그들이 원하는 데이터를 정확히 뽑아냈다.

"도로시 클라크는 흑인이지만 매우 유능한 수학자야. 그 사람이 우리 부서에 와주면 좋겠는데."

흑인 여성 컴퓨터를 정규 부서에 발령하는 것은 선례가 없는 일이었지만, 그들은 유능한 수학자이자 자신들의 연구에 도움이 될 만한 지식을 갖춘 도로시를 자신들의 집단에 들이는 데 주저하지 않았다.

1946년 말, 존스 박사가 캘리포니아의 아메스 연구소로 옮겨가고, 안정성 연구는 그의 후임자인 프랭크 말베스투토가 맡게 되었다. 도로시는 말베스투토와 함께 일하며 항공기의 날개 형태에 대해 연구했다. 이를테면 날개 뿌리가 비행기 동체에 붙어 있는 지점을 기준으로, 날개 끝은 그보다 앞에 있는지 혹은 뒤에 있는지, 날개 뿌리와 날개 끝의 길이가 같은지 혹은 점점 좁아지는지, 고속으로 비행할 때 공기 저항을 줄이면서도 양력을 잘 일으키는 날개의 단면형은 어떤지 등을 다양한 방식으로 실험하고 계산했다. 그리고 그 과정에서 도로시는 유능한 수학자로서 명성을 쌓아갔다.

1951년 도로시는 두 건의 중요한 보고서를 발표했다. 하나는 말베스투토와, 다른 하나는 허버트 리브너와 공저한 것으로, 얇고 끝이 가늘어지며, 날개가 뒤쪽 방향을 향하는 후퇴형 테이퍼 날개를 자세히 분석한 보고서였다. 이 연구 결과는 미국은 물론 전 세계의 항공 산업에 적용되었다. 초음속 항공기와 제트기, 폭격기, 전투기, 화물기 그리고 우주 왕복선에 이르기까지 이 날개 디자인은 더 빠르고 안정적인 비행을 가능하게 했다. 그런 데다 도로시는 이들 보고서에서 말베스투토나 리브너와 함께 공동 저자로 이름을 올렸다.

"굉장해요, 연구 보고서에 공동 저자로 실리는 건 백인 남성 엔지니어들뿐인 줄 알았어요."

"흑인 여성 컴퓨터도 연구의 공동 저자가 될 수 있다니. 저도 당신처럼 되고 싶어요."

랭글리 연구소에서 도로시의 연구 경력은 정점에 달했다. 예전에 그가 도리스 코언의 이야기를 듣고 동경했던 것처럼, 이제 도로시는 웨스트 에어리어의 신입 컴퓨터들의 동경의 대상이 되어 있었다.

도로시는 이제 평범한 흑인 여성 컴퓨터가 아니었다. 그는 이제 랭글리의 항공 연구 과학자였고, 미국 연방 공무원 등급으로 GS-9로 분류되었다. 이는 전체에서 중간 정도의 직위이자 군에서는 초급 장교에 상응하는 직위였다. 요즘 기준으로는 석사 학위 소지자 혹은 그에 상응하는 경력을 지닌 사람의 등급으로, 도로시의 경력이나 그때까지의 성과에 비하면 부족하게 느껴지기도 한다. 하지만 당시의 인종차별과 성차별을 생각하면, 그 성취는 놀라운 것이었다.

하지만 도로시의 가정생활은 순탄하지 않았다. 도로시는 1947년 딸인 비올라를 낳았고, 얼마 지나지 않아 실바누스와 이혼했다. 1950년에는 리처드 후버와 결혼하고, 같은 해 아들인 리카르도를 낳았지만, 1952년에는 리처드와 이혼했다.

"잠시 쉬어야겠어. 공부도 더 해야 하고."

이제 두 아이를 둔 편모 가정의 가장이 되었지만, 도로시 후버는 새로운 도전을 시작했다. 항공공학을 떠나 원래 좋아하던 순수과학 분야를 공부하기 위해 다시 대학원에 진학한 것이다. 아칸소 대학교 대학원에 진학한 도로시는 당시 이 대학에 열다섯 명밖에 없는 흑인 대학원생 중 한 사람이었고, 유일한 순수과학 전공자였다. 도로시는 쉬지 않고 공부했고, 1954년 두 번째 석사인 물리학 석사 학위를 받았다. 이때 발표한 석사 논문의 일부분인 〈수치적분의 에러측정에 관하여On Estimates of Error in Numerical Integration〉는 다음 해 아칸소 과학 아카데미 저널에 수록되었다. 도로시 후버는 아칸소 대학교에서 물리학 석사를 취득한 최초의 흑인 여성이었고, 또 미국에서 두 개의 이공계 석사를 취득한 두 번째 흑인 여성이었다.

같은 해 도로시 후버는 존 헤이 휘트니 재단의 펠로우십을 받게 되었다. 이는 인종이나 문화적 배경, 출신지처럼 스스로 선택할 수 없는 장벽 때문에 자신의 재능을 펼칠 수 없었던 이들을 위한 지원금이었다. 도로시는 이 지원금을 바탕으로 새로운 도전을 시작했다. 바로 수학 박사 학위를 거머쥐는 것이었다. 도로시는 미시간 대학교의 수학 박사 과정에 입학해 대수학과 삼각법 등을 공부했고, 미시간 대학교에서 박사 학위 논문을 제외한 모든 과정을 마쳤다.

이후 도로시는 다시 공무원 생활로 돌아왔다. 그는 워싱턴 D.C.에서 주요 정부 기관의 수학자로 일했다. 1956년에서 1959년까지 도로시는 미국 기상청과 육군, 해군이 공동으로 설립한 합동 수치 기상 예보 부서의 수학자로 활동했다. 1959년, 도로시는 NASA의 고다드 우주비행 센터에서, 이번에는 우주로 쏘아 올릴 로켓의 항공역학에 대해 연구하기 시작했다. 이후 도로시는 이곳에서 연방 공무원 등급으로 관리자에 해당하는 GS-13 등급으로 승진한 최초의 흑인 여성이 되었다. 1963년에는 에런 템킨과 함께 〈전자-수소 산란의 불가분 이론〉을 집필했는데, 이 논문은《전산 물리학 방법론》에 수록되었다. 그는 1968년, 연방 공로상을 수상했다.

은퇴 후 도로시는 아칸소에서의 어린 시절과 부모님과 함께 흑인 교회에 다녔던 추억들을 담아 아프리카 성공회 역사에 대한 책을 썼다. 도로시 후버는 2000년 2월, 울혈성 심부전으로 인한 합병증으로 세상을 떠났다.

메리 W. 잭슨
Mary W. Jackson
(1921~2005)

최초의 흑인 여성 NASA 엔지니어

"메리, 대체 이 계산은 뭔가."

압축성 연구부의 책임자인 존 V. 베커가 있는 대로 미간을 찌푸리며 물었다. 압축성 연구부는 메리가 속해 있는 초음속 압력 풍동 부서의 상위 부서로, 초음속이나 극초음속 비행을 연구하는 부서를 총괄하고 있었다. 그는 제2차 세계대전에 사용된 여러 중요한 항공기와 로켓 추진 연구를 맡았던 전설적인 인물로, 존 스택이나 이스트먼 제이컵스 같은 대표적인 NACA 항공역학자들의 뒤를 잇는 사람이자 이곳 랭글리 연구소의 최고위직 중 한 사람이었다. 그런 사람이 저런 불쾌한 표정으로 메리를 부르다니. 좋지 못한 상황이었다.

"내가 예상하기로는 이 범위에서 답이 나올 수가 없는데. 다시 계산하게."

"죄송합니다만, 부장님. 제 계산은 틀리지 않았습니다."

메리의 대답에, 메리의 상사인 카지미어스 차네키는 어깨를 움츠렸다. 베커는 세계 최고의 항공역학자이자 모든 풍동 실험장치의 왕과 같은 인물이었다. 수많은 엔지니어가 그의 눈에 들고 싶어서 안달하는데, 흑인 여성 컴퓨터인 메리가 그 앞에서 저런 말을 하다니!

하지만 차네키는 혼란스러웠다. 그가 아는 메리는 계산을 실수할 사람도, 틀린 계산을 두고 자기가 옳다고 우길 만한 사람도 아니었다. 메리는 수학 능력이 뛰어나고, 속도와 정확성도 남다르며, 때로는 주어진 계산 이상의 것을 엔지니어에게 제안할 수 있었다. 단순히 컴퓨터로만 남기에는 모든 면에서 아까운 사람이었다. 만약 그가 흑인 여성이 아니었다면, 백인 남성이었다면 이미 엔지니어가 되고도 남았을 것이다.

모두가 긴장한 가운데, 존 베커가 메리를 노려보았다.

"다시 한번 계산해보게. 내가 보는 앞에서. 당장 맞는 숫자를 찾아내."

메리는 베커의 책상에 종이를 펼쳐놓고 다시 식을 전개하며 중간중간 베커에게 계산 과정을 확인시켰다. 메리의 계산에는 털끝만큼의 실수도 없었다. 베커는 문득 이 흑인 여성이 보여주는 깔끔한 계산과 침착한 설명 그리고 세계 최고의 권위자 앞에서도 기죽지 않고 자기 할 말을 하는 태도야말로 자신이 젊은 엔지니어들에게 늘 기대하는 태도라는 것을 떠올렸다. 갓 대학을 졸업한 젊은 엔지니어들은 대부분 이 컴퓨터만큼의 당당함도, 논리도 그리고 숫자를 다루는 능력도 갖추고 있지 않았다.

두 사람은 머리를 맞대고 몇 번이나 검산하며 오류의 원인을 찾으려 애썼다. 하지만 아무리 해도 계산에는 틀린 구석이 없었다. 마침내 메리가 다시 입을 열었다.

"부장님, 죄송하지만 풍동 실험의 원본 데이터를 볼 수 있을까요?"

베커는 즉시 원본 데이터를 가져오게 했다. 두 사람은 원본 데이터를 한 줄 한 줄 확인했다. 그리고 어느 순간 메리의 연필 끝이 멈추었다. 잠시 후 베커가 탄식했다.

"이런, 내가 틀렸잖아!"

조금 전까지 발을 아무 데나 올려놓고 거만한 자세로 데이터를 보던 베커는 곧 몸을 일으켰다. 그리고 메리에게 사과했다.

"미안하네, 잭슨. 내가 데이터를 잘못 주었군."

"아닙니다, 부장님."

이 일은 그저 엔지니어와 컴퓨터 사이에 벌어진 아주 사소한 문제였다. 하지만 흑인 여성 컴퓨터들에게는 달랐다. 여성이라도, 흑인이라도, 수학자로서 자부심을 갖고 자신의 작업을 대하며, 상사가 준 데이터에서 잘못을 찾아내고 그 사실을 제대로 전할 수 있는 사람. 메리 W. 잭슨은 그런 사람이었다.

• • • •

메리 윈스턴은 1921년 4월 9일 버지니아주 햄프턴에서 태어났다. 햄프턴은 남북전쟁 당시 해방 흑인들이 모여 만든 도시로, 이곳 흑인 사회는 청년들을 교육하는 데 힘쓰고 있었다. 메리 윈스턴의 가족도 마찬가지였다. 이곳에는 흑인 학생을 위한 공립 중고등학교가 없었고, 공립 학교에서는 6학년까지만 가르쳤지만, 흑인 사회의 지식인들은 자립과 실용 학문이 흑인의 지위를 높일 수 있다는 믿음으로 아이들을 가르치고, 대학에 보냈다. 메리 역시 마찬가지였다.

"너는 공부에 소질이 있으니까 대학에 가야지."

"대학에 가고, 또 교사가 되는 거야."

흑인 사회에서 존경받는 시민들이었던 메리의 가족과 이웃들은 메리가 대학에 가고 공부를 계속하는 것이야말로 당연한 일이라는 듯 격려했다. 메리의 부모인 프랭크와 엘라 윈스턴은 모두 흑인대학인 햄프턴 대학을 졸업했고, 메리의 다른 형제나 친척, 이웃 중에도 햄프턴 대학을 졸업한 이들이 많았다. 그중에는 교사가 된 여자들도 많았고, 햄프턴 대학의 여성 공학자 양성 프로그램에 등록한 여성들도 있었다. 메리는 햄프턴 대학에 부설된 피닉스 고등학교를 최우등으로 졸업하고 햄프턴 대학에 진학했다.

당시 햄프턴의 많은 여학생은 초등학교 교사나 간호사가 되기 위해 가정학이나 간호학을 전공하는 경우가 많았다. 하지만 메리는 대학에서 수학과 물리학을 전공하기로 마음먹었다. 고등학교의 이과 과목 교사가 되는 것은 자연스러운 미래처럼 느껴졌다. 메리는 열심히 공부했고, 미국 흑인 여학생회인 알파 카파 알파의 일원으로 활동하기도 했다. 그리고 1942년, 수학과 물리학 학사 학위를 받았다.

졸업 후 메리는 한동안 메릴랜드의 흑인고등학교에서 수학을 가르쳤다. 하지만 아버지가 병으로 쓰러지시며 메리는 고향으로 돌아와야만 했다. 이곳에서 메리는 가톨릭 회관과 미군 위문협회의 회계원 그리고 햄프턴 대학의 직원으로 일했다. 미군 위문협회에서 일할 때 만난 군인 리바이 잭슨과 결혼해 아들을 낳은 뒤로는 사무 일을 잠시 그만두고 걸스카우트의 지도자가 되기도 했다.

1951년, 아들인 리바이 주니어가 조금 자라자, 메리는 다시 일자리를 구하기 시작했다. 메리는 포트 먼로의 육군 야전사령부에서 잠시 비서 일을 하다가, 같은 해 남편이 일하는 랭글리에서 NACA의 여성 수학자, 즉 컴퓨터로 취업했다. 메리는 도로시 본이 이끄는 랭글리의 웨스트 에어리어 계산 부서에서 본격적인 계산 일을 맡았다. 이들은 미국 공군의 전투기 개발과 훗날 미국 우주 프로그램을 위한 필수적인 계산들을 맡고 있었다. 이들은 수학자로 대접받았지만, 그렇다고 평등하게 대우를 받은 것은 아니었다. 이들의 사무실에는 "유색인"이라는 표지판이 붙어 있었고, 식당 테이블에도 "유색인 전용" 팻말이 있었으며, 화장실조차도 "유색인 화장실"이 따로 있었다. 그나마 웨스트 에어리어에는 흑인이 많았기 때문에 이와 같은 차별이 눈에 띌 정도는 아니었고, 대놓고 차별 발언을 하는 이들도 많지는 않았다. 하지만 이스트 에어리어는 달랐다. 메리는 이스트 에어리어에 갈 때마다 심각하게

차별을 받고 있다고 느꼈다. 이곳에는 "유색인 화장실"이 없었고, 있다고 해도 아는 사람이 없었다. 여기서 일할 때마다 메리는 웨스트 에어리어까지 뛰어가서 화장실을 사용해야 했다. 심지어 커피포트도 아무도 사용하고 싶지 않을 것 같은 망가진 것 하나에 "유색인 전용"이라고 붙여놓을 정도였다. 메리는 이곳의 백인 컴퓨터들보다 부족하지 않은 경력과 지식을 갖춘 수학자였고, 걸스카우트 지도자로 활동하며 어린 흑인 소녀들에게 인종에 대한 부정적인 편견이 자리 잡지 못하게 하기 위해 늘 격려했지만, 이런 차별과 계속 맞닥뜨리면서도 별일 아니라는 듯 지내는 것은 쉽지 않은 일이었다.

메리가 카자미어스 차네키를 만난 것은 이 무렵이었다.

"우리 팀에 와서 일하지 그래요?"

카자미어스 차네키는 폴란드 출신의 이민자로, 항공 엔지니어이자 초음속 압력 풍동 부서의 이인자였다. 그는 이전까지 소형 초음속 풍동 장치를 연구했는데, 그 무렵 그 풍동 설비는 웨스트 에어리어 근처에 있었다. 그는 메리의 실력을 어느 정도 알고 있었고, 그가 컴퓨터로만 경력을 끝낼 사람이 아니라는 것도 알고 있었다.

한편 차네키의 풍동 팀은 4×4피트(1.2×1.2미터) 공간에서 6만 마력(4만 5000킬로와트)으로, 음속의 두 배 가까이 되는 바람을 만들어내고 있었다. 이곳에서 함께 일하며 차네키는 메리야말로 엔지니어로서 소질이 있다는 것을 확신했다. 게다가 차네키는 메리가 수학과 물리학을 복수 전공했다는 것도 알게 되었다. 메리는 엔지니어가 될 자질이 있었다. 지금까지 될 기회가 없었을 뿐이었다. 차네키는 메리에게 풍동의 관리를 맡기고, 그 엔진을 켜고 끄는 법과 기계공들과 협력해 정확한 위치에 미사일 모형을 설치하는 법을 가르쳤다. 메리는 풍동 테스트가 있을 때마다 맨 앞에서 자세히 관찰하며, 기류가 어떤 상황에서 난기류를 만드는지, 어떤 조건에서 외장재가 벗겨지는지, 외장재의 차이에 따라 원뿔 형태의 모형 표면에서 벌어지는 일들을 면밀하게 관찰했다. 그리고 메리가 베커의 데이터가 잘못되었음을 지적한 지 얼마 지나지 않아 차네키는 진지하게 말했다.

"이봐요, 메리. 당신은 여기 있는 어떤 엔지니어보다도 엔지니어가 될 소질이 있는 사람이에요. 여기서 수학 계산만 하기엔 아까운 사람이라는 뜻이에요. 그러지 말고 NASA의 엔지니어가 되는 게 어때요. 당신이라면 할 수 있을 겁니다."

당연히 메리도 엔지니어가 되고 싶었다. 이곳에서 여성 수학자들은 컴퓨터로 불렸다. 수학과를 나온 남자들은 바로 수학자라는 말을 들었지만, 여성들이 제대로 수학자로 대접받는 데는 시간이 더 필요했다. 그리고 수학자들은 바로 엔지니어들의 지시를 받아 일했다. 하지만 몇 가지 걸리는 문제가 있었다.

우선 NASA에는 드물지만 흑인 남성 엔지니어가 있었다. 하지만 흑인 여성 엔지니어는 아직 없었다. 이제부터 메리가 가려는 길은 선례가 없는 일이기도 했다. 다행히도 NASA에서는 수학자가 엔지니어로 승진할 수 있는 교육 프로그램을 제공했다. 이 과정에 등록한 훈련생들은 필수적으로 수학과 물리학 분야의 대학원 과정을 이수해야 했다. 하지만 여기에도 문제가 있었다. NASA는 버지니아 대학교와 연계해

야간에 강의를 들을 수 있도록 개설했지만, 이 강의는 백인학교인 햄프턴 고등학교에서 열렸다. 메리는 교실에 들어가기 위해 학교 위원회와 햄프턴시에 청원했고, 마침내 천신만고 끝에 강의를 들을 수 있게 되었다. 그리고 이 과정을 마친 1958년, 메리 W. 잭슨은 항공우주 엔지니어로 진급해 NASA 최초의 흑인 여성 엔지니어가 되었다.

"그것 봐요, 해낼 수 있다니까."

메리와 가족들은 물론, 메리에게 엔지니어가 될 것을 권했던 차네키도 뛸 듯이 기뻐했다. 그리고 같은 해, 메리는 차네키와 공동으로 자신의 첫 번째 보고서인 〈기수의 각도와 마하수가 초음속 상태의 원뿔형에 미치는 영향〉을 발표했다. 이후 메리는 NASA에서 차네키와 함께 연구하며 열두 편의 논문을 발표했다.

메리는 압축성과 고속 공기역학 등 항공기와 우주선의 비행과 관련된 여러 분야에서 엔지니어로 활약했다. 그러면서도 메리는 가족이나 이웃과 즐겁게 지내고, 걸스카우트 지도자 활동도 계속했다. 여성 후배들을 지원하고, 흑인들에게 장벽을 깨뜨리는 선례들을 보여주려 애썼다.

1960년에는 아들과 함께 간이 자동차 대회를 준비했다. 메리는 그의 공학 지식과 항공역학적 적합성을 총동원해 만든 무동력 자동차로 버지니아반도, 나아가 전국 대회에서 우승을 거머쥐었다. 대회 역사상 처음으로 우승한 흑인 가족 팀이었다. 1970년대에는 마을의 흑인 어린이들이 장난감 비행기를 만들어 테스트할 수 있도록 소형 풍동을 만들어준 것으로도 유명하다. 걸스카우트를 이끌며 분대원들이 스카우트 내의 인종 분리에 반대하며 통합 조직을 만들자고 주장하는 것을 도왔고, 햄프턴 공립학교와 햄프턴 대학의 흑인 학생들이 엔지니어의 꿈을 키울 수 있도록 랭글리 연구소의 시설을 견학하도록 지원하기도 했다. 흑인여성 전국회의 지부의 특강에도 참석해 어린 학생들 앞에서 여성 엔지니어의 진로 모델이 되어주었다.

한편 랭글리 연구소 안에서는 흑인 여성 동료들은 물론 백인 여성 동료들과도 연대하며, 여성이 고용과 승진 과정에서 차별받지 않도록 노력했다. 그렇게 1979년까지 메리 잭슨은 엔지니어로서 올라갈 수 있는 가장 높은 곳까지 올라갔다. 그리고 메리는 자신이 여기서 더 승진할 수 없음을, 일종의 유리천장에 부딪쳤음을 알았다.

바로 그때, 인사부에서 새로운 제안이 왔다. 연방 여성계획 관리자로 일해보지 않겠느냐는 것이었다. 메리는 GS-12급 항공 엔지니어였고, 여성계획 관리자 자리는 GS-11급이었다. 메리는 이 조직이 엔지니어들로 이루어진 엔지니어들의 조직이고, 이 자리를 떠난다는 것은 일의 중심에서 벗어나 변방으로 물러나는 것이라는 사실을 알고 있었다. 하지만 메리는 이제 한 사람의 엔지니어로서가 아니라, 여성 선배이자 관리자로서 여성 직원들의 지위 향상을 위해 더 많은 일을 할 기회가 왔다고 생각했다.

메리는 NASA에서 모든 인종의 여성들에게 평등한 기회를 주기 위해 노력했다. 남성 직원이 입사하자마자 엔지니어로 불리는 반면, 그와 같은 학위를 갖고 들어온 여성 직원들은 대부분 '데이터 분석가'로 불린다는 것도, 같은 자격의 흑인 직원은 백인 직원보다 승진이 늦거나 덜 중요한 업무에 배치된다는 것도, 메리는 통계로 확인했다. 메리 W.

잭슨은 1985년 은퇴할 때까지, NASA에서 과학과 공학 그리고 수학 분야에 종사하는 여성들이 겪는 차별을 가시화하고, 동등한 기회를 갖게 하기 위해 애썼다.

메리 W. 잭슨은 2005년 세상을 떠났다. 그는 아폴로 프로젝트의 공로상을 받은 항공우주공학자이자 수학자였고, 여성과 유색인종의 권리 향상을 위해 노력한 인권운동가였으며, 30년 이상 지역사회에서 학생들에게 봉사해온 걸스카우트 지도자였다. 그리고 2016년, 영화 〈히든 피겨스〉에는 메리 W. 잭슨이 엔지니어가 되기 위해 노력하는 모습이 묘사되었다. 한편 NASA는 2017년, 버지니아 페어몬트 연구시설에 메리 W. 잭슨의 이름을 붙이고, 2020년, 워싱턴 D.C.에 있는 NASA 본부 명칭을 '메리 W. 잭슨 본부'로 명명하며 그의 헌신과 공로를 기렸다.

캐서린 존슨
Katherine Johnson
(1918~2020)

그가 이 계산을 확인하면 출발하겠습니다

1962년 2월 미국항공우주국, 통칭 NASA에서는 유인 우주선 '프렌드십 7호'의 발사 준비가 한창이었다.

　유인위성 발사 계획인 '머큐리 계획'의 일환인 프렌드십 7호는 미국 최초의 유인 우주선으로, 지구궤도 비행을 시도하려는 중이었다. 이 역사적인 우주비행에 참여하는 우주비행사는 미국 해병대 직속 항공대 파일럿 출신의 베테랑 존 허셜 글렌이었다. 그는 비행사인 동시에, 조종실 설계 등에도 참여할 만큼 경험 많고 과학 지식도 갖춘 사람이었다.

　"다른 준비는 다 되었습니다."

　사상 첫 궤도 비행을 앞두고, 모든 스태프는 긴장하며 하나씩 체크리스트를 점검해나갔다. 이 일은 한 치의 오차도 허용되지 않았다. 발사각이 잘못되면 출발도 하지 못하고 실패한다. 궤도에 올라가는 각도와 속도, 귀환을 시도하는 위치와 시각, 모든 것이 정확히 맞아야 한다. 이 프로젝트를 위해 NASA는 워싱턴과 플로리다의 케이프 커내버럴, 버뮤다에 이르는 통신 네트워크를 건설했다. 가장 중요한 비행 궤도는 당대 최고의 성능을 자랑하는 컴퓨터, IBM7090으로 계산했다. 당시 그보다 더 정확하게 계산할 수 있는 기계는 없었다.

　"다만 한 가지 더 확인할 게 있습니다."

존 글렌이 말했다. 그 자리에 모인 모든 스태프가 그의 입을 바라보았다.

"캐서린 존슨 씨에게 이 계산을 확인하게 해주십시오. 그 여성girl*이 계산이 맞다고 확인하면 즉시 출발하겠습니다."

존슨, 캐서린 존슨. 그 이름이 사람들의 입에서 파도치듯 속삭여졌다. 그는 NACA의 랭글리 항공 연구소 출신의 '컴퓨터'로 항공기의 풍동 실험과 그에 따른 수많은 계산을 수행했고, 지금은 이곳 NASA에서 항공우주공학자이자 수학자로서 비행 궤도를 계산하고 있었다. 그리고 그는, 이곳에서 일하고 있는 사람들은 종종 잊어버리기도 했지만, 여전히 어느 정도 고립되어 있는 흑인 여성이었다. 하지만 존 글렌은 이 사람이야말로 유인위성 발사 계획의 핵심이라는 것을 알고 있었다.

부름을 받은 캐서린 존슨은 컴퓨터에 프로그래밍된 궤도 방정식을 자신의 손과 탁상용 기계식 계산기로 다시 계산하기 시작했다. 검산은 정확하게 맞았다. 그리고 존 글렌은 우주로 향했다. 존 글렌이 탄 프렌드십 7호는 4시간 56분 동안 지구 궤도를 세 바퀴 돌고 지구로 무사히 귀환했다. 그리고 이 비행은 미국과 소련의 우주개발 경쟁의 전환점이 되었다.

· · ·

---

* 당시에는 일하는 여성을 'girl'이라고 불렀다.

캐서린 콜먼은 웨스트 버지니아의 화이트 설퍼 스프링스에서 태어났다. 캐서린의 아버지인 조슈아는 목수이자 농부였고 그린브리어 호텔에서 일했는데, 언제나 누구에게도 트집잡히지 않을 만큼 깔끔한 차림과 단정한 행동으로 사람들의 존경을 받았다. 어머니인 조일렛은 학교 선생님이었는데, 조슈아와 조일렛은 네 명의 아이에게 "너는 누구보다 뛰어날 수 없어. 하지만 그 누구도 너보다 뛰어나지 않아"라고 가르치며 겸손의 미덕과 함께 스스로를 존엄하게 여기도록 가르쳤다.

아직 흑인은 교육 면에서 공공연한 차별을 받고 있던 때였다. 흑인은 흑인학교에 가야 했고, 그린브리어의 흑인학교는 6학년까지만 있었다. 1954년, 브라운 대 교육위원회의 판결이 이루어지기 전까지 이런 식의 인종차별과 사회적인 제약은 여성과 흑인들의 교육 기회를 제한하고, 나아가 직업을 선택할 권리와 경제적인 기회 역시 틀어막고 있었다.

캐서린의 아버지인 조슈아 역시 머리가 좋고 여러 방면에 뛰어났지만, 그런 제약 때문에 학교에는 6학년까지밖에 갈 수 없었다. 하지만 그는 특히 수학적 재능이 뛰어났다. 통나무를 보기만 해도 얼마나 많은 판자를 켜낼 수 있을지 바로 암산해낼 수 있었다. 조슈아는 캐서린이 걸음마를 하고, 곧 말을 하게 되자마자 이 호기심 많은 막내딸이 자신과 마찬가지로 수학적인 재능이 뛰어나다는 것을 알았다.

"저 아이는 세상 모든 것을 세어버릴 것 같아."

캐서린은 곧 오빠들을 따라 학교에 갔고, 순식간에 2학년에서 5학년으로 월반했다. 가끔은 옆 학급에 있는 오빠들이 공부하다가 막힐 때 쪼

르르 달려가 문제 푸는 것을 도와주기도 했다. 하지만 그린브리어에서는 캐서린이 공부를 계속 이어나갈 수 있는 흑인 공립학교가 없었다.

"캐서린은 공부를 계속해야 해요. 반드시."

조슈아와 조일렛은 캐서린을 웨스트 버지니아 주립대학 캠퍼스에 있는 고등학교에 보내기로 했다. 캐서린이 열 살 때였다. 이곳에서 캐서린은 화학자이자 수학자인 앤지 터너 킹 교수의 가르침을 받으며 공부했고, 열다섯 살에 웨스트 버지니아 주립대학에 전액 장학금을 받으며 입학했다.

웨스트 버지니아 주립대학은 흑인들에게 고등 교육에 접근할 기회를 제공하기 위해 설립된 대학이었다. 이곳에는 미국에서 세 번째로 박사 학위를 받은 흑인이자, 흑인 중 처음으로 수학 연구 저널에 연구 논문을 수록한 윌리엄 클레이터 교수가 있었다. 클레이터는 하워드 대학교를 졸업하고 펜실베이니아 대학교에서 박사 학위를 받았으며, 그의 논문은 미국 수학회에서 호평을 받았다. 그럼에도 그는 인종차별에 시달렸고, 학회가 열리는 호텔에서 숙박을 거절당하는 일도 있었으며, 웨스트 버지니아 주립대학을 제외한 어떤 곳에서도 그를 교수로 받아들이지 않았다.

그는 엄격한 교수였고, 학생들에게 쉬운 길을 가르치지 않았다. 당연히 그의 수업을 따라가지 못하는 학생들도 많았다. 하지만 캐서린은 달랐다.

"너는 수학자가 되어야 할 사람이야."

클레이터 교수는 캐서린을 위해 고급 수업 과정을 개설하고, 캐서린의 공부를 격려했다. 캐서린은 수학은 물론 프랑스어를 부전공으로 택해 열심히 공부했고, 메리 W. 잭슨도 활동했던 알파 카파 알파에 가입해 활동하기도 했다. 그리고 열여덟 살에 우등으로 대학을 졸업했다. 하지만 캐서린은 클레이터 교수에게 물었다.

"제가 수학을 계속 공부한다면, 대체 어디서 일자리를 구해야 하죠?"

1930년대에는 미국 전체에서 100여 명의 여성이 수학자로 일하고 있었다. 하지만 학위가 있다 해도 아일랜드인이나 유대인 여성 수학자는 공공연히 차별을 당하고 있었다. 하물며 흑인 여성 수학자의 앞날이란 아무리 생각해도 암울한 것이었다.

졸업한 캐서린은 버지니아주 매리언에 있는 흑인 공립학교에서 교사로 일하면서 제임스 고블과 결혼했다. 캐서린은 1939년 모건타운에 있는 웨스트 버지니아 대학교의 대학원 과정에 등록했는데, 이 학교 최초의 흑인 여성 대학원생이었다. 하지만 캐서린은 곧 임신을 했고, 1년 만에 학업을 그만두게 되었다. 세 딸이 태어나고 조금 자란 뒤, 캐서린은 다시 교사 일을 시작했다. 하지만 대학원으로 돌아갈 수는 없었다. 수학자가 되겠다는 꿈은 여기서 좌절되는 것처럼 보였다.

하지만 기회가 왔다. 첫아이를 임신하며 대학원을 그만둔 지 12년이 되던 1952년, 캐서린은 제임스의 여동생인 패트리샤의 결혼식에 참석했다가 친척에게 흥미로운 소식을 듣는다.

"햄프턴에 흑인 여성을 고용하는 정부 시설이 있어. 랭글리 메모리얼 항공 연구소에서 흑인 여성 수학자들을 고용한다고 하더군."

랭글리 메모리얼 항공 연구소는 NACA의 전초 기지였다. 수학자로서도, 그리고 세 딸을 키우며 빠듯한 생계를 꾸려나가는 어머니로서도 놓칠 수 없는 기회였다.

"캐서린, 당신이 여기 오다니!"

랭글리의 웨스트 에어리어 계산 부서에 도착한 캐서린은 깜짝 놀랐다. 이곳의 부서장은 여성이고 흑인이었으며 캐서린이 아는 사람이었다. 어린 시절 캐서린의 이웃에 살았던 도로시 본은 약 10년 전부터 웨스트 에어리어에 합류해 수학자로 일하고 있었다. 그뿐만이 아니었다. 캐서린은 이곳에서 대학 시절 알파 카파 알파에서 교류하며 이름을 알고 있던 이들과 만나기도 했다. 이곳에서 '흑인 여성 수학자'는 낯설고 이질적인 존재가 아니었다.

하지만 한편으로 이곳의 백인들 중에는 흑인에 대해 여전히 차별적인 관점을 갖고 있는 이들도 있었다. 심지어 랭글리에 오기 전까지는 흑인을 한 번도 본 적이 없는 이들도 있었다. 노골적인 혐오나 인종차별을 하는 이들도 있었지만, 그보다는 무심결에 튀어나오는 무지나 생각 없는 편견들이 이곳의 흑인들을, 특히 흑인 여성들을 괴롭게 했다. 랭글리의 흑인들은 마치 자신이 흑인들의 대표인 것처럼, 다른 사람에게 흠 잡히지 않기 위해 노력했다. 하지만 그러면서도 마음속은 늘 불안으로 흔들리고 있었다. 캐서린은 늘 자신이 여기 올 만한 사람인지, 여기서 일할 자격이 되는지 의심해야 했다.

도로시는 좋은 상사였다. 그는 부서원들이 저마다 어떤 것을 잘하는지 파악하고, 어떤 엔지니어의 업무와 그 사람이 맞는지 잘 연결했다. 도로시는 곧 캐서린의 능력을 알아보고, 그를 비행 연구 부서로 보냈다. 이 부서에서는 연구용 항공기와 실험용 풍동 같은 설비들이 있었고, 엔지니어들은 이들 비행체에 여러 변수를 두어 수많은 비행 테스트를 거듭했다. 캐서린은 그 테스트의 결괏값을 바탕으로 끝없이 계산을 했다. 그렇게 6개월이 지나자 도로시는 비행 연구 부서의 책임자인 헨리 피어슨을 찾아갔다.

"지난번에 컴퓨터가 부족하다고 해서 캐서린을 임시로 빌려드린 건데, 보아하니 비행 연구 부서의 일이 끝나지 않을 것 같군요. 그럼 이렇게 합시다. 캐서린을 내 부서로 돌려보내주시든가, 아니면 아예 캐서린을 이 부서에서 데리고 있든가요."

"캐서린의 계산 능력은 우리 부서에 꼭 필요합니다. 우리가 데리고 있겠습니다."

"좋아요, 그러면 연구 부서에 걸맞게 연봉을 올려주도록 하세요."

§ 도로시 본(Dorothy Vaughan, 1910~2008)

영화 〈히든 피겨스〉의 세 주인공 중 한 사람으로도 유명한 도로시 본은 윌버포스 대학교 수학과를 졸업하고 14년 동안 수학 교사로 일했다. 이후 1943년, 도로시 본은 랭글리 연구소에 입사해 컴퓨터로서 흑인 여성으로만 구성된 웨스트 에어리어 계산 부서에서 근무하기 시작했다. 백인 여성인 부서장이 갑자기 물러나며 도로시 본은 부서장 대리가 되고, 1949년부터 1958년까지 웨스트 에어리어 계산 부서의 부서장으로 근무했다. 그는 NACA 최초의 흑인 부서장이자 몇 안 되는 여성 부서장 중 한 사람이었다.

도로시 본은 머지않아 IBM 컴퓨터와 같은 범용 컴퓨터가 인간 컴퓨터를 대체할 것임을 알고, 웨스트 에어리어 계산 부서의 컴퓨터들에게 컴퓨터의 사용법과 프로그래밍 언어(포트란)를 가르쳤다. 이후 1958년 NACA가 NASA로 전환되며 계산 부서들이 폐지되었지만, 도로시 본은 웨스트 에어리어의 컴퓨터들을 이끌고 새로운 ACD(분석 및 계산 부서)에 합류했으며, 포트란 프로그래머가 되었다. 그는 1971년 NASA에서 은퇴하고 2008년 세상을 떠났다.

헨리 피어슨은 캐서린에게 새 자리를 주고, 도로시와의 약속대로 연봉도 올려주었다. 캐서린은 기하학과 수많은 미분방정식을 통해 난기류로 인한 비행기 추락 연구에 참여했다. 이 연구는 거대한 풍동에 난기류를 만들어 어떤 경우에 비행체의 사고 위험이 높아지는지, 어떤 변수를 바꿔야 이 문제를 해결할 수 있는지, 초음속 비행 시 발생할 수 있는 문제는 무엇인지와 같은, 현대 항공기의 발전과 그에 따르는 문제에 대한 답을 찾는 것이었다. 하지만 엔지니어들은 컴퓨터들의 중요성은 알고 있으면서도, 그들을 그저 계산하는 사람으로만 취급했다. 연구 주제나 핵심 기술과 같은 민감한 주제를 컴퓨터들과 공유할 필요가 없다고 생각해 자신들이 어떤 문제를 연구하고 있는지, 어떤 실험의 결과를 계산해야 하는지 말하지 않는 경우도 허다했다. 하지만 캐서린은 자신이 계산하는 것들에 대해 최대한 많은 것을 알고자 했다. 그리고 그 적극성은 계산 결과나 연구 성과에 반영되었다.

한편 캐서린이 이 연구에 참여하던 중에 남편 제임스가 암으로 세상을 떠났다. 캐서린은 가슴이 찢어질 것처럼 괴로웠지만, 한편으로는 랭글리에서 일하고 있어서 다행이라고 생각했다. 예전에 받던 교사 봉급으로는 세 딸을 혼자 부양하기 어려웠겠지만, 랭글리에서 받는 월급으로는 가능했기 때문이다. 캐서린은 마음을 단단히 먹고 딸들에게 말했다.

"엄마는 앞으로도 랭글리 연구소에서 계속 일을 할 거야. 그러니 너희는 엄마가 일에 전념할 수 있도록 도와줘야 해."

딸들의 지원을 받으며 캐서린은 누구보다도 부지런히 일했다. 그리고 1958년, NACA 본부는 랭글리 연구소에 새로운 임무를 부여했다.

바로 우주였다.

"소비에트 연방에서 인공위성 스푸트니크를 발사하는 데 성공했어. 우리도 질 수 없지."

비행 연구 부서는 이제 항공기가 아니라 우주에서의 비행체의 움직임을 연구하게 되었다. 캐서린은 언제나처럼 수작업으로 혹은 먼로 계산기로 수많은 계산을 해냈지만, 우주 항공에 대해서는 같은 부서의 엔지니어들도 모르는 것이 많았다. 엔지니어들은 본격적인 연구에 들어가기 전에 우선 앞으로 해야 할 연구, 즉 우주선의 발사와 재진입 그리고 궤도 역학에 대해 공부를 시작했고, 캐서린은 강의록인 《우주기술에 대한 노트》에 실릴 방정식과 여러 그래프를 만들었다. 강의록을 만드는 과정에서 캐서린은 엔지니어들과 나란히, 때로는 더 빨리 궤도 역학에 대해 배울 수 있었다. 캐서린은 엔지니어들이 모여서 공부하거나 토론할 때마다 알고 싶은 것들에 대해 적극적으로 질문했다. 주어진 문제를 풀고 분석하는 컴퓨터의 역학을 넘어, 문제 자체를 고려하고 해법을 찾는 엔지니어의 영역을 들여다보게 된 것이다.

"저도 연구 회의에 참석하고 싶은데요."

"농담하지 말아요, 캐서린. 여자들은 회의에 참석하지 않잖아요."

"여자들은 회의에 참석할 수 없다는 규칙이 있나요? 뭐 이를테면, 흑인 여성인 저는 신용카드를 혼자서 만들 수 없다고 법에 나와 있던데. 그런 명문화된 규칙 말이에요."

"그런 건 없어요, 캐서린. 하지만 관습이라는 게 있잖아요."

"알아요. 하지만 저는 지금 우리 부서에서 궤도 역학에 대해 제일 잘

아는 사람이고, 우리가 어떤 걸 연구하는지 정확하게 이해하는 건 제 업무에도 도움이 될 거예요."

캐서린은 자신 있게 그리고 끈질기게 설득했다. 결국 엔지니어들은 두 손을 다 들었고, 캐서린을 연구 회의에 참석하게 했다.

NACA가 NASA로 바뀌며, 랭글리의 비행 연구 부서 사람들은 곧 우주선 발사 계획에 핵심적인 역할을 차지하게 되었다. 우선은 인공위성이었다.

'어떤 각도로, 어느 정도의 속도로 쏘아 올려야 위성이 궤도에 오를 수 있을까.'

'인공위성이 다시 지구 대기권으로 재진입할 때는?'

'어느 지점에서 어떤 각도로 낙하해야 안전할까?'

캐서린은 이와 같은 질문들에 답하기 위해 끊임없이 계산하고, 오차를 수정했다. 캐서린은 젊은 엔지니어 테드 스코핀스키와 함께 착륙 위치가 지정된 궤도 비행체의 대기권 재진입에 대해 연구했다.

"거대한 물체가 대기권에서부터 떨어지는 거예요. 자칫 도시나 마을 위로 떨어지면 돌이킬 수 없는 사고가 될 겁니다. 바다 한가운데에 추락하는 게 가장 좋지요."

"바다에 추락한 우주비행사를 구할 수 있도록 가까운 곳에 해군이 대기해야 하고요."

"오차도 고려해야죠. 너무 멀리 떨어져서 못 찾거나 실수로 우리 우주비행사가 항공모함을 박살 내도 큰일이니까요."

지구는 계속 자전하고 있다. 캡슐을 바로 머리 위로 쏘아 올렸다가 그대로 내려오게 한다고 해도, 그사이 지구가 자전하기 때문에 착륙 지점은 달라진다. 게다가 지구는 완벽한 구가 아니다. 눌려 있는 오렌지 같은 이 행성의 어떤 특정한 지점으로 정확히 착륙하려면 어떻게 해야 할까. 이들은, 영화 〈히든 피겨스〉에서도 나왔듯, 오일러의 공식을 비롯해 여러 복잡한 계산 끝에 답을 얻었다. 두 사람은 22개의 주요 방정식을 포함한 34쪽짜리 연구 보고서를 만들었다. 이번에는 컴퓨터나 연구 보조가 아니었다. 캐서린은 공동 연구자로 이 보고서에 서명할 수 있었다. 캐서린은 얼마 전 군인인 짐 존슨과 재혼하며 바뀐 새 이름, 캐서린 G. 존슨이라는 이름으로 보고서에 서명했다. 비행연구과의 여성이 연구 보고서의 저자로 인정받은 것은 이때가 처음이었다.

1961년, 캐서린은 미국 최초의 유인 우주비행선 프리덤 7호의 궤적 분석 임무를 맡았다. 프리덤 7호는 15분 22초 동안 우주에 나갔다가 돌아왔다. 1962년에는 존 글렌이 탄 프렌드십 7호의 계산을 맡았다. 프렌드십 7호는 지구 궤도를 세 바퀴 돈 뒤, 출발 후 4시간 33분 만에 역추진 로켓을 기동했다. 우주선이 감속하며 궤도에서 빠져나와 지구 대기권으로 돌입할 때 한동안 통신이 끊어졌다. 잠시 뒤, 존 글렌의 목소리가 다시 들리자 사람들은 성공을 직감했다. 재진입 시 무게가 예상과 조금 달라졌던 프렌드십 7호는 캐서린이 계산한 위치에서 불과 40마일 떨어진 지점에 안전하게 착륙했다.

· · · ·

프렌드십 7호가 무사히 비행을 마치고 한 달쯤 지난 뒤,《피츠버그 쿠리어》의 첫 페이지에는 "왜 흑인 우주비행사는 없을까?"라는 도발적인 헤드라인과 함께 캐서린 존슨의 사진이 실렸다. 이 신문에서는 캐서린을 아내이자 어머니이고 수학자라고 소개하며, 프렌드십 7호가 무사히 귀환할 수 있었던 배경에는 이 흑인 여성 수학자가 있었다는 기사를 냈다. 캐서린은 자신이 해낸 일이 흑인 커뮤니티에서 입에서 입으로 알려지고 있으며, 모두가 자랑스러워 하고 있다는 사실을 알고 있었다.

　하지만 프렌드십 7호의 궤도를 계산한 것이 캐서린 존슨의 일생에서 가장 큰 업적이었던 것은 아니다. 그는 머큐리 계획에서 우주비행선의 발사 각도와 궤적을 계산하고, 비상시에 대비한 다른 경로들을 준비했으며, 아폴로 프로젝트에 참여해 사람을 달에 보내기 위한 수많은 계산을 해냈다. 아폴로 11호의 사령선이 궤도를 도는 사이 달 착륙선이 무사히 달에 내려가기 위한 계산과 사령선과 착륙선의 랑데부를 위한 계산, 아폴로 13호의 산소 탱크 모듈에 이상이 생겨 이틀 만에 임무가 중단되었을 때 이들을 무사히 지구로 돌아올 수 있게 하는 계산도 캐서린 존슨의 몫이었다. 이와 같은 계산들은 우주왕복선 프로그램의 시작으로 이어졌다.

　그뿐만 아니라 캐서린 존슨은 지상관측 위성의 발사와 회수는 물론, 화성 탐사 프로젝트에도 참여했다. 그렇게 그는 랭글리 연구소에서 33년간 근무하며, 26개에 달하는 연구 보고서와 논문을 공동 집필했다.

　2015년, 캐서린 존슨은 버락 오바마 대통령으로부터 민간인이 대통령에게 받을 수 있는 최고의 영예인 대통령 자유 훈장을 받았다. 2016년에는 캐서린 존슨과 도로시 본, 메리 W. 잭슨의 실화를 담은 소설《히든 피겨스》가 나왔다. 이 소설은 같은 해 영화로 만들어졌으며, 2018년에는 랭글리 연구소 내 계산 연구소에 캐서린 존슨의 이름이 붙여졌다. 2019년에는 NASA 본부 앞 거리의 명칭이 '히든 피겨스 웨이'로 바뀌었다. 캐서린 존슨은 역사 속에서 제대로 드러나지 않았던 자신의 공헌이 마침내 인정받은 것을 보고, 2020년 101세의 나이로 세상을 떠났다.

마거릿 해밀턴
Margaret Hamilton
(1936~)

소프트웨어 공학의 선구자

1969년 7월 20일, 아폴로 11호 우주선은 달 표면에 착륙하기 직전이었다. 하지만 최종 하강을 시작하기 직전, 경고등이 켜졌다.

　"이게 뭐지?"

　"너무 많은 작업이 동시에 실행되고 있다는 메시지야. 컴퓨터가 처리할 수 있는 용량을 초과할 수 있다는."

　선장 닐 암스트롱과 달 착륙선 조종사 버즈 올드린은 재빨리 주위를 둘러보았다. 착륙선의 프로그램은 모두 1세제곱피트 정도 크기밖에 안 되는 가이던스 컴퓨터에 들어 있었다. 사람을 우주로 올려보내고, 다시 달에 착륙했다가 지구까지 돌아오는 길은 너무나 섬세한 조정을 필요로 하기에 조금이라도 무게를 줄여야만 했다. 가이던스 컴퓨터는 크기가 작고 고성능인 대신, 한 번에 처리할 수 있는 용량에 한계가 있었다.

　이 컴퓨터에 들어가는 소프트웨어를 만든 사람이 바로 아폴로 비행 소프트웨어의 선임 개발자 마거릿 해밀턴이었다. 당시 소프트웨어는 미리 설정된 명령 혹은 사람이 입력한 명령만을 처리할 수 있었다. 하지만 마거릿은 달에 사람을 보내는 일이 얼마나 중요하고 또 위험한지 잘 알고 있었다. 아주 작은 실수만으로도 아폴로 11호에 탄 우주비행사들은 영영 지구에 돌아오지 못할 수도 있었다.

마거릿은 이 문제를 해결하기 위해 소프트웨어가 더 중요한 일을 먼저 처리하는 방식을 개발했다. 마거릿과 그 팀은 모든 작업 내역에 우선순위를 부여해서 더 중요한 일이 먼저 진행되도록, 그리고 정확한 순서로 진행되도록 했다. 또한 돌발 상황이 일어나면 우주비행사들에게 안내하는 한편, 관제센터와 연락해 가장 안전한 방법을 택할 수 있도록 했다. 그는 특히 우선순위를 알리는 경고 창을 만들었다. 컴퓨터는 지시받은 대로 움직이지만, 사람은 지시 과정에서 실수를 할 수 있기 때문이었다. 마거릿은 우주비행사들이 불필요한 조작이나 실수 때문에 위험에 처하지 않도록, 안전한 착륙이나 경로 설정을 최우선으로 하는 데 컴퓨터의 성능을 온전히 다 쓸 수 있도록 소프트웨어를 개선했다.

그리고 버즈 올드린은 곧 문제를 알아챘다.

"아, 랑데부 레이더가……."

랑데부 레이더는 두 우주선이 궤도에서 서로 접근해 속도를 맞춘 뒤 도킹할 수 있도록 돕는 장치다. 원래 아폴로 우주선은 세 사람이 타고 출발했지만, 사령선 조종사인 콜린스는 지금 궤도에 남아 있었다. 그들이 달에서의 조사를 마치고 귀환할 때, 궤도까지 올라가서 콜린스와 합류하기 위해 랑데부 레이더가 필요했다. 즉 귀환할 때는 필요해도 지금은 켤 필요가 없는 기능이다. 하지만 어째서인지 랑데부 레이더가 켜졌고, 이로 인해 컴퓨터는 전체 처리 시간의 15퍼센트를 이 잘못된 데이터를 추가 로드하는 데 쓰고 있었다.

다행히도 마거릿이 개선한 가이던스 컴퓨터는 이런 실수를 바로 잡아내고, 컴퓨터 자원을 낭비하지 않도록 프로그램을 재시작했다. 그리고 착륙에 필요한 프로그램만을 다시 선택할 수 있도록 올드린과 암스트롱을 도왔다. 지구에서 이 모든 상황을 전달받고 있던 마거릿 해밀턴은 숨이 막힐 것 같았다. 우주에서는 인류가 살 수 없고, 싣고 갈 수 있는 자원에는 한계가 있었기 때문에 이 임무에는 조금의 실수도 허용되지 않았다. 다행히 착륙 직전의 긴급 상황에서 마거릿이 만든 소프트웨어는 정확히 작동하며 자칫 대참사를 부를 수도 있었을 실수를 막아내는 데 성공했다.

"여기는 아폴로, 들립니까."

소프트웨어가 다시 우선순위를 알려주자 우주비행사들은 관제센터와 연락을 취했다. 착륙해도 좋을지 확인하기 위해서였다.

그리고 인류는 처음으로 달에 도착했다.

· · ·

마거릿 히필드는 미국 인디애나주에서 태어났다. 마거릿의 아버지인 케네스 히필드는 철학자이자 시인이었고, 어머니인 루스는 학교 교사였다. 할아버지는 퀘이커 목사이자 학교 교장 선생님으로, 마거릿은 다른 동생들과 함께 학구적인 분위기에서 자라났다.

히필드 가족은 나중에 미시간주로 이사했는데, 마거릿은 이곳에서 핸콕 고등학교를 졸업했다. 마거릿은 부지런하고 성적이 우수했으며, 특히 수학에서 두각을 나타내는 학생이었지만, 그렇다고 공부벌레는 아니었다. 사실 동창회에 간 마거릿은 가장 인기 있는 친구 중 한 사람이었다. 튀거나 유명해지려고 애쓰지는 않았지만, 친구들 사이에서 늘 돋보이곤 했다.

마거릿은 미시간 대학교에 진학해 수학과 물리학 수업을 들었다. 하지만 마거릿은 곧 어린 시절을 보낸 인디애나주로 돌아갈 계획을 세우게 된다. 당시 마거릿의 어머니는 학교 교사 일을 잠시 쉬고 학생 신분으로 돌아가 인디애나주의 퀘이커 계열 대학인 얼햄 칼리지에 다니고 있었다. 마거릿은 어머니와 함께 학교에 다니기 위해 얼햄 칼리지로 편입했다. 이곳에서 마거릿은 수학과 함께, 아버지와 할아버지의 영향을 받아 철학을 부전공으로 선택했다.

미시간 대학교에서도, 얼햄 칼리지에서도, 수학을 공부하는 여학생은 많지 않았다. 몇몇 과목에서는 마거릿이 그 수업의 유일한 여학생인 경우도 많았다. 하지만 얼햄 칼리지의 수학 교수 중에는 여성 교수가 있었다. 바로 플로렌스 롱이었다.

"교수님처럼 되고 싶어요. 어떻게 하면 교수님처럼 될 수 있을까요."

마거릿은 플로렌스를 보며 야망을 갖게 되었다. 수학을 가르치는 일을 하고 싶다고 막연히 생각했을 때는 어머니처럼 교사가 되는 미래를 상상했었지만, 플로렌스를 만나고 난 뒤 모든 것이 달라졌다. 마거릿은 교수가 되고 싶었다. 연구도 하고 싶었다. 더 많은 일을 하고 싶었다. 다정한 성격의 플로렌스는 때때로 마거릿을 자기 집으로 불러 함께 차와 점심을 들기도 했는데, 마거릿은 그럴 때마다 수학자의 길을 선택해 그 분야에서 명성을 얻는 자신의 미래를 더욱 구체적으로 그려보곤 했다.

하지만 현실은 쉽지 않았다. 얼햄에서 대학 생활을 하던 중에 마거릿은 화학을 전공하는 제임스 해밀턴과 알게 되었다. 두 사람은 1958년, 마거릿이 얼햄 칼리지를 졸업하고 곧 결혼했다. 제임스가 대학 공부를 계속하는 동안, 마거릿은 공립 고등학교에서 수학과 프랑스어를 가르치며 그를 뒷바라지했다. 결혼한 다음 해 딸인 로렌이 태어났지만, 제임스는 이번에는 대학원에 진학하겠다고 했다.

코네티컷주로 이사한 마거릿은 제임스가 석사 과정에 진학하려는 브랜다이스 대학에서 순수수학 분야의 대학원에 등록하려고 했다. 하지만 마거릿에게 새로운 기회가 찾아왔다. 바로 매사추세츠 주립대학의 기상학과 교수 에드워드 로렌츠와의 만남이었다.

"온도나 풍속과 같은 열두 가지 변수를 모델링해 날씨 패턴을 시뮬레이션할 수 있을까?"

에드워드 로렌츠는 수학자이자 기상학자로, 통계와 컴퓨터를 이용한 기상 예측을 연구한 학자다. 그는 날씨에 대해 아주 작은 초기변수가 서로 판이한 결과를 불러오는 것을 보고 혼돈(카오스) 이론을 창시한 사람이기도 했다. 그 무렵 로렌츠는 MIT에서 통계적 예측을 평가하는 데 사용하기 위한 기상 모델의 복잡한 시뮬레이션을 실행하는 프로젝트를 이끌고 있었는데, 마거릿은 이 팀에 합류해 프로그래머로서 일하기 시작했다.

당시 마거릿은 이전에도 몇 가지 프로그래밍 언어를 공부하고 있었지만, 로렌츠의 지도를 받으며 LGP30 컴퓨터 하드웨어에서 16진수와 2진수를 사용해 복잡한 계산을 처리하게 되었다. 또한 이 시기, 마거릿은 MIT의 링컨 연구소에서 반자동 지상 환경 방공 시스템, SAGE를 구축하는 프로젝트에도 참여했다. 이 프로젝트는 냉전 시대, 소비에트 연방의 전투기나 핵미사일을 방어하기 위한 국가 방공 시스템 개선을 위한 것이었다.

이 무렵 마거릿이 다루던 컴퓨터는 창고 정도의 공간을 차지하는 것부터 작은 건물만한 것까지 하나같이 거대한 것들이었다. 이 컴퓨터들은 문제가 일어나지 않을 때는 조용히 천공카드들을 읽으며 규칙적인 소음을 만들어냈다. 하지만 프로그램을 실행하다가 문제가 발생하면, 커다란 조명이 깜빡거리거나 벨이 울리는 등 뭔가 문제가 생겼다는 사실을 누구나 알 수 있었다. 그때마다 수많은 엔지니어가 누구의 프로그램이 시스템에 문제를 일으켰는지 알아보기 위해 달려오곤 했다. 이때 이 컴퓨터들이 어디서 문제가 생겼는지를 보여주는 유일한 자료는 컴퓨터 콘솔을 통해 보여지는 프로그램이 중단된 주소뿐이었다.

"지금 이 시스템은 대체로 들리는 소리만으로도 문제가 있는지, 잘 작동되는지 알 수 있어. 그렇다면 다른 시스템에서는 어떻게 해야 할까. 어떻게 해야 소프트웨어가 문제없이 작동하고 있다는 걸 증명할 수 있을까?"

이 거대한 시스템들을 운영하며 마거릿은 소프트웨어의 신뢰성에 관심을 갖게 되었다. 한편 마거릿은 SAGE 프로젝트에서 대공 방공용 군사 프로그램을 개발하는 데 두각을 나타내며 이 분야의 사람들에게 이름을 알리게 되었다.

그리고 1963년, 마거릿에게 새로운 기회가 왔다.

이 무렵 마거릿의 남편인 제임스는 하버드에서 로스쿨을 졸업했고, 마거릿은 이제 다시 순수수학을 공부할 때가 되었다고 생각했다. 그런데 마침 NASA가 MIT에 새로운 프로젝트를 의뢰한 것이다. 바로 달에 사람을 보내는 데 필요한 소프트웨어 개발이었다.

"이건 일생일대의 기회일지도 몰라."

마거릿은 소식을 들은 즉시 담당자에게 연락했다. 몇 시간 지나지 않아 마거릿은 MIT의 프로젝트 관리자 두 사람에게 연락을 받았다.

"당신이 그동안 여러 프로젝트에서 거둔 실적에 대해서는 잘 알고 있습니다. 우리 팀과 같이 일할 수 있기를 바랍니다."

그중 한 쪽은 항공기를 추적, 제어, 탐색하는 각종 기밀 장비들을 개발하는 드레이퍼 연구소의 개발팀이었다. 마거릿은 가능하면 드레이퍼 연구소에서 일하고 싶었지만, 두 담당자 모두가 마거릿을 원했다. 결국 마거릿은 두 관리자에게 동전 던지기로 결정할 것을 제안했고, 바라던 대로 드레이퍼 연구소로 가게 되었다.

마거릿은 처음에 이곳에서 프로그래머로 일하기 시작했지만, 곧 시스템 설계 분야를 맡게 되었다. 하지만 달에 사람을 보낸다는 프로젝트에서 사람들은 하드웨어 엔지니어링에 대해서는 중요하게 생각했지만, 소프트웨어의 중요성에 대해서는 심각하게 생각하지 않았다. 아폴로와 스카이랩을 위한 소프트웨어 개발팀의 책임자가 된 마거릿은 이 일이 부당하다고 생각했다.

"소프트웨어 개발에 필요한 방법론은 하드웨어와는 또 다릅니다. 이것은 '소프트웨어 공학'이라고 할 수 있는 것이죠."

마거릿은 우주선의 항법장치와 달 착륙 그리고 우주에서 유인 우주선을 제어하고 통제하는 데 필요한 모든 시스템 소프트웨어를 설계하고 개발해나갔다. 한편 소프트웨어 공학 기법을 사용한 개발 방식을 구축하는 데도 힘을 기울였다.

마거릿이 그 말을 입 밖에 내기 전까지 소프트웨어 공학이라는 말은 없었다. 하지만 마거릿은 수학을 전공했고, 예전에는 수학과 철학이 한 가닥이었다는 것을, 그리고 수학과 물리학 또한 한 가닥이었다는 것을 잘 알고 있었다. 많은 수학자가 현장에서 실무 경험 속에서 프로그래밍 언어를 배워야 했다면, 이제 소프트웨어 개발 분야가 수학에서 새로운 가지를 뻗어 분리될 때였다. 그는 아폴로 프로젝트에 필요한 프로그램들을 만드는 한편, 시스템을 설계하고, 모델링하고, 소프트웨어 안정성과 이미 만든 모듈을 재사용하는 여러 방법을 구체화했다.

특히 마거릿 해밀턴은 오류 감지 및 복구 소프트웨어를 만드는 데도 힘을 기울였다.

"사람의 실수에 대응할 수 있는 소프트웨어를 만들어야 합니다."

실수 없이 꼼꼼히 프로그램을 작성하던 마거릿이 이런 생각을 하게 된 것은 그의 딸 로렌 때문이었다. 마거릿은 종종 밤이나 주말에 연구실에 로렌을 데려와 자신이 연구하는 동안 그 옆에서 숙제를 하거나 놀게 했다. 그러던 어느 날, 로렌이 DSKY라는 키보드와 디스플레이가 연결된 장치를 만지다가 실수로 MIT 명령 모듈 시뮬레이터를 오작동하게 만들었다.

"안전한 연구실에서는 실수해도 큰 문제가 벌어지지 않지만, 우주비행사가 비행 중에 실수를 한다면 그 결과는 치명적일 거예요. 더 많은 오류 감지와 복구 기능을 추가해야 합니다."

"맞는 말이긴 합니다. 하지만 우주비행사들이 그런 걸 받아들이지 않을 거예요."

"어째서죠? 본인들의 안전을 위한 일이잖아요."

"그 사람들은 완벽하도록 훈련받은 사람들이에요. 자기들이 만에 하나라도 실수할 가능성이 있다는 걸 결코 인정하지 않을 겁니다."

마거릿은 집요하게 설득했다. 그리고 마침내 사람의 실수에 대응할 수 있는 소프트웨어를 만들어야 한다는 주장이 받아들여졌다. 마거릿은 이상이 발생했을 때 즉각적으로 대응할 수 있도록 자동화와 품질

보증, 복구, 오류 감지 등 여러 기술을 사용했는데, 이와 같은 마거릿 해밀턴의 비전은 아폴로 11호를 달에 보내는 것뿐 아니라 현재까지도 프로그래머들이 프로그램을 설계하고 코딩하며 관리하는 전 과정에 영향을 미치며 그 가치를 입증했다.

한편 마거릿은 아폴로 11호가 달을 향해 출발하기 얼마 전인 1967년, 제임스와 이혼했다. 그 직전에 마거릿은 크리스마스 휴가를 맞아 친정에 방문했는데, 그때 마거릿은 가족들에게 처음으로 이야기했다.

"아빠, 우리는 사람을 달에 보낼 거예요."

이혼하고도 마거릿은 계속 아폴로 11호에 사람을 태워 달에 보내고, 무사히 달 표면에 착륙시키기 위한 연구에 힘을 기울였다. 그리고 1969년, 인류가 달에 도착하는 역사적인 순간이 왔다.

"1202! 1202!"

달 착륙을 앞둔 우주비행사들이 휴스턴의 관제센터로 1202라는 코드를 부르자, 마거릿은 심장이 멎을 것 같았다. 1202는 착륙 중에 벌어질 수 있다고 상정하고 집어넣은 스물아홉 가지의 문제 상황 중 하나였다. 사람을 달에 보낼 때 일어날 수 있는 수많은 오류에 대해 생각했지만, 이렇게 착륙 직전에 오류가 발생하다니. 마거릿은 정신을 가다듬었다. 마거릿과 동료들은 휴스턴의 관제센터와 40만 킬로미터나 떨어진 곳에 있는 우주비행사들을 구하기 위해 그들과 연결된 통신장비 앞으로 모여들었다.

컴퓨터에는 과부하가 걸리고 있었다. 안전하게 비행을 유지하고 착륙을 시도하려면, 다른 중요한 기동을 방해하지 않고 시스템을 초기화해야만 했다. 다행히도 컴퓨터는 무사히 시스템을 초기화했고, 착륙에 필요한 프로그램들은 그대로 다시 준비되었으며, 그 과정에서 가이던스 컴퓨터는 착륙에 필요한 일들을 우주비행사들에게 여전히 제대로 보여주고 있었다. 그리고 잠시 후, 우주비행사들은 '독수리'라는 별명으로 불렸던 착륙선을 달에서의 목표 지점, '고요의 바다'에 착륙시켰다. 그렇게 마거릿 해밀턴의 프로그램은 닐 암스트롱과 버즈 올드린의 생명을 구하고, 그들이 달 표면에 발자국을 남긴 최초의 인간이 될 수 있도록 만들었다.

그리고 같은 해 마거릿은, 아폴로 11호 프로젝트의 소프트웨어 개발팀의 책임자 댄 리클리와 결혼했다.

● ● ●

아폴로 프로젝트는 아이젠하워의 재임 시절 추진되었던 머큐리 계획의 연장이기도 하지만, 엄밀히 말하면 미국과 소비에트 연방의 경쟁에서 비롯된 것이었다. 1961년 유리 가가린이 인류 최초로 유인 우주비행에 성공하자, 당시 미국의 대통령이던 케네디는 달 착륙을 통해 우주 경쟁에서 우위를 차지하기로 결의하고 아폴로 프로젝트를 선포했다. 이후 아폴로 계획은 1967년 발사 전 폭발 사고로 우주비행사가 목숨을 잃었던 아폴로 1호부터 달 궤도를 선회하고 돌아온 아폴로 8호, 달 착륙에 성공한 아폴로 11호, 처음으로 월면차를 사용한 아폴로 15호와 달에는 가지 않고 소비에트 연방의 소유즈 19호와 도킹에 성공하며 냉전 이후 시대의 희망을 보여주었던 1975년의 아폴로 18호까지 이어졌다.

하지만 미국의 달 착륙 이후 소비에트 연방은 달에 관심을 잃었다. 미국 역시도 아폴로 프로젝트를 성공시키기 위해 전체 예산의 5퍼센트를 우주개발에 사용해야 했다. 1972년, 미국의 닉슨 대통령은 NASA의 다음 목표를 "재사용이 가능한 우주왕복선 개발"에 두었고, 아폴로 프로젝트도, 인간을 달에 보낸다는 오랜 꿈도 사람들의 관심에서 밀려났다.

아폴로 프로젝트가 끝나도 마거릿 해밀턴에게는 할 일이 많았다. 그는 아폴로 프로젝트를 수행하면서 소프트웨어를 처음 구축하는 단계에서부터 오류 방지와 내결함성을 갖추도록 설계하는 방법에 계속 관심을 가졌고, 이후 자신의 이론을 구현하기 위해 HOS Higher Order Software 를 설립했다. 마거릿은 약 60개의 프로젝트와 130개의 논문을 발표했으며, 마거릿의 HOS 방법론은 구조적 프로그래밍 언어 및 임베디드 시스템 설계 등에 영향을 미쳤다. 이후 1985년, 마거릿은 HOS를 떠나 잠시 휴식기를 가졌다가, 다시 1986년 해밀턴 테크놀로지를 설립해 시스템 설계와 소프트웨어 방법론에 기반한 자동화 환경을 개발했다. 마거릿 해밀턴은 소프트웨어 공학 분야의 창시자이자 유능한 프로그래머로서 많은 업적을 남겼다.

1986년, 마거릿은 에이다 러브레이스상을 받았으며, 2003년에는 아폴로 프로젝트에 대한 공헌으로 NASA 우주 공헌상 특별상을 받았다. 또한 2016년에는 오바마 대통령으로부터 대통령 자유 훈장을 받았으며, 2017년에는 컴퓨터에 대한 아이디어로 세상을 바꾼 인물에게 수여되는 컴퓨터 역사 박물관 펠로우상을 받았다. 한편 마거릿 해밀턴은 샐리 라이드, 메이 제미슨, 낸시 로먼과 함께 2017년 어린이 장난감 레고의 'NASA의 여성들' 세트의 미니 피규어로 만들어져 우주에 대한 꿈을 키우는 전 세계 어린이들에게 영감을 주기도 했다.

§ 샐리 크리스틴 라이드(Sally Kristen Ride, 1951~2012)

미국의 물리학자이자 우주비행사. 1978년 NASA에 들어가 캡슐 교신 담당자로 일했으며, 1983년 챌린저 우주왕복선에 탑승해 통신위성을 설치하고 몇 가지 실험을 하고 돌아와 미국 최초의 여성 우주비행사이자 최초의 성소수자 우주비행사, 미국인 우주비행사 중 가장 젊은 나이에 우주에 나간 사람으로 기록되었다. 그는 이후 챌린저호와 컬럼비아호의 우주왕복선 사고에 조사 패널로 참여했고, 샐리 라이드 과학재단을 설립해 어린이, 특히 여학생을 대상으로 하는 과학 프로그램을 만들었으며, 어린이를 위한 과학책들을 집필했다.

§ 메이 캐럴 제미슨(Mae Carol Jemison, 1956~)

미국의 공학자이자 의사로, 1983년부터 1985년까지 서아프리카 시에라리온과 라이베리아의 지역 평화 봉사단 의료 책임자였다. 미국으로 돌아온 제미슨은 1987년 NASA의 우주비행사로 선발되어 1992년 인데버 우주왕복선을 타고 우주로 향했다. 제미슨은 STS-47 스페이스랩에서 8일간 머무르며, 뼈세포 연구 실험을 비롯한 우주에서의 의학 실험에 참여하고 190여 시간 만에 지구로 돌아왔다. 그는 미국 최초의 흑인 여성 우주비행사로, 일찍이 〈스타트렉〉의 등장인물인 우후라 중위를 보며 우주비행사의 꿈을 키웠는데, 1987년에는 〈스타트렉: 더 넥스트 제너레이션〉에 파머 중위 역으로 잠시 출연하기도 했다.

§ 낸시 그레이스 로먼(Nancy Grace Roman, 1925~2018)

미국의 천문학자. 일찍이 전파천문학을 연구했으며, 이후 NASA에 들어가 우주 천문학 프로그램을 운영했다. 1961년 이후 NASA의 천문학 부서와 태양물리학 팀의 부서장이 되었으며, 이후 여성으로서 NASA 최초로 천문학 책임자가 되었다. 그는 세 기의 태양관측위성을 발사하고, 소형 천문위성들을 띄웠으며, 스페이스랩, 제미니 프로젝트, 아폴로 프로젝트, 스카이랩 등의 사업에도 참여했다. 무엇보다도 그는 초기부터 우주 망원경의 필요성을 주장했고, 허블 망원경의 계획을 주도해 '허블 망원경의 어머니'로 불린다.

"어떻게 하면 당신처럼 될 수 있을까요? 어떻게 하면 위대한 프로그래머가 될 수 있지요?"

마치 예전에 마거릿이 플로렌스 롱을 보며 물었던 것처럼, 마거릿 해밀턴을 동경하는 청소년들이 마거릿에게 물었다. 마거릿은 대답했다.

"수학이나 프로그래밍 언어, 공학 지식도 중요하지만, 음악·예술·철학·언어·논리학 등을 배우는 것도 중요하다고 생각해요. 사물에 대한 더 넓은 관점을 갖게 하고, 문제 해결 능력을 키우는 데 도움이 될 거예요. 그리고 실수를 저지르는 것을 두려워하지 마세요. 감히 말하건대, 어떤 일에 실패하더라도 그것을 인정하고 다시 일어나는 사람이 큰 성취를 이룰 수 있는 법입니다."

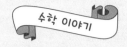
소프트웨어 공학

소프트웨어 공학software engineering의 역사는 1960년대에 시작되었다. 이는 한정된 시간과 예산, 인력 그리고 무엇보다도 컴퓨터 하드웨어의 성능 안에서 소프트웨어의 품질을 극대화하고, 소프트웨어를 개발하는 과정을 공학적인 공정과 같이 관리할 방법이 필요했기 때문이었다. 여기서 소프트웨어의 품질이란 소프트웨어의 안정성, 속도, 사용성, 테스트 가능성, 가독성, 크기, 비용과 유지보수 가능성 그리고 결함과 버그의 숫자 등 다양한 분야를 포함한다.

소프트웨어 공학이라는 말을 만들어낸 사람이 누구인지에 대해서는 몇 가지 설이 있다. 하지만 이를 소프트웨어 개발을 위한 방법론이라는 의미로 사용하고, 실제로 개발에 도입한 사람이 마거릿 해밀턴이라는 데는 대체로 이견이 없다. 이후 NATO 과학위원회가 1968년 독일 가르미슈에서 열린 소프트웨어 공학 학회를 후원하며, 소프트웨어 공학이 기술 연구의 한 분야로 공식 편입되었다.

소프트웨어 공학은 1960년대 중반에서 1980년대까지 개발자들이 이른바 '소프트웨어 위기'라 불리는 문제에 직면하며 더욱 발전했다. 소프트웨어 위기란 컴퓨터 성능의 급속한 증가와 변화 그리고 해결해야 하는 문제의 복잡성으로 인해 제시간 안에 유용하고 효율적인 프로그램을 만들어내기 어려워진 것을 말한다. 이 문제를 해결하기 위해 절차적 프로그래밍이나 객체지향 프로그래밍과 같은 다양한 프로세스와 방법론이 만들어졌다. 이후 인터넷의 발달로 시스템이 웹 기반으로 바뀌며 많은 시스템이 재설계되었으며, 다양한 소규모 조직에서 소프트웨어에 대한 수요가 증가하며, 더 저렴하고 간단한 소프트웨어에 대한 요구가 늘어나 경량 방법론이 만들어졌다. 또한 개발자의 노동 문제에 대해서도 고려하는 등 소프트웨어 공학은 시대와 환경의 변화에 맞춰 지금 이 순간에도 계속 새로운 방향으로 발전하고 있다.

캐런 울런벡
Karen Uhlenbeck

(1942~)

기하학적인 해석학을
창시한 페미니스트

"유감이지만 우리는 당신을 채용할 수 없습니다, 울런벡 부인."

캐런은 가슴 속에서 뜨거운 것이 울컥거리는 느낌을 받았다.

"MIT와 버클리에서 강의하셨군요. 박사 논문도 인상적이고요. 하지만 부인……."

"난 지금 오르케 울런벡의 '부인'이 아니라 박사 학위를 가진 임용 후보로 이 자리에 있어요."

"그렇군요. 실례했습니다."

뭐가 '그렇군요, 실례했습니다'라는 거야. 캐런은 화가 나는 것을 꾹 참으며 면접에 임하는 사람다운 미소를 지었지만, 뭐라 말할 수 없는 굴욕감에 속이 뒤집히는 것 같았다.

"일단, 우리 학교는 공정함을 위한 족벌주의를 배제하고 있습니다. 교원의 가족은 채용하지 않는다는 입장이지요. 오르케 울런벡 교수를 우리 학교에 초빙한 상황에서 부인까지 채용하는 것은 곤란합니다."

"……아, 그러시군요."

그건 사실이 아니었다. 캐런은 이 학교 규정 중에 '교원의 가족을 채용하지 않는' 네포티즘(족벌주의) 관련 규정이 공식적으로 존재하지 않는다는 것을 알고 있었다. 사실 이 정도만 해도 변명치고는 예의 바른

편이었다. 얼마 전 면접을 본 다른 학교에서는 아예 '규정상 여성을 임용할 수 없다'고 말했을 정도니까.

이유는 여러 가지가 있었다. 일단 1969년 새로 대통령이 된 닉슨이 베트남에서 미군을 대규모로 철군시켰다. 전쟁은 끝나가고 있었다. 남자들이 돌아오자 그들을 위한 일자리가 필요해졌다. 마치 제2차 세계대전 중에는 여성들에게 "전기 믹서를 사용할 수 있다면 천공기도 사용할 수 있다"며 전업주부들의 공장 취업 캠페인을 벌이고는 전쟁이 끝나자마자 이들 대다수를 집으로 돌려보냈던 것과 같이.

"결혼한 지 얼마 안 되셨죠? 아이는 언제 낳으실 건가요?"

"그런 질문에 대답해야 하나요?"

"박사 학위를 마치는 동안 남편분이 기다리셨을 게 아닙니까. 여자는 아이를 낳아야죠."

문득 캐런은 닉슨 대통령이 취임할 무렵의 일을 떠올렸다. 1969년 1월, 닉슨 대통령 취임을 반대하는 집회에서 한 여성 활동가가 여성 차별을 주제로 연설을 하기 시작했다. 그러자 똑같이 취임 반대 시위에 참여했던 남성들이 입에 담지 못할 욕설과 막말을 쏟아내며 활동가를 공격했다. 똑같이 닉슨에 반대해서 이 자리에 나와 있었지만, 여성은 여전히 주변부였고, 남성의 심기를 거슬리게 하는 말을 하면 안 되며, 차별을 받는 존재라는 것을 이보다 더 명징하게 보여줄 수 있을까. 캐런은 억지로 웃음 짓는 것을 멈추고 그들을 바라보았다.

"아, 물론 비정규 시간강사로 일하시는 거라면 고려해볼 수 있지요. 부인의 경력이나 실력이라면 잘 해내실 수 있을 겁니다."

역겨울 정도로 친절해 보이는 미소를 지으면서 그들은 '네 경력은 마음에 들지만, 헐값에 쓰고 싶다'는 이야기를 전했다. 남편인 오르케 울런벡에게 관심을 보인 MIT와 스탠포드 그리고 프린스턴 대학은 모두 캐런에게는 냉담했다.

"당신을 받아주지 않는다면 나도 다른 곳을 알아보겠어."

면접을 마치고 돌아온 캐런에게 오르케는 말했다. 얼마 뒤 두 사람은 일리노이 주립대학의 어배너 섐페인 캠퍼스에 나란히 임용되었다. 훗날 캐런은 오르케와 헤어졌지만, 그때 오르케가 좋은 제안을 받았으면서도 캐런을 위해 다른 기회를 함께 찾았던 것을 고맙게 생각했다.

한편 시간이 지나고 수학자로서 명성을 떨치게 된 뒤, 캐런은 자신을 받아주지 않은 대학들에 정말로 자신이 확인하지 못한 네포티즘 배제 규정이 있었는지 혹은 여성 교수 임용을 금지하는 규정이 있었는지 물어보았다. 하지만 이들 학교는 캐런 울런벡에게 그런 말을 했던 것을 까맣게 잊고 있었고, 실제로 그런 규정들은 전혀 없었다.

· · ·

캐런 케스쿨라 울런벡은 엔지니어인 아널드 케스쿨라와 미술 교사이자 화가였던 캐럴린 윈더러 케스쿨라의 맏딸로 태어났다. 케스쿨라 가족은 뉴저지의 시골에 살아서 달리 무료함을 달랠 방법이 없기도 했지만, 기본적으로 책을 열광적으로 좋아해 집에 있는 책들은 물론 집 근처 도서관에 있는 책들까지 여러 번씩 읽는 사람들이었다. 특히 캐런은 과학책을 좋아했는데, 열두 살 무렵에는 조지 가모프가 쓴 《1, 2, 3 그리고 무한》이라는 책을 읽다가 무한대가 공간과 수, 두 종류로 나뉜다는 사실을 이해하고 흥분했다. 탐욕스러울 정도로 책을 읽어대던 캐런은 마침내 집 근처의 도서관에서 과학 분야에 꽂힌 모든 책을 읽어버리고 나자 읽을거리가 떨어져서 한동안 좌절하기도 했다.

아널드와 캐럴린 모두 가족 중에서 처음으로 대학에 간 사람들이었고, 그래서 자신들의 아이들도 공부를 하고 장차 대학에 진학할 것이라고 자연스럽게 생각했다. 맏딸 캐런이 고등학교를 졸업할 시기가 되었을 때, 아널드와 캐럴린은 대학 진학 문제에 대해 의논했다.

"우리 집에는 아이가 넷이잖니. 너무 멀면 비용이 부담이구나."

"뉴저지엔 주립대학이 없으니…… 더글러스 대학교는 어떨까요."

"아뇨, 더글러스 대학교는 여자대학이잖아요. 나는 캐런이 남녀공학에 갔으면 좋겠어요."

결국 캐런은 미시간 대학교와 아버지의 모교인 MIT 그리고 코넬 대학교에 지원했다. 하지만 부모님이 학비 문제를 걱정하시는 것이 마음에 걸렸다. 결국 캐런은 세 학교 중 가장 학비가 저렴한 미시간 대학교를 선택했다. 이곳은 연구 중심의 공립대학으로, 튜링상과 필즈상 수상자를 배출한 학교였다. 캐런은 우수한 성적으로 입학해 신입생이면서도 심화 과정을 이수할 수 있었다.

"미시간 대학교엔 심화 과정을 듣는 여학생이 많아. 이유가 뭘까?"

"보통은 여자아이는 아무리 똑똑해도 학비가 비싼 사립대학에 보내지 않으니까. 솔직히 말해서 우리만큼 똑똑한 '아들'이었으면 어떻게든 아이비리그에 보내고 싶어했을걸? 딸이 대학에서 심화 과정에 들어갔고 장학금을 받는다고 기뻐하는 게 아니라."

정말 그랬을지도 모른다. 캐런은 아버지인 아널드가 자신의 남동생을 억지로 공과대학에 보내려 한다는 것을 알고 있었다. 남동생은 과학에는 흥미가 없고 예술을 사랑했지만, 아버지는 하나뿐인 아들이 명문 대학교를 졸업해 자신과 마찬가지로 엔지니어가 되기를 바랐다.

한편 캐런은 고등학교 때 수업 시간이 맞지 않아 수학 심화 과정을 이수하지 못했다. 다만 이웃집 남자아이가 빌려준 미적분학 책을 혼자 보기도 하고, 심화반 선생님께 이에 대해 질문하면서 미적분의 기초를 쌓은 것이 고작이었다. 그랬던 캐런은 미시간 대학교 물리학과에 진학한 뒤에야 자신이 정말 좋아하는 것이 물리학이 아니라 수학임을 깨달았다.

"여기 와서야 수학에 대해 제대로 배우게 된 것 같아. 나는 극한값과 미분 그리고 위상수학 시간에 배운 하이네-보렐 정리Heine-Borel theorem에서 수학이 만들어내는 우아하고 아름다운 구조에 푹 빠지고 말았어."

미시간 대학교의 심화 과정 덕분에 캐런은 전공을 바꿨다. 자신이 원하는 과목들을 듣고, 해외 프로그램으로 뮌헨에서 독일어로 수학을 배우기도 했다. 여전히 '여자는 수학을 잘할 수 없다'는 편견이 가득한 시절이었지만, 학교에서는 수학을 공부하는 여학생들을 격려하고 지원했다. 하지만 학교 밖 세상은 달랐다. 캐런은 IBM과 벨 연구소에 인턴십을 신청했지만, 한 번도 자리를 얻지 못했다. 캐런은 자신이 수학을 계속하고 싶다면 대학원에 진학해 공부를 해야 한다고 생각했다.

당시 미시간 대학교에는 여성 수학 교수는 없었지만, 몇몇 여학생들은 캐런과 마찬가지로 심화 프로그램을 이수하고, 수학 박사 과정에 있었다. 캐런은 대학원에 진학하기로 결심했다. 이 무렵 남자친구인 오르케 울런벡이 뉴욕 대학으로 편입했고, 캐런 또한 뉴욕 대학의 쿠란트 수학 연구소CIMS에서 대학원 과정을 시작했다.

오르케는 네덜란드계의 지식인 가정에서 자랐다. 특히 오르케의 아버지인 헤오르헤 외헤네 울런벡*은 네덜란드 출신의 이론물리학자로, 1925년 구드스미트와 함께 전자의 자전, 즉 스핀spin 개념을 발견한 사람이었다. 이들은 나이가 들어도 시를 읽고, 프랑스어를 배우는 등 지금까지의 캐런과는 다른 삶의 방식을 갖고 있었다.

"배움을 소중히 여기렴, 캐런."

캐런 역시 책을 읽고 공부를 열심히 하는 것을 격려하는 환경에서 자라났지만, 현실적인 이유를 넘어서 지식과 배움 자체를 소중히 하라는 울런벡 집안의 분위기는 캐런에게도 자극이 되었다. 캐런은 학업을 계속하는 한편, 오르케와 결혼하고 성을 울런벡으로 바꾸었다.

뉴욕 대학에서의 생활은 오르케가 하버드 대학으로 옮기며 중단되었지만, 캐런은 이곳에서 중요한 두 사람을 만나게 된다. 한 사람은 수학자인 캐슬린 싱 모라웨츠였다. 그는 유체역학, 특히 압축성 유체fluid mechanics와 천음속 흐름과 관련된 미분방정식을 연구하는 응용수학자로, 미국 과학 아카데미의 회원이자 아카데미 수학 분과에 가입한 최초의 여성 수학자였다. 캐런은 응용수학 자체보다는 여성 수학자로서

---

* 한국 최초의 이론물리학자 조순탁의 스승이다.

의 그녀의 삶에 큰 감명을 받았으며, 여성이 연구와 가정을 양립하며 모든 것에 완벽할 필요는 없다는 사실을 깨달았다.

또 한 사람은 같은 대학원생인 조앤 S. 버먼이었다. 조앤은 당시 캐런보다 나이가 훨씬 많았고, 이미 세 자녀가 있었지만 열정적으로 공부했고, 결국 박사 학위를 받았다.

오르게가 하버드로 가며, 캐런은 브랜다이스 대학원에 편입해 학업을 이어갔다. 그는 이곳에서 리처드 팔레 박사의 지도하에 변분법 compressible fluids 과 대역해석학에 대한 추상적이고 깊이 있는 공부를 해 나갔고, 박사 학위를 받았다. 변분법은 해석학의 가장 중요한 분야 중 하나로, 함수들의 집합을 정의역으로 갖는 범함수functional 를 연구하는 학문이다. 이 분야는 18세기부터 미분방정식을 연구하는 데 사용되어 왔지만, 20세기 초까지만 해도 1차원인 경우와 선형 방정식에 대해서만 이론이 정립되어 있었다. 하지만 현대 수학 분야에서 변분법은 고차원적인 비선형antilinear 방정식과 추상적인 공간에서의 문제들을 해

§ **조앤 S. 버먼**(Joan S. Birman, 1927~)

미국의 위상수학자로, 브레이드 이론과 매듭 이론을 연구했다. 1948년 버나드 대학교에서 수학 학사를, 1950년 콜롬비아 대학교에서 물리학 석사를 받은 뒤 한동안 연구소에서 일하다가 1968년 뉴욕 대학교 부설 쿠란트 수학 연구소에서 박사 학위를 받았다. 버나드 대학교와 고등 연구소에서 연구와 강의를 계속했고, 학술 목적의 비영리 출판사의 공동 설립자였으며, 《하와 위상》과 《대수와 위상기하학》 저널을 창간했다. 한편 뉴욕 과학 아카데미의 인권 위원회 회원이기도 했다. 1990년 그는 식물생리학자였던 여동생 루스 리틀 새터를 기리기 위해 미국 수학협회에 기금을 기부해 새터상을 만들었으며, 2017년에는 미국 수학 학회에 중년 여성 수학자를 위한 버먼 펠로우십 기금을 기부하기도 했다.

결했다. 특히 어떤 함수가 곡선, 곡면, 상태 등을 나타낼 때 그 범함수를 그들의 길이, 넓이, 에너지 등으로 정의해, 그 정류값$_{\text{stationary value}}$[*]인 최단 거리, 최소 곡면, 평형 상태 등을 연구하고, 이를 통해 미분기하학의 난제들을 해결하는 데에도 사용되었다. 캐런은 바로 이런 변분법에 대해 더욱 깊이 있게 연구하며 교수 자리를 노렸으나 그 과정은 쉽지 않았다. 당시는 베트남 전쟁이 끝나가며 전쟁터로 돌아갔던 남성들이 돌아오고, 68혁명으로 여성의 권리와 사회 진출에 대한 주장들이 펼쳐지던 시기였다. 여성들에게 권리를 빼앗겼다고 생각하는 남성들의 반박과 저항도 있었다. 캐런은 이 시기, 남편이 박사 학위를 마치는 동안

§ 캐슬린 싱 모라웨츠(Cathleen Synge Morawetz, 1923~2017)

수학자이자 이론물리학자인 존 싱과, 더블린 트리니티 칼리지에서 수학과 역사를 공부했지만 집안 사정으로 졸업하지 못한 엘리자베스 사이에서 태어났다. 근거리 주사 광학현미경을 발명한 에드워드 싱은 캐슬린의 큰아버지다. 캐슬린의 수학과 과학에 대한 관심은 가족들의 지지와 응원을 받았고, 캐슬린은 가족의 친구이자 캐나다 최초의 여성 수학 박사인 세실리아 크레이저를 롤 모델로 삼아 수학에 몰두했다.

그는 점성, 압축성 유체, 천음속 흐름, 오일러-트리코미 방정식 등 응용수학의 다양한 분야를 연구했다. 1966년과 1978년 구겐하임 펠로우가 되었고, 1981년에는 미국 수학회 최초로 깁스Gibbs 강의를 맡아 발표했다. 1984년에는 쿠란트 연구소장이 되었는데, 이는 미국 최초의 여성 수학 연구소장이었다. 1983년과 1988년에는 뇌터 강사로 선출되었고, 1995년에는 미국 수학회 회장으로 선출되었다. 2004년에는 리로이 P. 스틸상을, 2006년에는 조지 데이비드 버코프상을 받았으며, 2012년에는 미국 수학회 펠로우가 되었다. 그는 미국국립과학아카데미의 응용수학 부문에 속한 최초의 여성 수학자였다.

한편 그는 화학자 허버트 모라웨츠와 결혼해 네 명의 자녀를 두었는데, 학자로서의 성공적인 경력과 함께 화목한 가정생활을 꾸려낸 여성 학자로도 알려져 있다.

~~~~~~~~~

[*]　범함수의 극대·극소값 등을 말한다.

MIT와 버클리에서 강사로 일하기도 했지만, 남성 수학자들에 비해 안정적인 일자리를 구하기가 몇 배는 더 어려웠다. 학교의 남성 교수들은 여성은 집에 가서 가정을 돌보고 아이를 낳아야 한다는 등 일하는 여성에 대한 온갖 편견을 늘어놓으며, 몇 안 되는 여성들을 독립된 개인이자 학자가 아니라 여성 집단의 대표인 것처럼 대했다. 당시 일자리를 가질 수 있었던 여성들은 그야말로 무엇 하나 부족하지 않은 '슈퍼 우먼'이 되어야만 했지만, 그럼에도 편견 어린 말들은 이들을 괴롭혔다.

"그냥 정직하게 '여자라서 교수로는 채용할 수 없다', '여자라서 싼값으로 부리고 싶다'고 말을 하지 그래."

캐런은 자신의 거취와 상관없이 연구를 계속했지만, 때로는 이런 현실에 대해 푸념했다. 몇 년에 걸쳐 여러 어려움을 겪은 끝에 캐런은 어배너 섐페인에 있는 일리노이 주립대학에서 교수가 되었다. 이곳에서 캐런은 조너선 색스와 함께 2차원 조화 사상harmonic mapping을 범함수적으로 접근하며 거품과 같은 특이점singularity들을 발견했다.

예를 들면 장력을 가진 어떤 막이 평평하게 잡아당겨졌을 때, 이 막은 표면적을 최소화하는 형태가 된다. 이때 엄지와 검지로 원을 그려서 한쪽에 대고, 반대쪽에서 바람을 불어 풍선처럼 부풀린다면, 손가락을 기준으로 부풀어 오른 쪽과 평평한 면을 나누어 생각할 수 있다. 손가락으로 만든 원을 점점 더 작게 만든다면, 결국 이 부풀어 오른 쪽과 평평한 면은 한 점에서 만난다. 이때 한 점으로 수렴한 부풀어 오른 쪽이 특이점, 평평한 면이 조화 사상이다. 균일하게 수렴하지 않고 특이값을 발현하는 정류값에 대한 이러한 발견은 미분기하학differential geometry의 여러 문제에 영향을 주었다.

하지만 이러한 업적과 별개로, 캐런은 어배너의 부유하고 느긋한 분위기가 불편했다. 오르케와의 갈등이 깊어지며 괴로움은 더해졌고, 결국 몇 년 뒤 이혼했다. 시카고 일리노이 대학으로 자리를 옮긴 무렵 캐런은 슬론 펠로우십을 받았다. 캐런은 강의를 줄이고, 다른 사람들에게 쫓기듯 살아온 자신의 인생을 다시 돌아볼 수 있었다. 자신의 뜻대로 인생을 살아갈 수 있게 되자 연구에 가속이 붙기 시작했다.

"미분방정식을 사용해 미분기하학을 연구할 수 있다면, 미분기하학을 이용해서 미분방정식을 분석할 수도 있지 않을까?"

유클리드 기하학이 생겨나고 2000여 년이 흐른 18세기, 작도와 도형, 공간의 성질을 연구하던 기하학에 새로운 연구 방법이 도입되었다. 도형을 좌표로 나타내는 방식이 도입되며, 직교좌표계에서 방정식으로 기하학의 문제를 표현하고 해결하는 해석기하학analytic geometry이 생겨났다. 여기에 미분방정식이 더해지며 미분기하학 분야가 생겼다. 해석학적 방법론으로 광범위한 기하학의 문제를 해결할 수 있는 것이다.

그렇다면 역으로 기하학이나 위상수학을 이용해 편미분 방정식 등을 해결할 수도 있지 않을까. 캐런은 시카고 대학으로 다시 자리를 옮기는 한편, 중국계 수학자인 야우 싱퉁丘成桐*과 함께 변분법과 기하학 그리고 미분방정식에 대해 토론하고, 마이클 아티야Michael Atiyah**

---

* 미분방정식, 대수기하학의 칼라비 가설, 일반상대론의 양수 질량 정리, 몽주–앙페르 방정식에 대한 공헌을 인정받아 1982년 필즈상, 1997년 미국 국가과학상, 2010년 울프상을 수상했다.

** 영국의 수학자로 1966년 필즈상, 2004년 아벨상을 수상했다.

교수의 영향을 받아 게이지 이론에 대해 연구했다. 게이지 이론이란 어떤 측정 기준이나 척도에 변환이 생겨도 내부의 성질이 변하지 않도록 게이지 대칭성을 유지하며 변환시켜 고차원 문제를 이해하기 쉬운 저차원의 문제로 해석하는 학문이다. 물리학에서는 전기장과 자기장의 관계에 게이지 이론을 도입해 맥스웰 방정식Maxwell's equations 을 유도해낼 수 있음이 밝혀지며 연구가 계속되고 있었다.

"만약 양-밀스 방정식Yang – Mills equations 이 타원 방정식이라면, 타원 이론elliptic theory 을 적용해서 해결할 수 있을지도 몰라."

캐런은 미분방정식에서 가장 연구가 발전되어 있는 타원방정식과 거품화된 특이점에 대한 변분법적 연구를 연결 지었다. 결국 캐런은 국소 쿨롱 게이지에서 양-밀스 방정식 해결에 타원 이론을 적용할 수 있음을 보이고, 이와 같은 거품화된 특이점이 국소 쿨롱 게이지에서 타원형 방정식이 됨을 증명해, 이 문제 해결에 타원 이론을 적용할 수 있음을 보였다. 또한 양-밀스 방정식에서 4차원의 고립된 특이점isolated singularity 이 거품화될 수 없음을 보이는, 제거 가능한 특이점 removable singularity 에 대해서도 연구했다. 이와 같은 이론들은 4차원 게이지 이론 전반에 큰 영향을 끼쳤으며, 기하학적 해석학geometric analysis 이라는 새로운 분야를 열었다.

이러한 연구로 주목받으며, 캐런은 1988년 텍사스 대학교 오스틴 캠퍼스 수학과 석좌교수가 되었다. 1990년에는 교토에서 열린 세계 수학자대회ICM 에서 여성으로는 두 번째로 기조연설을 했다. 1932년 에미 뇌터가 기조연설을 한 이래 58년 만의 일이었다. 그뿐만 아니라

2000년에는 국가 과학 훈장, 2007년에는 리로이 P. 스틸상을 수상했다.

한편 캐런은 더 넓은 분야의 수학자들이 교류하고 서로에게 영향을 주며 협력할 기회가 필요하다고 생각했다.

"난 어렸을 때 동생들을 돌보느라 꽤 힘들었어. 그래서 수학은 혼자서 공부할 수 있다는 점이 제일 좋았지. 하지만 지금은 다른 학자들과 교류하는 게 내 연구에 얼마나 중요한지 잘 알아. 이제는 다른 사람들과 협력해서 일을 한다는 게 무척 마음에 들어."

캐런은 허버트 클레멘스, 댄 프리드와 함께 파크시티 수학 연구소를 공동 설립했다. 이들은 연구소가 계속 유지될 수 있도록 프린스턴 고등연구소와 제휴하고, 저명한 연구자와 교수, 교사와 학생이 상호작용하고 서로를 이해하며 교육과 연구 발전에 기여할 터전을 만들었다.

한편 캐런은 여성 수학자들의 문제에도 관심을 기울였다. 1971년, 여성수학협회가 설립되며 수학계 내에서의 성차별 문제들이 조금씩 공론화되었지만, 1990년대 초반까지도 여성들은 수학계에서 여전히 비주류였다. 결혼이나 육아 등의 문제로 학업을 중단하는 이들이 많아 여성 수학자의 수도 잘 늘어나지 않았다.

캐런 울런벡은 다른 여성 수학자들과 함께 파크시티 수학 연구소에서 평등에 대한 연구협의회를 열었다. 수학 멘토링 프로그램을 운영해 여성 수학자가 학계 내의 불평등이나 육아를 병행해야 하는 등 여러 고난 속에서도 수학 연구를 계속해 경력을 쌓아갈 수 있도록 돕기도 했다. 영국의 물리학자이자 방송인인 짐 알 칼릴리는 캐런을 두고 젊은 여성 수학자들의 롤모델이라고 언급하기도 했다.

한편 캐런 울런벡은 여성에 대한 차별에만 관심을 기울인 것이 아니었다. 그는 여성수학협회의 '다양성 및 포용 성명'을 통해 수학에 관심이 있는 모든 사람이 평등하게 대우받을 수 있어야 하고, 특히 소외 계층 집단의 참여를 늘리기 위해 국립과학재단의 참여 확대를 지지했다.

2019년, 캐런 울런벡은 기하학적 편미분방정식, 게이지 이론, 변분법 등을 발전시켜 해석, 기하, 수리물리에 업적을 남긴 공로를 인정받아 아벨상을 수상했다. 아벨상은 40세 미만의 수학자에게 수여하는 필즈상과 달리, 연령 제한 없이 수학자가 일생 동안 쌓아온 업적을 바탕으로 수여하는 명예로운 상으로, 젊은 나이에 세상을 떠난 닐스 헨리크 아벨을 기념해 노르웨이 왕실에서 2003년 제정했다. 특히 우리에게는 영화 〈뷰티풀 마인드〉로도 알려진 수학자이자 노벨 경제학상 수상자인 존 내시도 이 상을 받은 것으로 유명하다.

평생 수학에 헌신하는 한편, 여성 수학자들, 나아가 소수자들의 차별 문제 전반에 관심을 기울여온 캐런은 아벨상 상금을 EDGE 협회에 기부하고, 캐런 EDGE 펠로우십 프로그램을 만들었다. 이 펠로우십은 여성이나 유색인종, 성 소수자 등 수학 분야에서 잘 드러나지 않는 소수 그룹에 속하는 수학자를 지원하기 위해 만들어졌다. 캐런 울런벡은 아벨상 수상 소감에서 이렇게 말했다.

"이번 수상이 새로운 세대의 여성들이 수학의 길로 가는 데 용기를 북돋우길 바랍니다."

잉그리드 도브시

Ingrid Daubechies

(1954~)

수학으로 가짜 미술품을 가려낼 수 있다?

2008년, 미국의 PBS 방송국에서 제작·방영하는 교양·과학 다큐멘터리 시리즈 〈노바NOVA〉에서는 흥미로운 기획을 내놓았다. 바로 '컴퓨터를 사용해서 미술 작품의 위작을 가려낼 수 있을까' 하는 문제였다.

〈노바〉는 오랜 전통을 자랑하며, 여러 다큐멘터리상을 휩쓸어왔고, 지금도 계속 제작되며 현대인들이 관심을 가질 만한 주제를 전문적으로 풀어내는 시리즈이다. 세계적인 석학들을 심층 취재하며 새로운 이론을 정립할 만큼 권위 있는 프로그램이었다. 〈노바〉 팀은 암스테르담의 반 고흐 미술관과 협력해 컴퓨터의 이미지 처리를 이용해 미술품을 분석하고 위작을 찾아내는 방법을 취재했다. 이 기획에는 프린스턴의 잉그리드 도브시 교수, 펜실베이니아 주립대학의 지아 리 교수 그리고 2004년 반 고흐의 위작을 가려내는 프로그램을 개발했던 네덜란드의 마스트리히트 대학의 에릭 포스트마 교수와 연구진들이 참여했다. 이 취재를 위해 반 고흐 미술관이 소장하고 있는 고흐의 작품들과 유명 화가이자 미술 복원 전문가인 샬로테 캐스퍼스가 그린 진짜와 같은 수준의 모조품이 준비되었다.

위작을 만드는 것과 미술품을 감정하는 것 그리고 미술품을 복원하는 것은 결국 하나로 이어져 있다. 감정에도 복원에도, 심지어 위조에도 작가의 작품 기법의 변화와 당대에 사용된 재료의 특성 그리고 물감에 덮여 보이지 않지만 엑스레이나 적외선으로 확인할 수 있는 밑그림이나 밑칠의 흔적들까지, 작품에 대한 꼼꼼한 분석이 필요하다. 과거에는 전문가가 육안으로 붓질을 관찰하던 것을 대신해 이제는 컴퓨터가 표면의 붓질을 분석해 패턴을 분석하고 작가의 스타일을 확인한다. 이때 FBI(미연방수사국)가 1993년 무렵, 수억 개의 지문 데이터베이스를 구축할 때 사용된 방식이 응용된다. 저장된 이미지를 전체 윤곽에 대한 정보와 상세 정보로 나누어, 우선 큰 윤곽을 비교해 비교 대상의 숫자를 줄여버리고 세부 내용을 비교하는 방식이다.

이미 반 고흐의 위작을 컴퓨터로 가려낸 바 있는 에릭 포스트마는 전체 그림을 스캔해 각 영역을 쪼개고, 그 영역에서의 색 대비를 숫자로 환산해 할당했다. 이와 같은 대비 패턴을 통해 반 고흐의 스타일을 찾아내고, 붓질의 흔적을 디지털 방식으로 분석해 고의로 원작을 흉내내기 위해 여러 번 덧칠한 작품을 위작으로 가려냈다. 지아 리 역시 통계 모델링을 통해 접근했다. 그리고 잉그리드 도브시는 여기서 한 단계 더 나아가, '웨이블릿wavelet'이라는 수학 이론으로 붓질 속에 남아 있는 움직임의 형태에서 '주저함'을 찾아내기까지 했다.

"원작자는 자기 생각을 표현하는 데 집중합니다. 하지만 그걸 모방하는 사람은 원작과 똑같이 표현해야 한다는 강박관념 때문에 주저하게 되죠. 우리는 붓의 움직임을 수학적으로 정량화한 뒤, 웨이블릿, 즉 잔물결 이론을 이용해 이와 같은 '주저함'의 데이터를 찾아낼 수 있습니다."

잉그리드 도브시는 최고의 선문가가 그려낸 모작을 구별해냈다. 그뿐만 아니라 박물관이 소장하고 있는 작품들 사이 화풍의 유사성을 측정해 화풍을 시기적으로 분류하고, 반 고흐 미술관이 1970년대에 속아서 구입한 19세기의 위작도 찾아내는 데 성공했다. 특히 이 작품의 경우, 진품 쪽은 햇볕에 주홍색 물감이 바랬지만, 위작 쪽은 그런 문제가 없었기 때문에 여러 해 동안 세계 최고의 반 고흐 전문가들조차도 진품으로 생각했던 정교한 가짜였다.

2016년, 잉그리드 도브시는 14세기 이탈리아 화가 프란체스쿠초의 〈세인트 존〉을 복원하는 데 참여했다. 〈세인트 존〉은 아홉 개의 화판으로 이뤄진 그림인데, 그중 여덟 개는 19세기에 각각 다른 수집가들에게 팔려나가고, 나머지 하나는 사라졌다. 복원팀은 다른 여덟 개의 그림을 분석해 사라진 한 점을 새로 그려나갔다. 이 과정에서 잉그리드 도브시는 그림의 엑스선 분석 과정에서 보이는 화판의 나뭇결과 물감의 미세한 결을 기계학습 알고리즘을 통해 구분하는 등 웨이블릿을 활용해 사라진 그림을 복원하기 위한 기초 자료들을 수학적으로 분석해냈다. 수학으로 미술품을 감정하거나 복원하고, 가짜 미술품을 가려낼 수 있게 된 것이다.

· · ·

잉그리드 도브시는 1954년 벨기에의 림뷔르흐주州에서 태어났다. 잉그리드의 아버지인 마르셀은 광산 엔지니어였고, 어머니인 시몬느는 잉그리드가 태어났을 당시에는 주부였지만, 공부를 포기하지 않았다. 두 아이가 조금 자란 뒤, 시몬느는 다시 대학으로 돌아가 공부를 계속했고, 청소년 보호를 위한 범죄학자가 되었다.

"잠이 오지 않아요, 엄마."

밤늦게까지 공부하는 어머니를 보고, 어린 잉그리드는 침실 밖으로 고개를 내밀었다. 시몬느는 잉그리드의 머리를 쓰다듬으며 말했다.

"가서, 양 한 마리, 양 두 마리, 하고 양을 세어보렴."

잉그리드는 다시 침대에 누워 양을 세기 시작했다. 하지만 1, 2, 3……과 같이 1씩 커지는 등차수열은 어린 잉그리드에게는 아무래도 재미가 없었다. 잉그리드는 이번에는 2씩 커지는 등차수열, 즉 2, 4, 6, 8……과 같이 양을 세기 시작했다.

"역시 이것도 재미없어."

곧 잉그리드는 2, 4, 8, 16……으로 매번 두 배씩 양이 늘어나는 등비수열로 양을 세기 시작했다. 한참 뒤, 그날의 공부를 끝내고 자리 들어가려던 시몬느는 잉그리드가 그때까지 잠을 자지 않고 계속 다른 방식으로 양을 세는 것을 보고 깜짝 놀랐다.

"잉그리드는 확실히 수학에 관심이 많아요. 지난번에도 종이를 이리저리 말거나 접으면서 원뿔이나 사면체에 대해 이야기하더라고요. 아직 학교도 들어가기 전인데."

마르셀도 그 이야기를 듣고 고개를 끄덕였다.

"뭔가를 만들거나 기계의 작동 방식을 들여다보는 걸 좋아하고, 숫자에 대해서 민감하기도 해요. 지난번에는 각 자리의 수를 모두 더한

값이 9로 나누어지면 그 수는 9로 나누어떨어진다는 걸 알더군요."

"커서 수학 선생님이나 엔지니어가 되려는 걸까요."

물론 잉그리드는 제 또래의 아이들처럼 인형 놀이를 하는 것도 좋아했다. 다만 잉그리드가 인형을 가지고 놀 때 제일 좋아했던 것은 인형 옷을 만드는 일이었다.

"옷감은 평평하니까 인형의 몸에 그대로 옷감을 감으면 여기저기 남잖아. 그런데 이걸 잘라서 꿰매면 인형 몸에 맞는 옷이 만들어지는 게 정말 신기해."

잉그리드는 평평한 천 조각을 모아서 곡면으로 이루어진 입체를 만들 수 있다는 것이 재미있어서 여러 방식으로 인형에게 맞는 옷 패턴을 만들기도 했다. 한편 잉그리드의 부모인 마르셀과 시몬느는 잉그리드가 수학과 과학에 관심이 많은 것을 알고, 학교에 간 잉그리드가 호기심을 잃지 않고 공부할 수 있도록 격려했다. 잉그리드는 초등학교에 들어가 석 달 만에 월반을 했고, 하셀트에 있는 고등학교를 졸업한 뒤 브뤼셀 브리예 대학교에서 물리학 학부 과정을 마쳤다.

잉그리드는 학사 학위를 받았을 무렵부터 브뤼셀 자유 대학의 이론물리학과 연구 조교가 되었다. 당시 프랑스의 마르세유에는 프랑스 국립과학연구센터의 이론물리학센터가 있었는데, 이곳의 연구 책임자는 물리학자인 알렉스 그로스만이었다. 잉그리드는 브뤼셀 자유 대학과 프랑스 국립과학연구센터를 오가며, 알렉스 그로스만과 장 레이너의 지도를 받아 박사 논문의 기초가 될 힐베르트 공간에서의 양자역학을 연구하는 한편, 여러 편의 논문을 쓰기도 했다. 그리고 1980년, 잉그리드는 브뤼셀 자유 대학에서 박사 학위를 받았다.

벨기에에는 서른 살이 되기 전, 즉 29세까지의 연구 업적을 기준으로 수여하는 권위 있는 루이 엠팡 물리학상이 있다. 1984년, 잉그리드는 그동안의 연구 업적을 인정받아 5년에 한 번 수여되는 이 상을 받았으며, 1985년에는 브뤼셀 자유 대학 물리학과의 교수가 되었다. 잉그리드가 컴퓨터 공학에 관심이 많은 수학 박사, 로버트 캘더뱅크와 만난 것도 이 무렵의 일이었다.

"그로스만 교수님이 장 모레 교수님과 함께 웨이블릿에 대한 새 논문을 발표하셨어. 이 분야에 대해 좀 더 깊이 연구하고 싶은데."

웨이블릿이란 심장 박동이나 목소리의 음파처럼 증가와 감소를 반복하는 진동의 파동을 말한다. 이 말은 원래 지구과학이나 물리학에서 지진파를 연구할 때 또는 통신 분야의 디지털 신호 처리에서 사용되던 말이었다. 1980년 무렵, 장 모레는 지진파를 비롯한 지구의 여러 파동을 푸리에 변환이 아닌 웨이블릿을 이용해 분석하는 아이디어를 냈고, 이를 그로스만과 함께 연구했다. 잉그리드는 이와 같은 웨이블릿의 수학적 분석에 관심을 갖고 더 깊이 연구했고, 그로스만과 이브 메이어와 공동 연구를 하기도 했다.

"당신은 물리학자지만 마치 수학자처럼 연구하는군요."

"원래 수학과 물리학은 서로 분리되지 않는 하나의 학문이었는걸요. 공부하다 보면 서로 닿는 것이 당연해요."

"그런 것 같네요. 많은 수학자가 물리학으로 관심 분야를 넓히는 것처럼 말이죠. 잉그리드, 요즘은 당신을 수학자로 알고 있는 사람들이 더 많은 것 같아요."

"그렇죠. 물리학자로서의 작업은 훨씬 더 이론적이고 순수수학에 가까운데, 제 웨이블릿 분석은 아무래도 공학 쪽에 걸쳐 있는 거라서. 물리학의 영역 밖이다 보니 사람들이 저를 응용수학자로 생각하게 되는 것 같아요."

"……벨 연구소로 오는 건 어때요? 수학과 컴퓨터 그리고 디지털 신호에 대한 연구까지. 당신의 관심사가 다 모여 있는 곳이에요."

그 무렵 벨 연구소에서 전산 수학을 연구하고 있던 로버트는 잉그리드의 관심사를 알고 벨 연구소로 올 것을 권했다. 1987년, 잉그리드는 웨이블릿에 대한 자신의 연구를 더 발전시키기 위해 미국 AT&T의 벨연구소에 있는 수학연구센터로 향했다. 같은 해, 잉그리드는 로버트 캘드뱅크와 결혼했다.

이후 미시간 대학과 럿거스 대학, 프린스턴 대학 등에서 교수로서 연구와 강의를 하며 잉그리드는 시간과 주파수에 대한 수학적 분석, 특히 웨이블릿과 그 응용에 대해 연구했다.

"신호 처리에 웨이블릿을 이용하면 잡음 속에 섞인 약한 신호들을 복원할 수 있어."

잉그리드는 웨이블릿을 이용해 디지털 신호를 처리하거나 대용량의 이미지에서 불필요한 데이터를 분리하고, 흐릿하지만 중요한 부분들은 명확하게 정리하며 효율적으로 압축하는 방법을 연구했다.

디지털 방식으로 사진을 찍었을 때, 원본 이미지는 압축되어 저장된다. 이때 압축률이 높을수록 화질은 떨어지기 마련인데, 이미지 압축에 웨이블릿을 사용하면 먼저 이미지를 분석해 전체 윤곽을 파악하고, 다시 세부 사항까지 복원할 수 있는 형태의 수학적 표현으로 변환한다. 이 과정에서 이미지는 50퍼센트 이상 압축해도 화질이 깨지지 않으며, 원본 이미지를 압축한 JPG 파일이 200킬로바이트라고 할 때, 웨이블릿을 사용한 WIF 파일은 같은 품질에 용량은 그 25퍼센트인 50킬로바이트밖에 되지 않는다. 이와 같은 압축 방식은 대용량의 이미지 데이터 처리에 적합하다. FBI는 종이 카드나 마이크로필름이 아닌 디지털 방식으로 지문 기록을 보관하기로 결정하며, 인코딩에 웨이블릿 방식을 사용하기로 결정했고, 그로 인해 지문 기록에 필요한 저장 공간을 약 90퍼센트나 줄일 수 있었다.

또 병원에서 사용하는 CT나 MRI의 경우, 사람의 몸을 연속적으로 스캔해 수집한 데이터를 2차원 혹은 3차원으로 조합하는데, 이때 웨이블릿 변환을 적용하면 질병과 상관없는 불필요한 데이터를 분리하고, 약한 신호들을 무시하지 않고 작은 병변도 명확하게 알아볼 수 있도록 정리해 더 빠르고 정확한 영상 판독이 가능하다. 그뿐만 아니라 환자도 스캔 과정에서 방사선에 노출되는 시간이 줄어들어 안전하게 검사를 받을 수 있다. 웨이블릿에 대한 잉그리드의 연구는 이와 같이 이미지 분석과 압축, 나아가 영상의학에 이르기까지 폭넓게 응용되었다.

이와 같은 연구를 인정받아 잉그리드는 여러 중요한 상을 수상했다. 1994년에는 《웨이블릿에 대한 열 번의 강의》로 미국 수학회에서 뛰어난 연구 작업과 저술에 주어지는 리로이 P. 스틸상을 받았다. 1997년에는 웨이블릿과 그 응용에 대한 연구로 새터상을 수상했다. 수학자 조앤 S. 버먼이 만든 이 상은 그의 동생이자 백혈병과 싸우면서도 식물의 일주 운동을 연구했던 식물학자 루스 리틀 새터의 업적을 기리기 위해 만들어졌다. 1998년에는 미국 국립과학아카데미의 50주년 상을, 2000년에는 아카데미 수학상(현 마리암 미르자하니 수학상)을 받았으며, 2006년에는 산업 및 응용수학에 대한 국제위원회에서 파이오니어상을 수상했다. 2011년에는 벤저민 프랭클린 메달과 IEEE의 잭 킬비 신호처리 메달을 받기도 했다. 그야말로 물리학과 응용수학 그리고 공학 분야를 종횡무진 누비며 활약한 것이다.

2011년부터 2014년까지 잉그리드 도브시는 국제수학연맹IMU의

의장을 맡았다. 국제수학연맹이 생긴 이래 첫 여성 의장이었다. 이 시기 국제수학연맹에는 수학 분야에서의 여성의 가시성을 높이고, 여성 수학자 네트워크를 만들기 위한 여성수학위원회 분과가 만들어져 2015년 3월 집행위원회의 승인을 받았다. 이 분과가 승인을 받기 전, 잉그리드 도브시는 여성수학위원회의 모체가 되는 웹사이트를 만들고, 여성 수학자들에 대한 소개를 모아 세계수학자대회가 열리기 전 먼저 공개하기도 했다.

2014년 서울에서 세계수학자대회가 열렸을 때, 잉그리드 도브시는 의장으로서 참석했다. 잉그리드 도브시는 수학은 가르치는 것이 아닌 환경이자 문화이며, 하나의 길을 주입하는 것이 아니라 개개인의 강점을 찾을 수 있는 교육이 중요하다고 강조했다. 또한 잉그리드는 수학 분야에서의 협력과 집단 지성의 중요성을 강조하며 이렇게 말했다.

"흔히 수학은 혼자서 하는 학문이라고 생각하지만, 사실은 협력과 교류를 통해 발전하는 학문입니다. 수백 년 전에도 수학자들은 서로 교류해왔고, 최근에는 인터넷이 발전해서 더욱 쉽게 의견을 나눌 수 있게 되었지요. 이를테면 수학자들의 공동 연구 프로젝트인 폴리매스 블로그를 보세요. 중국의 장이탕 교수는 수학의 난제 중 하나인 '쌍둥이 소수' 문제에 대한 증명 아이디어를 폴리매스에 올렸고, 이를 바탕으로 여러 수학자가 서로 의견을 나누며 문제 해결에 접근할 수 있었습니다. 폴리매스는 수학 문제는 혼자 푸는 것이 아니라 수많은 사람이 집단 지성을 통해 해법에 접근하는 것임을 보여줍니다. 다른 이들과 함께 일하고 해결책을 찾는 것이야말로 세상을 더 나은 곳으로 만드는 방법이기도 하죠. 세계수학자대회에서 개발도상국 수학자들에게 관심을 갖고 지원하거나, 누구나 수학 논문을 볼 수 있도록 사이트를 구축한 것도 함께 연구해야 더 발전하기 때문입니다."

한편 2014년 세계수학자대회에서는 마리암 미르자하니가 여성 최초로 필즈상을 수상했다. 여성 수학자의 가능성에 대해 묻는 사람들에게 잉그리드 도브시는 여성 수학사로서 이렇게 말했다.

"저는 고등학교까지 여학교를 다녔고, 여자가 수학을 못한다는 생각은 해본 적도 없었습니다. 하지만 대학에 가니 여학생이 거의 없었죠. 대학을 졸업하고 연구를 하겠다고 하니 주변 사람들이 말리더군요. 사람들은 여성이 수학을 잘하지 못한다고 생각하지만, 여성들은 원래 수학을 못하는 게 아닙니다. 그건 편견과 차별에서 비롯된 일이에요."

최영주

(1959~)

정수론의 새로운 방향을 열다

"수학과에 새로 오신 교수님 봤어?"

"어, 여자잖아. 왜."

"여자인 게 문제가 아냐. 임신을 했더라고."

복도를 걷고 있으면 어디선가 수군거리는 소리가 들리는 것 같았다. 1990년, 이곳 포항공대는 그야말로 남자들의 세계였다. 교수들은 물론 학생들도 대부분 남자였다. 학내 구성원 대부분이 남자인 곳에서 여성 교수들은 학생들에게 이름보다는 "그 여자 교수님"으로 기억되기 일쑤였다. 그런 데다 최영주는 포항공대에 막 부임했을 때 임신 4개월이었다. 포항공대 전 캠퍼스에서 임신해서 배가 나온 채 다니는 사람은 그 혼자뿐이었다.

"잘 해나갈 수 있을까."

얼마 전까지 최영주는 콜로라도 대학교에서, 그의 남편이자 물리학자 김승환은 코넬 대학교에서 강의를 하고 있었다. 이화여대 축제에서 처음 만나 대학을 졸업하자마자 결혼해 나란히 유학을 갔던 두 사람은 현재 서로 다른 지역의 대학에서 근무하며 떨어져 지내고 있었다.

포항공대 초대 총장을 지낸 김호길이 그들에게 연락한 것은 그 무렵의 일이었다.

"이제는 한국에도 연구 중심 대학이 하나쯤은 있어야지. 두 사람이 와준다면 천군만마를 얻은 기분일 거야."

그 말에 두 사람은 나란히 포항공대로 부임했다. 하지만 최영주가 포항에 도착했을 때, 그에게는 처음 이 제안을 수락했을 때는 없었던 변수가 생겨 있었다. 바로 임신을 한 것이었다.

"괜찮을 거야. 미국에서는 임신한 여성 교수들도 본 적이 있어. 출산하고도 학문을 계속하는 학자들도 많잖아. 나도 해낼 수 있을 거야."

하지만 이미 선례가 있는 일을 하는 것과 남자들뿐인 세계에서 처음으로 임신하고 출산하는 사람이 되는 것은 달랐다. 당시 한국의 근로기준법으로는 출산을 전후해 총 60일의 출산전후휴가를 쓸 수 있었지만, 현실에서는 제대로 지켜지지 않았다. 또 다른 문제도 있었다.

"근로기준법은 노동자에게 적용되는 거지, 교수가 무슨 노동자야."

당시 한국 사회에서는 '노동자'를 일을 하고 임금을 받는 모든 사람이 아니라 '가난하고 힘든 일을 하는 사람'이라고 생각했다. 다시 말해 공장이나 건설 현장 등에서 일하는 사람이 노동자이지, 종합병원의 의사나 대기업의 화이트칼라 사무직 혹은 교수나 교사, 공무원 등은 노동자가 아니라는 식이었다. 이런 분위기에서 최영주가 아이를 낳는다고 해도 제대로 출산휴가를 쓸 수 있을 리 없었다.

"그래, 교수가 학기 중에 두 달이나 강의를 쉴 수는 없지. 하지만 낳고 난 다음에는 어떻게 하지?"

당시 포항에는 유아원(어린이집)이 있는 것도, 미국처럼 베이비시터가 있는 것도 아니었기 때문에, 최영주는 앞으로 어떻게 연구와 강의를 계속해나가야 할지 막막하기만 했다. 그때였다.

"그 어려운 공부를 하고 돌아와서 여기서 주저앉으면 안 된다."

최영주의 시어머니는 그런 사정을 알고 포항으로 달려왔다. 처음에 두 사람이 스물네 살의 어린 나이에 결혼한다고 했을 때는, 아직 결혼 안 한 누나들이 있는데 먼저 결혼하겠다는 말에 놀라고 당황해 반대하셨던 시어머니였다. 하지만 포항에 온 시어머니는 곧 출산을 앞둔 최영주를 격려했다.

"너는 변하지 않는 것을 찾기 위해 공부를 하겠다고 했잖니. 내 아들과 똑같이 공부하고 돌아온 네가, 그저 여자이고 아이를 낳았다는 이유로 여기서 주저앉으면 내가 사부인을 뵐 낯이 없다. 아이는 내가 키울 테니, 너는 연구를 계속하거라."

최영주는 출산을 하고 며칠 지나지 않아 아이를 시어머니에게 맡기고 집을 나섰다. 법으로 보장된 출산휴가는 쓸 수 없었고, 몸도 아직 다 회복되지 않은 상황이었다. 하지만 다시 학교 복도를 걸어가는 최영주의 가슴에는 임신과 출산이라는 현실의 고민들 앞에서 잠시 잊고 있었던 꿈이 되살아나고 있었다.

그것은 변하지 않는 아름다움을 찾는 것이었다.

．． ． ． ．

최영주는 1959년, 서울에서 태어났다. 그의 아버지는 원래 평양 출신이었는데, 한국전쟁 당시 남쪽으로 피란해 왔다가 영영 고향으로 돌아가지 못한 채 서울에 정착했다. 사랑하는 가족들과 만나지 못하는 슬픔과 그리움을 간직한 채 그는 두 딸에게 다정하고 헌신적인 아버지가 되었다.

"열 아들이 있어봐라, 우리 집 두 딸만 한가."

아버지는 딸들만 있어도 든든하다며, 두 딸을 어디 가서 기죽지 않게 씩씩하고 당당한 성격으로 키웠다. 한편 현실에서 여성들이 겪는 차별을 절감하던 어머니는 딸들에게 여자도 경제력이 있어야만 자기 인생을 살아갈 수 있다고 늘 말해주었다. 이런 환경에서 최영주는 학교가 파하면 친구들과 뛰어놀고, 살고 있던 동네의 골목길을 넘어 삼청공원이며 경복궁, 명동까지 겁 없이 돌아다녔다. 머리가 좋아 시험 직전에 조금만 공부해도 좋은 성적을 받았기에 매사에 자신감도 있었다. 국민학교 6학년 때는 전교 학생회장에 당선되기도 했다.

하지만 선거가 끝나고, 담임 선생님은 최영주를 불러 말했다.

"남학생에게 전교 회장 자리를 양보하는 게 낫지 않을까?"

지금으로서는 있을 수 없는 일이었지만, 당시 한국은 여자가 학급에서 반장이라도 되면 남학생에게 양보하라고 권하는 일이 드물지 않은 사회였다. 하물며 학생회장 자리는 더욱 남학생이 해야만 한다고 생각했을 것이다. 당시 최영주는 선생님의 권유를 따랐다. 하지만 집에서는 열 아들 못지않은 대접을 받고, 친구들 사이에서는 대장 노릇을 하며 차별을 거의 느끼지 못했던 최영주에게 이 일은 여성이 겪는 차별에 대해 처음으로 깊이 생각하는 계기가 되었다.

국민학교 시절 내내 마음껏 뛰어놀며 지냈던 최영주는 중학교에 가자마자 당황한다. 1970년대 당시에도 과외가 있었고, 명문 중학교에 진학하는 아이들은 대개 선행학습을 마친 상태였다. 최영주는 처음 배우는 영어를 친구들은 술술 읽어냈다. 언제나 성적이 좋고 놀기도 좋아해서 씩씩하고 친구도 많던 최영주는, 갑자기 자기만 혼자 열등생이 된 것 같은 느낌에 그만 좌절했다. 수학 시간만큼은 좋아했지만, 다른 과목들은 다 재미가 없어졌다. 친구들과도 잘 어울리지 못했고, 자신을 지극히 사랑해주는 아버지와의 관계도 어쩐지 서먹해졌다. 모든 게 갑자기 변해버리는 것 같은 경험 속에서 최영주는 문득 생각했다.

"모든 것은 다 변하는구나. 사람도 변하고, 심지어 부모 자식 간의 사랑도 변할 수 있는 거였어."

그렇다면 대체 변하지 않는 것은 무엇이 있을까. 최영주는 변하지 않는 것을 찾아 고민했다. 그 답은 의외의 장소에 있었다. 바로 수학 수업 시간이었다.

"2000년 전의 피타고라스 정리는 지금도 참이야. 원주율의 비율이 3.1415……, 즉 π인 것도. 수학적 진리는 1000년, 2000년이 지나도 변하지 않는 거구나."

최영주는 간결하고 정확하게 개념을 설명해주는 카리스마 넘치는 수학 선생님의 수업에 몰두하며 다시 재미를 찾기 시작했다. 수학 선생님은 수업에 집중하는 최영주를 격려해주셨다.

"수학은 모든 학문의 기본이야. 너는 수학을 잘하니까 다른 과목도 잘할 수 있을 거다."

한동안 성적이 떨어지며 공부 때문에 방황했지만, 최영주는 이와 같은 기대와 격려 속에서 다시 용기를 얻어 공부에 몰두했다. 처음에는 수학과 과학, 그다음에는 부실했던 암기과목들의 성적이 올랐고, 중학교를 졸업할 무렵에는 다시 상위권을 차지할 수 있었다. 하지만 최영주의 주된 관심사는 역시 수학과 과학이었다.

"너는 언어와 암기과목들을 조금만 더 올리면 더 좋은 대학도 노려볼 수 있을 텐데."

고등학교에 가서도 남들은 어려워하는 수학에서는 만점을 받으면서 암기과목에서 조금씩 점수가 깎이는 최영주를 보고 선생님들은 안타까워하셨다. 하지만 이 무렵, 이미 최영주는 앞으로도 계속 수학을 공부하기로 마음먹은 상태였다.

"변하지 않는 것은 수학의 진리 속에 있어. 그렇다면 수학자는 길도 없고 지도도 없는 곳에서 그 진리를 찾아서 길을 개척하는 사람일 거야. 나는 그런 사람이 되고 싶어."

보물을 찾는 지도를 그리듯이, 최영주는 수학 공부에 몰두했다. 당시 여자고등학교에서는 3학년 열 개 반 가운데 이과는 단 한 학급에 불과했고, 그중에서도 수학을 좋아하는 최영주는 조금 특이한 학생 취급을 받았다. 하지만 이화여자대학교 수학과에 합격하며, 최영주는 처음으로 편안함을 느꼈다.

"여긴 모두 수학을 좋아하는 여학생들뿐이야. 그런 데다 여자 교수님들도 계셔!"

당시에는 교수 중에도 박사 학위를 가진 사람이 많지 않았다. 더구나 여성 수학자는 다섯 손가락에 꼽히던 시절이었다. 그런데 이화여자

대학교에는 외국에서 유학하며 수학 박사 학위를 받고 돌아온 여성 교수가 두 명이나 있었다. 갓 박사 학위를 받고 돌아와 수학에 대한 열정으로 가득 찬 이들 교수가 원서로 능수능란하게 강의하는 모습을 보고, 최영주는 처음으로 자신의 미래를 구체적으로 그려볼 수 있었다.

"나도 교수님들처럼 유학을 가서 수학으로 박사 학위를 받아 언젠가는 교수가 되겠어. 그리고 평생 수학을 계속해나갈 거야."

그 무렵, 최영주는 학교 축제에서 동갑내기 남학생을 만나게 된다. 그는 서울대학교에서 물리학을 공부하던 김승환으로, 최영주와 마찬가지로 평생 물리학을 공부하고, 장차 작은 과학학교를 열어 학생들을 가르치고 싶다고 말하는 사람이었다. 최영주는 졸업하자마자 김승환과 결혼하고, 함께 미국으로 유학을 떠났다. 최영주는 템플 대학교에서, 김승환은 펜실베이니아 대학교에서 각각 박사 과정을 밟게 되었다.

"자, 새로운 게 뭐지?"

마침 최영주가 미국에 갓 도착했을 무렵, 정수론 분야의 석학인 마빈 이사도어 크노프가 템플 대학교에서 학생들을 지도하고 있었다. 최영주는 매번 세미나 때마다 새로운 것이 무엇인지 묻는 크노프 교수를 실망시키지 않으려 밤새워 공부했다. 이곳에서 최영주는 연구의 역사가 길고 오래되었으면서도 결코 낡지 않은 채 현대 순수수학의 핵심을 이루는 정수론에 대해 해석학, 대수학, 기하학 등 다양한 수학적인 방법을 동원해 그 성질을 연구하는 보형 형식modular form 이론을 공부했다. 그리고 1986년, 최영주는 〈모듈러 그룹과 실수 이차장의 유리 구간 함수Rational Period Functions for the Modular Group and Real Quadratic Fields〉라는 논문으로 박사 학위를 받았다.

"자, 이제 시작이야."

최영주는 박사 학위를 받고, 오하이오 주립대학교에서 강의를 시작했다. 처음 오하이오에 도착하던 날, 최영주는 자신이 강의할 건물 주변을 열 바퀴도 넘게 빙빙 돌며 앞으로의 일들을 생각했다. 박사가 된 기쁨, 강의를 할 수 있게 된 설렘 그리고 이제 다른 사람을 가르쳐야 한다는 부담감이 밀려왔다. 게다가 생각지도 못한 문제도 있었다.

"여성 교수들은 봤지만, 동양인 여성 교수는 처음 봤어."

한국보다는 사정이 나았지만, 미국에서도 여성 수학 교수는 숫자가 적었고, 게다가 동양인 수학 교수는 더욱 드물었다. 어디에 가도 여성이고 동양인이라서 주목받는 것은 스트레스였다. 그런 데다 김승환과 너무 멀리 떨어져 있게 된 것도 마음에 걸렸다. 최영주가 강의를 시작하고 얼마 지나지 않아 김승환도 박사 학위를 받고 코넬 대학교에서 강의를 하게 되었다. 자동차로 열세 시간이 넘는 거리에 떨어져 있게 된 두 부부는 함께 있을 방법을 찾으려 했지만, 상황이 여의치 않았다.

포항공대의 김호길 총장이 두 사람에게 연락한 것은 바로 이 무렵의 일이었다.

· · ·

마침내 포항공대에서 자리를 잡은 최영주는 정수론을 바탕으로 정보통신과 보안의 융합 연구에 집중했다. 당시 국내에서는 암호학 연구가 거의 이뤄지지 않았는데, 최영주는 포항공대에서 국내 최초로 암호학 관련 강의를 개설한다. 암호학cryptology이란 단순히 암호를 만들고 푸는 것을 넘어, 데이터가 허가되지 않은 사람이 알아볼 수 없도록 안전하게 보호하고, 통신을 통해 전달되는 과정에서 데이터를 쪼개거나 합치며, 이 과정에서 오류가 없었는지 검증하는 등 정보를 보호하기 위한 수학적인 방법을 뜻한다.

이때까지만 해도 한국에서는 전자과를 중심으로 고전 암호론을 연구하는 것이 고작이었다. 하지만 전 세계적으로는 이미 암호학은 수학의 영역으로 넘어가고 있었다. 과거 세계대전 당시에도 미국과 영국에서는 수학자들을 고용하고 갓 개발한 컴퓨터를 사용해 암호를 풀었으며, 최영주가 한국에 돌아올 무렵인 1990년대 초반 미국에서는 국가안전보장원에서 정수론을 전공한 수학자들을 대거 채용하기도 했다. 미국 국방부가 주도하던 아르파넷 네트워크를 대신해 상용 인터넷 서비스들이 시작되던 시기이기도 했다. 미래의 인터넷 시대를 대비해 전문가들을 키워내려면 한시가 바빴다. 최영주는 암호론 국제 워크숍을 개최하는 등 수학계에 암호학의 중요성을 널리 알렸다.

"정수론은 21세기 첨단 과학과도, 앞으로 사용될 인터넷과도 연관되어 있습니다."

그 무렵, 영국의 앤드루 와일스가 350년 동안 난제로 남아 있던 '페르마의 마지막 정리'를 증명하는 데 성공했다. 최영주는 '페르마의 마지막 정리'를 증명할 때 사용된 핵심 이론이 암호학에서 중요하게 다뤄지는 오류 복구와 연관이 있음을 발견했다. 그는 인터넷 통신이나 휴대전화 통신 등 통신망에서 데이터를 전송할 때 발생하는 잡음이나 오류를 정수론을 사용해서 빠르고 효율적으로 복구하는 방법을 찾고, 이 이론과 제코비 보형 형식의 연계성을 증명하는 논문을 발표했다. 대학원 과정 이상을 위한 정수론과 암호학 교과서를 집필하기도 했다.

최영주는 2002년 국내 여성 수학자 가운데 최초로 대한수학회 논문상을 받을 만큼 활발하게 연구를 계속했다. 그는 170여 편에 달하는 정수론과 암호학 논문들을 발표했는데, 특히 8년 이상의 연구를 통해 발표한 실가중치 주기이론에 대한 논문은 세계 수학계로부터 오랜 난제에 접근하는 새로운 방향을 열었다는 평가를 받았으며, 정보 보안과 통신 기술, 최첨단 암호체계 등에 폭넓게 활용되고 있다.

또한 최영주는 정수의 성질을 이해하기 위한 생성함수generating function, 예를 들면 소수의 분포 등을 이해하기 위해 만들어진 리만 제타 함수Riemannian zeta function 등과 그 특이값singular value에 대한 연구를 계속해오고 있다. 수학계에서 이들 생성함수의 특이값 문제는 21세기 정수론의 핵심 난제로 꼽는다. 2000년 5월, 클레이 수학 연구소CIM가 21세기 사회에 공헌할 수 있지만 아직 해결되지 않은 대표적인 수학 난문들을 '밀레니엄 문제Millennium Prize Problems'로 지정하고 상금을 내걸었는데, 그중 '리만 가설Riemann hypothesis'과 '버츠-스위너턴다이어 추측Birch and Swinnerton-Dyer conjecture'이 바로 이 생성함수의 특이값 문제와 연관되어 있다. 특히 리만 가설은 1900년 독일의 수학자 다비트 힐베르트가 세계수학자대회에서 제안했던 '스물세 가지 문제'에도 선정된 바 있는 매우 유명한 난문이다. 이는 정수론을 전공한 사람이라면 누구나 도전하고 싶어할 난제로, 최영주는 자신의 연구를 통해 저 난제를 해결할 수 있도록 연구를 거듭하고 있다.

최영주는 자신의 연구에만 몰두하는 학자라기보다는 다른 학자들과 함께 나아갈 길을 모색하는 사람이기도 하다. 그는 2004년에는 정수론 국제학회지에 국내 수학자 최초로 편집위원으로 선정되었고, 2010년에는 대한수학회보 편집장을 역임했으며, 그 외 여러 전문 학술지의 편집위원으로 활동하는 등 학술지를 편집하고 좋은 논문들을 선정하는 일에도 관심을 기울였다. 2019년에는 여성 최초로 대한수학회 학술부회장을 역임하기도 했다.

"20세기와 21세기의 수학은 다릅니다. 네트워크를 통해 교류하고 아이디어를 흡수하지 않으면 우리는 자기가 있던 늪에서 벗어나지 못하고, 자기가 다가가려는 진리에 다가갈 수 없어요. 세계 수학자들과 교류해야 합니다."

한편 그는 여성 수학자들의 권리를 위해서도 활동했다. 2005년 여성 수학자의 평등한 연구 활동과 교류 지원을 장려하는 한국여성수리과학회를 설립하는 데 함께했고, 2017년에는 한국여성수리과학회 회장을 맡기도 했다. 또한 2014년에는 세계여성수학자대회 지역 조직위원을, 2015년부터 2020년까지는 세계수학자연맹 여성위원회 홍보위원을 맡는 등 한국과 세계의 여성 수학자들이 교류할 수 있도록 도왔다. 이런 수학 연구에 대한 업적과 수학계에 대한 헌신을 인정받아 그는 2013년 미국 수학회 초대 펠로우로 선정되고, 2018년에는 국내 여성 수학자 최초로 대한수학회 학술상을 수상했다.

포항공대에 온 지 얼마 지나지 않았던 1991년, 최영주는 학술지에서 독일 출신의 석학 돈 재기어가 발표한 〈모듈러 폼 주기와 자코비 세타함수〉라는 논문을 읽고 감동을 받았다. 이 논문에는 매우 복잡한 문제를 간단히 표현해낸 정리가 실려 있었는데, 최영주는 이 논문을 읽고 무척 아름답다고 생각했다. 하지만 이 이론은 아주 특별한 경우에만 증명이 성립하는 것이었다.

"이렇게 완벽하고 아름다운 정리라면, 반드시 일반적으로 적용할 방법이 있을 거야. 언젠가는 내가 그 답을 찾고 말겠어."

최영주는 언젠가 자신이 이 정리의 일반론을 찾아내겠다고 생각했다. 하지만 포항공대에서 교수 생활을 하며 두 아이를 낳고, 또 당시로서는 불모지 같았던 수학적 암호학의 중요성을 널리 알리며 연구를 계속하다 보니, 이 이론을 오래 붙잡고 연구할 시간이 나지 않았다. 하지만 최영주는 이 완벽하고 아름다운 정리에서 어떻게든 일반론을 찾아내고 싶었다. 시간이 흘러도 그 생각은 계속 그의 머릿속에 있었다.

결국 최영주는 그 정리를 마주하고 거의 25년이 다 되어갈 무렵에야 그 정리를 제대로 연구할 수 있게 되었다. 마침 그 무렵, 최영주는 한국과학기술원을 졸업하고 박사후연구원으로 와 있던 박윤경*과 공동 프

---

*   공주교대 수학교육과를 거쳐 현재 서울과학기술대학교 기초교육학부 교수로 근무하고 있다.

로젝트를 진행하고 있었다. 최영주는 조심스럽게 이야기를 꺼냈다.

"이 문제를 해결하는 건 우리 프로젝트에도 도움이 될 거야. 하지만 박 박사는 아직 제대로 자리를 잡지 못했는데, 해결하는 데 얼마나 시간이 걸릴지, 증명이 가능할지도 확실하지 않은 이런 일을 같이해도 괜찮을지 모르겠어."

"어려운 일이니까 해결하는 보람도 더 크겠네요."

이후 최영주는 박윤경과 함께 5년 동안 이 문제에 매달렸다. 그리고 마침내 30년 전 읽었던 정리의 일반론을 증명한 논문 〈감마함수에서의 모듈러 폼 주기와 자코비 세타함수의 곱〉을 발표했다.

이렇게 새로운 정리를 찾아내거나 기존 정리의 일반론을 증명하는 것이 과연 어떻게 세상을 바꿀 수 있을까. 현재 정수론은 암호학이나 통신과 연결되어 첨단 수학의 길을 개척하고 있지만, 기원전 약 1800년 전, 메소포타미아의 점토판에서도 피타고라스 수의 목록이 발견될 만큼 역사가 긴 분야이기도 하다. 이 정수론에서 아름다운 진리를 찾는 일에 평생을 바쳐온 최영주는 사람들에게 이렇게 말한다.

"지금 우리가 하는 수학이 어디에 적용될 것인지에 대해 답하는 것은 어렵습니다. 수학자가 찾는 것은 변치 않는 진리거든요. 우리 사회가 20년 뒤, 30년 뒤 어느 방향으로 갈지는 알 수 없어요. 수학자가 찾아낸 진리가 어디에 쓰일지는 그다음 세대의 몫입니다."

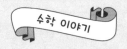

정수론

정수론은 수학의 역사 중에서도 기하학과 함께 가장 오랜 역사를 자랑하는 분야다. 정수론을 다룬 현존하는 가장 오래된 문서는 기원전 약 1800년경 메소포타미아에서 만들어진 플림프턴 점토판 322번이다. 이 서판에는 설형문자로 된 네 개의 열과 열다섯 개의 행으로 이루어진 숫자 표가 기록되어 있는데, 이 표에는 피타고라스 정리를 만족하는 정수들이 나열되어 있다. 기원전 2세기에 기록된 유클리드의 원론에는 최대공약수를 계산하는 유클리드 호제법과 소수의 수가 무한하다는 사실이 증명되어 있다. 3세기 사람인 디오판토스는 유명한《아리스메티카》를 집필했는데, 여기에는 디오판토스 방정식이나 고대 그리스의 여러 수론들 그리고 타원 곡선의 유리점에 대한 문제 등이 기록되어 있다.

고대 그리스뿐만이 아니다. 중국이나 인도 등에서도 독자적으로 수학이 발달하는 과정에서 정수론에 대한 여러 이론이 만들어졌다. 이렇듯 수론은 고대의 학문 혹은 기초적인 수학처럼 여겨졌지만, 17세기 이후 다시 수학사의 무대 위에 모습을 드러낸다.

페르마는 디오판토스의《아리스메티카》를 공부하며 완전수와 디오판토스 방정식 그리고 페르마의 마지막 정리에 이르기까지 수론에 대해 연구했다. 오일러는 n=3인 경우의 페르마의 마지막 정리를 증명하고, 정수론에 해석학적 방법들을 도입했다. 이후 라그랑주와 르장드르, 가우스 등의 수학자들이 정수론을 연구하고 발전시키며 정수론은 수학의 기초 분야가 아닌, 당당한 한 분야로 자리 잡게 된다. 이후 19세기부터 수론은 수학의 독자적인 분야가 되어 소수 등 수론의 대상이 되는 수들의 분포나 밀도 등을 복소해석학적 방법을 사용해 연구하는 해석적 수론과 유리 계수 다항식의 근이 되는 대수적 정수를 연구하는 대수적 수론으로 세분화되었다. 그중 리만 가설이나 리만 제타 함수 등은 해석적 수론의 연구 대상이고, 페르마의 마지막 정리를 증명하는 과정에서 증명된 모듈러성 정리 등은 대수적 수론에 해당한다. 그리고 수론의 대상이 되는 수들, 특히 소수들은 암호학과 밀접한 관련을 맺으며 지금도, 또 앞으로도 연구의 대상이 될 것이다.

오희

(1969~)

방황하던 학생운동가,
여성 수학자들의 롤 모델이 되다

1991년, 스물두 살의 오희는 가로등도 제대로 켜지지 않은 구로공단의 어둑어둑한 골목길을 걷고 있었다. 그는 서울대학교 수학과 3학년이었고, 서울대 총학생회 연대산업부 노동분과장이기도 했다. 그날도 그는 파업한 공장에 찾아가 학생 대표로서 앞으로의 파업 투쟁을 어떻게 도울지 의논하고 돌아오는 길이었다.

 당시엔 대학생이면 지성인이고, 지성인이라면 상아탑에 갇혀 학문에만 몰두하는 것이 아니라 세상의 잘못된 점을 향해 나서야 한다고 생각했다. 오희가 그랬다. 학생운동에 뛰어든 것도 그 때문이었다.

 '수학 문제를 푸는 것보다 더 의미 있는 일들이 있을지도 몰라. 약하고 억압받는 사람들을 돕는 데 헌신하는 것이야말로 의롭고 의미 있는 일이 아닐까.'

 서울올림픽 이후로 한국의 풍경은 바쁘게 변해갔다. 하지만 공장에서 일하는 노동자들의 삶은 여전히 어려웠다. 1970년, 청계천 평화시장에서 재단사로 일하면서 노동자들의 노동조건을 개선하기 위해 노력하다가 근로기준법 화형식을 벌이던 중 분신자살한 전태일의 죽음 이후 20년이 지났다. 하지만 오희가 구로공단에서 본 것은 제 또래의 노동자들이 받던 쥐꼬리만 한 월급과 자신의 아버지와 비슷한 연배의 노동자들이 말하는 고된 삶이었다.

오희는 자신의 신념을 위해 열심히 활동했다. 군사 정권에 맞서는 시위나 파업 투쟁에 함께하며 경찰과 대치하기도 했다. 하지만 졸업을 앞두고 오희는 자신의 앞날에 대해 깊이 고민하게 되었다. 친구나 선배들 중에는 노동운동을 한다며 학벌을 속이고 공장에 들어가는 이들도 있었고, 대학을 그만두거나 전공을 바꿔 노동법을 공부하는 이들도 있었다. 하지만 오희는 선뜻 수학을 놓아버릴 수가 없었다.

바로 며칠 전 봤던 대수학 시험이 생각났다. 어차피 노동운동을 하느라 수업에도 들어가지 않았는데 중간고사에 연연하느냐고 말하는 친구들도 있었지만, 오희는 그 시험지 앞에서 막막해졌다. 불과 1, 2년 전만 해도 어려운 줄 몰랐던 수학이 까마득한 벽처럼 느껴졌다. 그래도 백지를 내고 나올 수는 없어서 시험지 위에 정답 대신 절박한 마음을 담아 이인석 교수에게 글을 썼다. 더 큰 대의가 있다고 믿어 거리로 나가느라 수업에 제대로 들어오지 못했다고. 정말 그랬다. 한 사람 한 사람의 노력이 모여 끝내 세상을 바꿀 것이라는 믿음에는 변함이 없었다. 하지만 오희는 여전히 앞이 안 보이는 어둠 속을 걷는 기분이었다. 학생운동과 노동운동에서도 최선과 차선의 선택들은 있었다. 어떤 길이 더 많은 사람을 위한 길, 더 약한 사람들을 위한 길이라는 판단도 할 수 있었다. 하지만 모두가 인정할 수밖에 없는 명징함, 모든 사람이 고개를 끄덕이며 납득하게 만드는 명료함은 대체 어디에 있는 걸까. 그 모든 고민은 골목길에 드리운 짙은 어둠처럼, 한 걸음 앞도 선뜻 내딛기 어려울 만큼 어둡고 막막했다.

그때 문득 눈앞이 환해졌다.

사실은 그저 구로공단의 어두운 골목길에 작은 가로등 하나가 켜진 것에 불과했다. 하지만 그 불이 켜지자마자, 당장 어디로 가야 할지 알아보기 힘들던 골목골목이 눈에 제대로 들어왔다. 앞으로 나아갈 수 없을 것 같은 길의 구조가 한눈에 들어오면서 눈앞이 밝아지는 그 감각은, 마치 오랜 고민 끝에 수학 문제가 풀릴 때의 느낌과도 같았다.

"······다시 수학을 하고 싶어."

오희는 문득 중얼거렸다. 그리고 그 생각이 입 밖으로 나온 순간 소스라치게 놀랐다.

이제는 불가능한 일이라고는 생각하지 않았다. 하지만 그래도 되는 걸까? 녹록지 않은 삶을 살아가는 사람들과 그들과 함께하겠다는 친구들을 두고 그런 생각을 하는 것이 혹시 배신은 아닐까. 고민했지만, '수학'이라는 말을 되뇌는 것만으로도 마치 심장에 다시 피가 돌기 시작하는 것처럼 가슴이 두근거렸다.

. . .

오희는 1969년 나주에서 다섯 남매 중 넷째로 태어났다. 초등학교 교사인 아버지는 다섯 남매가 아직 어릴 때 광주 전남대학교 근처로 이사했는데, 덕분에 오희는 어릴 때부터 대학 근처 서점을 자주 드나들었고, 공부 하거나 시국 걱정하는 대학생들을 보며 자랐다. 여자들이 대학에 많이 가던 시절은 아니었지만, 다섯 남매는 대학에 가는 게 당연한 일이라고 자연스럽게 생각했다. 부모님도 마찬가지였다.

"공부를 하겠다는데 아들딸이 어디 있나. 우리 애들은 자기가 하겠다는 마음만 있으면 대학까지 전부 보낼 거라네."

다섯 남매는 부모님의 기대에 부응하듯 저마다 공부도 잘했다. 특히 여덟 살 터울인 큰오빠와 다섯 살 위인 언니가 공부를 잘해 수재 소리를 듣곤 했다. 큰오빠가 서울대학교 법학과에 들어가고 언니도 치과대학을 지망하자, 오희는 마치 자기가 공부를 잘하기라도 한 것처럼 으쓱거렸다. 하지만 중학생 오희는 공부보다는 소설책 읽는 것을 더 좋아하는 아이였다. 특히 추리소설을 무척 좋아했는데, 학교 도서관이나 집 근처 도서관에 있는 책들은 이미 거의 다 읽은 상태였다.

그 무렵 언니인 오현이 집 근처에 있는 전남대학교에 입학하자, 오희는 그 핑계로 수시로 대학 도서관에 들락날락하며 추리소설을 읽어 댔다. 하지만 그 무렵 오현은 부모님과 갈등을 빚고 있었다.

"학생운동을 하는 게 나쁘다는 것은 아니지만, 요즘 같은 세상에 여자아이가 학생운동을 하다가 잘못되면 어쩌려고!"

전남대 근처에서 어린 시절을 보내며 광주 민주화운동을 눈앞에서 지켜본 형제들이었다. 오현은 대학에 들어가서 학생운동을 하기 시작했고, 학교 신문사에도 들어갔다. 부모님은 그 마음을 이해는 하면서도, 치과대학에 우수한 성적으로 들어간 딸이 불안한 시국에 휘말려 무슨 일이라도 당하지 않을까 걱정했다. 언니와 부모님이 갈등을 빚는 것을 바로 곁에서 지켜보며, 오희는 중학교를 졸업하고 광주여고에 입학했다. 그리고 첫 번째 성적표를 받아오던 날 문득 깨달았다.

"우리 반에서는 1등이지만 전교에서는 20등이야. 광주 전체에서는,

그리고 전국에서는 몇 등이나 되는 걸까. 오빠가 서울대학교에 간 것도, 언니가 치과대학에 간 것도 보통 일이 아니었어. 언니나 오빠처럼 되려면 정말 열심히 해야 하는 거구나."

오희는 큰오빠처럼 서울대학교를 목표로 삼았다. 공부는 쉽지 않았지만, 수학 문제의 답을 찾는 과정은 마치 추리소설을 읽을 때처럼 흥미진진했다. 특히 수학 교사인 송현길과 만나며 오희는 수학의 즐거움에 더욱 깊이 빠져들었다. 송현길은 단순히 주어진 문제를 푸는 것이 아니라 학생 스스로 문제를 내게 하고 그 문제를 함께 푸는 방식으로 학생들을 지도했다. 오희는 문제를 만들고, 또 풀고, 그러면서 또 다른 문제를 찾아나갔다. 성적도 쑥쑥 올라 3학년이 되자 서울대학교의 어느 과에라도 갈 수 있을 만큼의 성적이 나왔다.

"어느 과에 들어가더라도 공부는 즐거울 것 같아. 그렇다면 부모님이 제일 기뻐하실 만한 학과에 가자."

오희는 의대를 1지망으로 썼다. 하지만 대입학력고사 점수가 예상보다 조금 낮게 나온 탓에 서울대학교는 갈 수 있지만, 학과는 다시 생각해봐야 했다. 그때, 법학과를 졸업하고 대학원에 다니던 큰오빠 오상범*이 오희에게 수학과를 권했다.

"내가 지도교수님께 네 일에 대해 여쭤보았다. 그런데 교수님께서 말씀하시더구나. 수학이 모든 학문의 기초가 되는데, 영리한 젊은이들

---

* 전 청와대 공보수석실 국장. 그에게 오희의 진학 문제를 조언해준 지도교수는 한국은행 총재를 지낸 김중수였다.

이 기초과학을 많이 전공했으면 좋겠다고. 나도 그 말씀이 맞다고 생각한다. 너라면 수학자가 될 수도 있지 않을까?"

오희는 그 말이 맞을지도 모른다고 생각했지만, 확신은 없었다. 서울대학교 수학과에 입학한 오희는 한동안 자신의 진로를 두고 방황했다. 1, 2학년 때의 수학은 그다지 어렵지 않았다. 동기들이 말하는 유학을 가고 박사 학위를 받고 교수가 되는 미래가 너무 단조롭게 느껴지기도 했다. 그 무렵, 명절이 다가왔다. 총학생회가 마련한 귀향 버스에 오른 오희는, 같은 버스에 탄 법대 총학생회장의 이야기를 듣다가 문득 사회과학을 공부해보고 싶어졌다. 철학 동아리에 들어가 사회과학 서적들을 읽고, 총학생회 일도 하게 되었다. 언니가 왜 학생신문사에 들어가고, 또 학생운동을 했는지 이해할 수 있을 것도 같았다. 하지만 갈증은 여전했다. 오희는 제대로 수업을 듣지 않아 정답과 풀이과정 대신 '학생운동 이유서'를 적어 내고 말았던 대수학 중간고사 이후에야 자신이 놓아버렸던 것의 소중함을 깨달았다.

일단 불이 붙자, 1분 1초가 아쉬웠다. 오희는 때로는 밥을 먹고 잠을 자는 것도 잊고 수학에 푹 빠졌다. 유학을 가고, 공부를 계속하고, 평생 수학과 함께하겠다고 결심했다. 하지만 대학에 입학하고 2년 동안 학생운동을 하느라 수업에 들어가지 않았고, 졸업도 1년 늦어진 상황이라, 유학을 가는 데 필요한 추천서를 얻는 일이 걱정이었다. 그런 오희에게 추천서를 써준 사람은 바로 대수학을 맡았던 이인석 교수였다.

"절실한 마음으로 학생운동을 했고, 또 그만큼의 절실한 마음으로 수학에 매달리고 있으니까. 넌 가서도 잘할 수 있을 거다."

예일대에서 박사 학위를 받았던 이인석 교수의 강력한 추천과 함께, 오희는 미국으로 갔다. 그때 예일대 수학과에는 필즈상 수상자이자 석학인 그레고리 마굴리스 교수가 막 부임해 있었다.

• • •

처음 마굴리스의 수업을 들었을 때, 오희는 그때까지 알고 있던 수학 전부가 뒤흔들리는 듯한 느낌을 받았다. 마굴리스는 기하학과 정수론, 역학의 관계를 예상치 못한 방식으로 결합하며 설명해나갔는데, 오희는 지금까지 자신이 배워온 수학의 여러 과목이 사실은 수학이라는 큰 세계 안에서 하나로 엮여 있다는 사실을 깨달았다.

'학생운동을 할 때에도 수많은 사회문제가 결국은 다 연결되어 있었

§ 그레고리 마굴리스(Gregory Margulis, 1946~)

1946년 연방 모스크바의 유대인 가정에서 태어났다. 모스크바 대학에서 훗날 아벨상을 수상한 시나이 교수의 지도하에 박사 학위를 받았으며, 20대 초반에 쓴 논문에서 쌍곡공간의 새로운 기하학적 성질을 제시하며 소비에트 연방 최고의 젊은 수학자 중 한 사람으로 꼽혔다. 1978년, 32세 나이에 산술 정리와 초강성 정리로 필즈 메달을 받았지만, 당시 소비에트 연방의 반유대주의로 대학에서 강의할 수도, 필즈상 시상식에 참석할 수도 없었다. 소비에트 연방이 붕괴하던 1991년, 강성정리를 증명한 모스토우가 있는 예일대에 정착한다.

그는 오펜하임 추측, 디오판틴 근사와 같은 정수론의 오랜 난제들을 해결했고, 2005년에는 대수학에 대한 기념비적인 공헌으로 울프상을 받았으며, 2020년에는 확률론과 동역학의 새로운 응용, 특히 군론, 정수론, 조합론에의 응용을 개척한 공로로 아벨상 등을 수상했다. 수학 분야에서 가장 이름 높은 세 가지 상을 모두 섭렵한 것이다. 그는 여전히 연구 분야를 따로 분류할 수 없을 만큼 많은 분야에서 수많은 수학적 업적을 남기고 있다.

어. 수학도 그렇구나.'

마굴리스 역시 오희가 많은 아이디어를 가진 재능 있는 학생임을 알아보았다. 무엇보다도 오희는, 마치 2년 동안 수학을 놓아버렸던 것을 만회하기라도 할 것처럼 필사적으로 공부하고 있었다. 마굴리스는 오희를 불렀다.

"이산 하위 그룹의 특정 클래스가 산술적인 것을 증명하려면 어떻게 해야 할까?"

"……교수님께서 아틀 셀베르그*의 초기 연구에 기초해서 추측하신 논문을 봤습니다."

"음, 좋아. 특정 경우에 대한 결과들을 증명하는 방법에 대해 연구해 보게."

오희는 마굴리스가 준 주제에 몰두했다. 주어진 목표를 그저 달성하겠다고만 마음먹으면, 그 목표를 넘어설 수 없다. 오희는 특정 경우가 아니라 더 많은 경우, 나아가 보편적인 경우에서의 증명을 얻어내고 싶다고 생각했다. 그리고 오희는 마굴리스와 마찬가지로 소비에트 연방 출신 수학자 마리나 라트너의 정리를 사용해 거의 모든 경우에서의 증명에 성공했다.

박사 과정을 마치기 한 해 전인 1996년, 오희는 마리나 라트너를 인도 뭄바이에서 열린 리 군Lie group과 에르고딕 정리Ergodic theorem에 대

---

* 　소수의 분포, 리만 제타함수의 영점, 대각합 공식trace formula, 체sieve 이론을 연구한 노르웨이의 수론학자. 필즈상과 울프상, 명예 아벨상을 수상했다.

한 학회에서 만날 수 있었다. 라트너는 후학에게 따뜻하고 다정한 사람은 아니었다. 하지만 오희는 라트너를 보며 자신의 미래를 더욱 구체적으로 그리게 되었다.

"라트너 교수님은 살아 숨 쉬는 이 시대 최고의 수학자 중 한 분이야. 그런 분과 만날 수 있는 건 정말 큰 행운이겠지. 언젠가는 나도 그런 업적들을 남기고 싶어."

이후 오희는 마리나 라트너를 깊이 존경하게 되었다.

오희는 1997년 박사 학위를 받았다. 이후 오클라호마 주립대, 히브리 대학교, 프린스턴 대학교를 거쳐 2003년 캘리포니아 공과대학에 종신직 교수로 부임하는 동안, 가정을 꾸리고 두 아이의 어머니가 되었다. 소프트웨어 엔지니어인 남편 김성준은 아내의 커리어를 위해 오희의 부임지를 따라 직장을 옮기거나, 오희가 연구에 몰두할 수 있도록 아이들을 돌보는 등 열심히 뒷바라지했다. 오희는 가족의 도움이 고마웠지만, 그렇다고 가정과 수학을 양립하는 일이 쉽지만은 않았다.

§ **마리나 라트너**(Marina Ratner, 1938~2017)

1938년, 소비에트 연방의 유대인 가정에서 태어났다. 아버지는 식물학자였고 어머니는 화학자였는데, 이스라엘의 친척들과 편지를 주고받다가 적과 내통했다는 혐의를 받기도 했다. 모스크바 주립대학에서 수학과 물리학을 전공하고, 야코프 그레고르예비치 시나이의 지도를 받아 박사 학위를 받은 뒤, 1971년 이스라엘로 이주한다. 그는 히브리 대학에서 학생들을 가르치고, 나중에는 미국으로 이주해 버클리 대학에서 연구를 계속했다. 1990년 무렵 그는 '라트너의 정리'로 알려진, 균질 공간의 흐름에 대한 정리를 증명했고, 리 군과 에르고딕 이론 등을 연구했다. 1993년에는 오스트로프스키상을, 1994년에는 존 J. 카티 과학진흥상을 받았으며, 같은 해 스위스 취리히에서 개최된 세계수학자대회에서 기조연설을 했다.

"학문을 계속하는 것도 어렵지만, 여성으로서 이 모든 일을 다 해나가는 건 더욱 어려운 일이었어. 가정과 육아, 커리어……."

이 모든 과정에서 오희는 이전에 생각했던 것 이상으로 이 세계에서 저마다 연구를 계속하고 필사적으로 버텨내는 다른 모든 여성 수학자를 존경하게 되었다.

여성 수학자들에게는 가정과 육아를 연구와 병행해나가야 한다는 것뿐만 아니라 또 다른 현실적인 문제가 있었다. 바로 공공연한 차별이었다. 과거 UC 버클리의 제니 해리슨 교수는 연구 실적이 뛰어났지만, 정교수 심사에서 탈락하고 말았다. 놀랍게도 UC 버클리 역사상 20년 만에 처음 벌어진 일이었다. 뚜껑을 열어보니 문제는 심각했다. 심사위원회는 남성 조교수들을 심사할 때는 이전에 학교에서 조교수에서 정교수로 승급한 이들의 실적과 비교했지만, 해리슨을 심사할 때는 유독 필즈상 수상자 같은 세계 최고의 거물들과 견주며 수준이 떨어진다고 비난했다. 심지어는 해리슨은 정교수가 될 만하다고 의견을 낸 교수에게 학과장이 "UC 버클리는 전 세계 수학의 중심이 되어야 한다"고 답변하기도 했다. 마치 여성 교수를 정교수로 임용하면 대학의 수준이 떨어진다는 듯한 태도였다.

이 문제는 성차별 소송으로 이어졌다. 고작 몇 주간 진행되는 정교수 심사는 7년에 걸친 법정 싸움으로 이어졌다. 결국 해리슨은 외부 위원회의 심사를 받아 UC 버클리의 정교수가 되었으며, 이후 대학은 여성 교수들을 더 받아들이게 되었다. 하지만 이 과정에서 해리슨은 건강을 크게 해쳤다.

제니 해리슨뿐만이 아니다. 오희가 존경하는 마리나 라트너가 UC 버클리에 처음 교수로 임용되었을 때에도, '라트너보다 뛰어난 남성 수학자는 얼마든지 있다'는 글이 공공연히 학교 신문에 실렸다. 훗날 라트너가 쌓아 올린 업적과 위상을 생각하면 말도 안 되는 이야기였다.

"여성 수학자들은 계속 자신의 능력을 의심받으며 살아왔어. 그런 말을 들으면 들을수록 자신을 의심할 수밖에 없지. 하지만 다들, 그런 와중에도 필사적으로 노력하며 버텨온 거야. 기회가 왔을 때조차 자신에게 그 기회를 잡을 자격이 있을까 의심하면서도."

오희는 의심하지 않기로 했다. 만약 무언가를 배우고 연구하고 강의할 기회가 온다면, 그건 자신에게 그것을 해낼 만한 능력이 있기 때문이다. 자신에게 자격이 있을지 고민하는 대신, 오희는 일단 그 기회를 잡고 기대에 부응할 만큼 연구하기로 했다. 그는 그렇게 더욱 힘을 내어 앞으로 나아갔다. 2006년에는 브라운 대학교에 정교수로 부임하고, 2013년에는 모교인 예일대로 자리를 옮겼다. 예일대 수학과에는 1701년 설립된 이후 312년 동안 여성 교수가 없었지만, 오희는 그 오래된 유리천장을 깨고 다음 단계로 나아갔다. 그것은 오희에게는 은사인 그레고리 마굴리스의 학맥을 잇는다는 의미이기도 했다. 종신교수가 된 오희는 마굴리스에게서 기하학과 역학을 배웠던 교실 맞은편에 사무실을 갖게 되었고, 마굴리스가 30년 전 시작한 '군의 작용과 다이나믹스 Group Actions and Dynamics' 세미나를 지금도 계속 이어가고 있다.

오희는 2013년 히브리 대학교에서 열린 학회에서 무한 부피 환경에서 라트너의 연구를 적용하는 논문을 발표하며, 존경과 애정을 담아 그를 "제겐 수학 세계에서의 고모 같은 분"이라고 소개하기도 했다.

●　●　●

2007년, 오희는 프린스턴 대학교에서 만난 수학자 피터 사낙Peter Sarnak[*]이 연구하던 원 채우기 문제Circle Packing, 즉 주어진 표면 안에서 여러 개의 원이 서로 접촉한 상태로 겹치지 않으면서 접촉하도록 하는 배열과, 그 표면 안에서의 원의 밀도를 구하는 법에 대해 관심을 갖게 되었다. 사낙은 어떤 반지름이 주어졌을 때, 그보다 작지 않은 원들로 이루어진 원 채우기 문제에서 원의 개수를 세는 법을 연구하던 중, 이 것이 무한 부피 쌍곡선 다양체에서 궤도의 점을 세는 법과 동일할 것 이라고 생각했다. 그리고 이 무렵 오희는 유한 부피 공간에서의 계산 문제를 연구하고 있었다. 오희와 사낙의 제자인 알렉스 콘트로비치는 함께 협력해 이 문제를 해결해나갔다. 그리고 2008년 10월, 오희는 이 공동 연구를 처음으로 공개했고, 이후 콘트로비치와 함께 논문을 발표 했다. 오희는 이 원 채우기 문제를 더욱 깊이 연구해 이 분야의 새로운 길을 열었으며, 동역학dynamics과 정수론, 쌍곡기하학hyperbolic geometry, 리 군과 클라인 군 다양한 분야의 연구를 계속해나갔다.

오희의 이와 같은 업적들은 학계에서 널리 인정받았다. 그는 2010 년 하이데라바드에서 열린 세계수학자대회에서 강연했고, 2012년에는

----

[*] 울프상을 수상한 수론학자. 프린스턴 교수를 역임했고, 현재 프린스턴 고등연구소 교수다.

미국 수학회의 펠로우가 되었다. 2013년 11월에는 교토대학 수리해석 연구소에서 주최하는 타카기 강연Takagi Lecture*에서 아폴로니우스 원 채우기 문제에 대해 강의하기도 했다.

2015년, 미국 수학회로부터 수학 연구에 지대한 공헌을 한 여성 수학자에게 주어지는 새터상을 받았고, 같은 해에 예일대학교 수학과의 에이브러햄 로빈슨 석좌 교수로 임명되었다. 2017년에는 뛰어난 역량을 지닌 미국의 학자와 예술가들에게 주어지는 구겐하임 펠로우십에 선정되었고, 2018년에는 호암상을 수상했다.

그뿐만 아니라 오희는 수학자로서 활발한 대외 활동을 펼쳐나가며 롤 모델이 되고 있다. 그는 2018년 필즈상의 선정 위원이었고, 2021년 미국 수학회의 부회장이 되어 현재 모든 수학자를 위해 일하고 있다. 예전에 그가 마리나 라트너를 보고 자신의 미래를 그려보았듯이, 이제는 수많은 학생, 특히 여학생들이 오희의 활약을 보며 미래를 그리고 있다. 그가 걷는 길과 같은 꿈을 꾸고, 그의 말에 힘을 얻으며, 여전히 차별이 만연한 이 세계에 용감하게 뛰어들어 굴하지 않고 나아가면서. 그는 그렇게 사회의 문제들, 특히 젊은 여성 학자들이 겪는 좌절들과 방대한 수학 연구의 세계를, 여성 수학자로서 가장 앞서 나아가며 하나로 융합해 풀어내고 있는지도 모른다.

---

* 일본 수학회에서 개최하는 수학 학회로, 일본에 현대 수학을 전파하고 제1회 필즈상 수상위원회에 참여했던 수학자 타카기 테이지高木貞治의 이름을 땄다. 2006년 가을에 시작되어 1년에 두 차례, 현대 수학의 다양한 분야에서 최고의 권위자들을 강연자로 초빙하고 있다.

마리암
미르자하니

مریم میرزاخانی

(1977~2017)

필즈상을 받은 '느린 수학자'

2014년 8월, 서울의 코엑스에는 세계 100여 개국에서 온 저명한 수학자들이 모여들었다. 국제수학연맹이 4년마다 개최해 세계 수학자들의 올림픽이라 불리는 세계수학자대회가 바로 그해 서울에서 개최되었기 때문이다.

사실 수학자가 아닌 사람들은 보통 세계수학자대회에 대해서는 잘 알지 못하는 경우가 많다. 하지만 바로 이 세계수학자대회에서 '수학의 노벨상'이라 불리는 필즈상Fields Medal이 수여된다.

캐나다의 수학자 존 찰스 필즈는 세계적인 권위를 지닌 노벨상에 물리학상, 화학상, 생리학·의학상, 문학상, 평화상은 있지만* 수학상은 없다는 사실을 유감스러워했다. 그는 죽기 전 자신의 유산을 기금으로 하여 국제수학연맹에서 40세 미만의 수학자 가운데 업적을 남긴 이들에게 상을 수여하라는 유언을 남겼는데, 이 상이 바로 필즈상이다. 1936년부터 수여된 필즈상은 "이미 이루어진 업적을 기리는 한편, 향후 연구를 계속할 수 있도록 격려하기 위해" 상이 수여되는 해의 1월

---

* 　노벨 경제학상은 뒤늦게 1968년 제정되었다. 이 상의 정식 명칭은 '알프레드 노벨을 기념하는 경제학 분야의 스웨덴 중앙은행상'이다. 수상자 발표와 시상은 다른 노벨상과 같이 시행된다.

을 기준으로 40세가 되지 않은 수학자만을 대상으로 한다.* 한 번에 최대 네 명까지만 수여하는 데다 세계수학자대회가 4년마다 열리다 보니 매년 수상자가 나오는 것도 아니다. 게다가 제2차 세계대전 중에는 14년 동안 수상이 중단되기도 했다. 그러다 보니 필즈상은 노벨상은 아니지만 수학 분야에서는 그 이상의 권위를 지닌 상으로 자리 잡았다.

그리고 2014년 서울에서, 역사상 첫 여성 필즈상 수상자가 탄생했다. 바로 이란 출신의 수학자 마리암 미르자하니였다.

・・・

마리암 미르자하니는 1977년 이란의 테헤란에서 전기 기술자인 아마드 미르자하니와 자흐라 하기기의 딸로 태어났다. 마리암이 아직 아기였던 1979년, 이란에서는 입헌군주제인 팔라비 왕조가 무너지고 호메이니가 이끄는 혁명 세력이 정권을 차지했다. 그리고 1980년, 이라크의 사담 후세인은 이란 혁명정권을 타도하겠다며 선전포고도 없이 이란을 침공해 왔고, 이 전쟁은 1988년까지 이어졌다. 테헤란에 살고 있던 마리암의 가족들은 이와 같은 역사의 격변 속에서 크고 작은 어려움을 겪어야 했지만, 그럼에도 마리암의 부모님은 세 아이의 학구열을 지지하고 격려해주었다. 특히 마리암의 오빠는 학교에 다녀오면 마

---

*   '페르마의 마지막 정리'를 증명한 앤드루 와일스는 42세에 증명을 완성하는 바람에 필즈상을 받지 못했고, 1998년 국제수학연맹이 수여한 기념 은판을 받았다.

리암에게 과학 시간에 배운 이야기를 들려주며, 어린 마리암에게 지식에 대한 열망을 불어넣었다.

"지금은 상황이 어렵지만, 세상은 계속 바뀌고 있단다. 여자아이도 마리 퀴리처럼 위대한 일을 하거나 훌륭한 업적을 남길 수 있어."

마리암은 책을 좋아하고 상상력이 뛰어난 어린이였다. 부모님의 격려를 받으며, 마리암은 시상이나 정치가 혹은 세계 여러 곳을 여행하는 여자아이가 주인공인 이야기를 만들며 놀았다.

"너는 정말 이야기를 잘 만드는구나. 커서 뭐가 되려는지 모르겠다."

"난 책을 많이 읽을 거예요. 그리고 그런 책들을 쓰는 작가가 되려고요."

작가가 되고 싶었던 소녀 마리암이 초등학교를 졸업할 무렵, 전쟁이 끝났다. 그리고 마리암은 영재들을 대상으로 하는 파르자네한 여자중학교에 추천을 받았다. 시험에 우수한 성적으로 합격한 마리암은 이곳에서 장차 평생의 친구가 되는 로야 베헤슈티와 만난다.

"학교 끝나고 같이 서점에 가지 않을래?"

"너 진짜 책을 좋아하는구나, 마리암."

"찾을 수 있는 모든 책을 읽고 싶어. 갈 거야, 안 갈 거야?"

"갈 거야."

두 소녀는 학교가 끝나면 테헤란의 헌책방을 뒤지며 시간을 보냈다. 마리암은 처음에는 자신이 수학을 그렇게 잘한다고 생각하지 않았다. 일단 로야가 수학에 발군의 재능을 보이는 데다가 마리암은 문제를 천천히 곱씹으며 푸는 바람에 중학교에 입학한 첫해에 수학 교사에게 수학에는 큰 재능이 없는 것 같다는 말을 들었기 때문이었다. 자신의 적성은 글쓰기에 있다고 생각한 마리암은 책을 읽고 글을 쓰는 데 더 몰두했다. 하지만 2학년이 되었을 때, 마리암은 뜻밖의 이야기를 듣게 된다.

"미르자하니는 느리지만 신중하게 문제의 핵심에 접근하고 있구나. 이건 수학을 공부하는 데도 꼭 필요한 재능이야."

새로운 수학 선생님이 해준 그 말에 마리암은 다시 의욕을 얻어 수학 공부에 몰두했다. 그리고 곧 로야 못지않게 뛰어난 성적을 내기 시작했다.

마리암과 로야는 나란히 파르자네한 고등학교로 진학했다. 고등학생이 된 뒤에도 언제나처럼 방과 후에 헌책방을 뒤지던 두 사람은 어느 날 헌책방에서 무척 어려워 보이는 수학 문제를 발견했다.

"수학 올림피아드 문제야."

"남자고등학교에서는 뛰어난 학생들을 모아서 올림피아드 준비를 하기도 한대. 우리가 이걸 풀 수 있을까?"

마리암과 로야는 문제를 풀기 시작했다. 아직 학교에서 배우지 않은 내용이었지만, 마리암은 신중하게 접근해서 그중 세 문제를 해결했다. 로야는 흥분해서 마리암을 이끌고 교장실로 찾아갔다.

"교장 선생님, 저희와 비슷한 수준의 남자고등학교에서는 수학 올림피아드를 준비한다는 말을 들었어요. 남자아이들이 할 수 있는 일이라면, 틀림없이 저희도 할 수 있을 거예요."

파르자네한의 교장은 깜짝 놀랐지만, 곧 로야와 마리암의 말에 귀를 기울였다. 그때까지 이란에서는 한 번도 국제수학올림피아드에 여학생을 출전시킨 적이 없었지만, 교장은 두 사람이 해낼 수 있을 거라고 믿었다. 교장은 두 사람을 위해, 당시 이란에서는 남학생들만 참가하던 국제수학올림피아드를 준비할 수 있도록 특별 수업을 개설해주었다.

"어떤 일의 첫 번째가 되는 걸 두려워하지 마. 너희가 정말로 원하는 것이 있다면, 너희 손으로 얻어낼 수 있어."

교장의 긍정적인 격려의 말을 들으며, 두 사람은 열심히 공부했다. 그리고 1994년 홍콩에서 개최된 국제수학올림피아드에서 마리암은 42점 만점에 41점을 득점하며 금메달을 받았다. 로야는 은메달을 받았다.

"두 사람 모두 대단하구나. 너희는 우리 학교의 자랑이란다."

하지만 마리암은 실수를 한 게 마음에 걸렸다. 마리암은 다음 해인

1995년, 이번에는 캐나다 토론토에서 열린 국제수학올림피아드에 다시 참가했다. 결과는 42점 만점에 42점, 금메달이었다.

마리암의 친구로, 마리암과 함께 이란의 여학생 중 처음으로 국제수학올림피아드에 참가했던 로야 베헤슈티는 현재 워싱턴 대학교의 수학 교수로 있으며, 대수기하학을 연구하고 있다.

· · ·

마리암은 로야와 함께 이란에서 물리학 분야를 선도하는 샤리프 기술대학에 진학했다. 이곳은 재능 있는 학생들이 자유로운 분위기에서 서로 토론하며 성장할 수 있는 학교였다. 이곳에서 여러 학문적 동료를 만난 마리암은 정규 수업 외에도 따로 공부 모임을 만들어 함께 수학을 토론하며 알찬 대학 생활을 보냈다. 특히 이곳의 학과장인 야흐야 타베쉬 교수는 마리암이 한 문제를 여러 방식으로 접근해 본질을 찾아가는 학생이라는 점을 알고, 그 재능을 키울 수 있도록 학부 시절에도 대학원 과정을 수강할 수 있게 해주는 등 자신이 원하는 방식으

§ **로야 베헤슈티 자바레흐**(Roya Beheshti Zavareh, 1977~)

1977년 이란에서 태어났으며, 파르자네한 중학교에서 마리암 미르자하니와 친구가 되었다. 로야와 마리암은 국제수학올림피아드에 참가한 최초의 이란 여학생이었고, 로야는 두 번의 수학올림피아드에서 은메달과 동메달을 수상했다. 로야는 1999년 샤리프 기술대학을 졸업한 뒤 미국으로 유학해 MIT에 진학한다. 이후 2003년, 26세의 나이로 박사 학위를 받았다. 그는 대수기하학자로 막스 플랑크 수학 연구소와 퀸스 대학교, 캘리포니아 대학교에서 근무했으며, 현재 워싱턴 대학교에서 교수로 일하고 있다.

로 공부할 수 있도록 최대한 지원해주었다. 이런 지원 속에서 마리암은 아직 학부생일 때에도 평면기하에 대한 논문을 발표하기도 하고, 슈어 정리에 대한 간단한 증명을 찾아내 미국 수학회의 인정을 받는 등 활발하게 연구를 계속했다.

1999년, 마리암은 이란의 샤리프 기술대학 졸업을 앞두고 진로를 고민하고 있었다. 로야를 비롯한 친구들은 미국의 내학으로 유학을 떠날 준비를 하고 있었다.

"나는 MIT로 갈 거야. 마리암, 너는?"

"아직 못 정했어. 샤흐샤하니 교수님과 진로를 의논해보려고 해."

사리프 대학의 명예교수인 시아바쉬 샤흐샤하니는 고민하는 마리암을 불러 하버드를 추천했다.

"네가 요즘 쌍곡선에 관심이 많다는 걸 안다. 작년에 하버드의 커티스 맥멀런 교수가 쌍곡기하학에 대한 연구로 필즈상을 받았지. 나는 네가 그 젊은 거장에게서 한껏 지식을 흡수하며 자라나면 좋겠구나."

샤흐샤하니의 권유대로 마리암은 하버드에 진학했다. 중학생 때부터 늘 단짝이었던 로야와는 떨어지게 되었지만, 그 쓸쓸함도 잠시였다. 마리암은 커티스 맥멀런 교수의 쌍곡기하학 세미나를 듣고 큰 충격을 받았다.

"쌍곡기하학의 논증을 이렇게 단순하고 우아하게 정리하다니……!"

미국에 갓 도착한 마리암은 아직 영어가 능숙하지 않았지만, 칠판 위에 펼쳐진 맥멀런 교수의 증명을 보며 마음을 빼앗기고 말았다. 마리암은 고향에 대한 그리움도, 로야와 헤어진 쓸쓸함도 잊고 공부에 매달리고, 또 질문했다. 곧 맥멀런 교수는 연구실로 찾아와 자신이 상상한 미지의 수학적 형태와 그 경계를 이루는 곡선에서 어떤 일이 벌어져야 하는지를 설명하며 매우 정교하게 질문을 찾아내는 이 유학생에게 관심을 갖게 되었다.

"자네의 관심사와 맞을 것 같은데, 맥셰인 항등식에 대해 공부해보게."

맥셰인 항등식McShane's identity 은 닫혀 있고 부피가 유한한 도넛 형태, 즉 토러스torus 에서의 쌍곡선 구조에 대한 것이었다. 마리암은 이 문제에 열정적으로 매달렸고, 곧 이 연구를 바탕으로 새로운 논문 주제를 찾아냈다.

2003년, 마리암은 쌍곡선 표면hyperboloid 의 폐쇄 측지선closed geodesic 에 대한 논문과 리만 기하학에 대한 논문 등 세 편의 논문을 발표했는데, 이 논문들은 각각 미국 수학회 학회지와 수학연보, 인벤시오네 마테마티케 등 유명한 학술지에 게재되었다.

"이 사람은 대체 누구야. 마리암 미르자하니?"

"아직 대학원생인데, 수학 분야를 대표할 만한 세 저널에 각각 다른 분야를 연구해서 쓴 논문을 한 편씩 게재하다니!"

"아니, 서로 관련이 없는 분야에 대한 논문 세 편을 쓴 것 같지만, 이건 결국 하나로 연결되는 이야기야."

"아직 젊은 대학원생인데, 세 분야를 연결하는 새로운 연구 분야를 개척하다니. 정말 장래가 촉망되는군."

아직 박사 학위를 받기 전부터 마리암은 유명해졌다. 하버드 대학교는 마리암의 이와 같은 업적을 격려하며 공로 장학금을 수여했다. 다음 해, 마리암은 박사 학위 논문에서 〈모듈라이 공간의 부피에 관한 공식〉을 다루었다. 모듈라이 공간이란 주어진 표면에서 가능한 모든 쌍곡 구조들의 집합을 말하는데, 이 논문에서 마리암은 모듈라이 공간에서 닫힌 측지선의 개수를 구해 소수 정리와 대응하는 것을 증명했다. 한편 이 논문을 통해 마리암은 프린스턴 고등 연구소의 저명한 끈 이론string theory 물리학자 에드워드 위튼이 제기한 추측에 대한 증명을 제시하며, 한 논문으로 두 주제를 동시에 해결한 것은 물론, 쌍곡기하학과 복소해석학, 위상수학, 동역학을 연결해냈다. 이 논문으로 마리암은 2009년, 미국 수학회에서 순수수학 분야의 연구 발전에 큰 공헌을 한 개인에게 수여하는 블루먼솔상을 받았다.

박사 학위를 받은 뒤, 마리암은 클레이 펠로우십을 받아 재정적으로 안정된 상태로 연구를 계속할 수 있었다. 이후 3년여간 클레이 연구소와 프린스턴 대학교를 거치며 마리암은 자유롭게 여행했고, 다른 수학자들과 많은 대화를 나누며 아이디어를 정리하고 발전시켰다. 이 시기에 마리암은 이전처럼 활발하게 논문을 발표하지는 않았다. 어떤 이들은 한가하게 당구를 치며 시간을 보내는 마리암을 걱정하기도 했다.

"괜찮겠어? 지금도 다른 수학자들은 계속 연구를 하고 있을 텐데."

"난 그렇게 번득이는 직관력으로 문제를 해결하는 사람은 아니야. 빠른 속도로 문제를 풀어나가고 논문을 쓰는 쪽은 아니지. 말하자면 나는 느린 수학자라고도 할 수 있는데, 지금 내가 붙잡고 있는 것은 일종의 난제야. 하지만 그런 난제를 계속 붙잡고 몰입하다 보면, 내 안에서 어느 순간 문제의 전혀 다른 측면을 보게 돼. 그러니까 나는, 나의 속도대로 이 문제들을 좀 더 톺아볼 거야."

사실 마리암이 당구를 치는 것은 단순히 시간을 때우기 위해서만은 아니었다. 마리암은 연구 동료인 알렉스 에스킨과 함께 당구를 치며, 다각형 테이블에서의 당구공의 궤적에 대해 계속 토론해나갔다. 이 토론은 몇 년 뒤인 2013년, 논문으로 발표되었다.

한편 이 무렵 마리암은 체코 출신의 컴퓨터 공학자 얀 본드락과 만나 결혼했다. 마리암은 사람들과 만나 느긋한 시간을 보내는 것처럼 보였지만, 이후 발표될 수많은 아이디어가 이 기간에 마리암의 내면에서 싹을 틔우고 충분히 뿌리를 뻗어나가고 있었다.

이후 마리암은 스탠퍼드에서 강의를 하는 한편, 다시 쌍곡선과 모듈라이 공간 등에 대한 연구를 계속하고, 자신의 연구를 동역학과 연관 지어 역학 시스템의 통계적 특성을 연구하는 에르고딕 이론에 대한 논문들도 발표하는 등 활발하게 연구를 했다. 계수 공간에서의 닫힌 측지선에 대한 논문을 발표했던 2011년에는 딸인 아나히타가 태어났다. 마리암은 집에서는 아나히타를 돌보면서도 커다란 전지 크기의 종이를 바닥에 펼쳐놓고 무릎을 꿇고 엎드린 채 수학 문제를 풀곤 했다. 이렇게 마리암은 여러 분야의 연구들을 연관 지어 새로운 연구 분야를 만들고, 일과 가정을 양립하면서도 계속 훌륭한 논문들을 발표했다. 하지만 불행이 찾아왔다. 마리암이 유방암에 걸린 것이다.

"나는 연구도 계속해야 하고, 이렇게 빨리 아나히타와 얀의 곁을 떠날 생각도 없어."

마리암은 열심히 치료에 임했다. 회복 중이던 마리암은 수학 연구에 있어 탁월한 공헌을 한 여성 수학자에게 수여되는 새터상을 받았다. 그리고 뒤이어 필즈상 수상 소식이 들려왔다. 2014년 8월, 마리암 미르자하니는 서울에서 열린 세계수학자대회에서 리만 곡면Riemann surface과 그 모듈라이 공간에서의 역학과 기하학에 대한 탁월한 공헌을 인정받아 필즈상을 받았다. 마리암은 상을 받게 되어 기뻤지만, 필즈상을 받은 최초의 여성 수학자인 자신에게 쏟아질 관심이 걱정되기도 했다.

"괜찮아요, 마리암. 우리가 도와줄게요."

당시 국제수학연맹의 회장이었던 잉그리드 도브시는 아직 병에서 완쾌되지 않은 마리암이 언론의 지나친 관심을 부담스러워한다는 것을 알고 있었다. 도브시는 다른 여성 수학자들과 협력해 'M.M.Shield'라는 팀을 짜서, 언제나 최소한 두 명은 마리암의 곁에 있도록 하고, 언론의 인터뷰와 출연 요청 등에서 그를 최대한 보호했다.

마리암은 2015년에는 프랑스 과학한림원의 외국인 회원과 미국 철학학회의 회원으로 선출되고, 2016년에는 미국 국립 과학 아카데미의 일원이 되었다. 그뿐만 아니라 이 무렵 마리암은 타이히뮐러 역학에 관한 이론 내에서의 기하학 연구도 계속하고 있었다 이 연구는 우주가 어떻게 존재하게 되었는지에 대한 이론물리학 연구나 소수와 암호화 연구와도 연결되는 중요한 연구였다.

하지만 젊은 나이에 마치 폭발하는 초신성처럼 수학계에 명성을 떨치며 위대한 업적들을 쌓아 올린 이 수학자는, 끝내 암에 패배하고 말았다. 2016년, 암이 골수와 간으로 전이된 것이 발견되며, 마리암은 다시 투병을 시작할 수밖에 없었다. 그리고 2017년, 마리암 미르자하니는 고작 마흔 살, 수학자의 창의력이 절정에 달한다는 나이에 애석하게도 세상을 떠났다.

마리암이 세상을 떠나자 이란의 여러 신문은 이란 여성의 머리카락이 노출된 사진을 싣지 않는다는 금기를 깨고 머리카락이 드러난 마리암의 사진들을 실으며 이 소식을 알렸다. 한편 이란의 입법기관에서는 마리암의 딸인 아나히타처럼 외국인과 결혼한 이란 여성의 자녀들에게도 이란 국적을 부여하는 법 개정을 촉구하기도 했다.

마리암 미르자하니가 세상을 떠난 뒤, 미국 국립 과학 아카데미는 미국 수학회 100주년을 기념해 제정된 아카데미 수학상의 명칭을 마리암 미르자하니 수학상으로 바꾸었다. 2019년에는 매년 수학 분야에서 뛰어난 성과를 낸 여성 학자에게 수여되는 마리암 미르자하니 뉴프론티어 상이 만들어졌다. 2020년 유엔 여성기구는 세상을 이끈 여성 과학자 가운데 한 명으로 마리암 미르자하니를 선정했다. 그리고 소행성 321357에 마리암의 이름을 따서 미르자하니라는 이름이 붙었다.

· · ·

마리암 미르자하니는 탁월한 수학자였다. 하지만 그가 필즈상을 수상한 최초의 여성 수학자가 된 것은 그가 다른 여성들과 달랐기 때문이라고는 할 수 없다.

지금은 여학생이 수학을 공부하는 것이 당연해졌고, 학교에서 여학생이 남학생보다 수학을 잘하는 것이 전혀 이상하지 않지만, 수년 전만 해도 수학을 잘하는 것은 '남성적인' 일로 여겨졌으며, 수학을 잘하는 여학생은 별종 취급을 받기도 했다. 그보다 더 이전에는 여성이 수학을 공부하는 문화 자체가 존재하지 않았던 경우도 많았다. 만약 이란에 혁명이 일어나지 않았다면, 그리고 이란이 이라크에게 패배했다면, 마리암 미르자하니는 수학을 공부할 기회를 애초에 갖지 못했을지도 모른다.

또한 필즈상은 40세 미만의 수학자에게 수여되는데, 이 시기는 여성 수학자가 결혼을 하고 아이를 낳아 기르는 시기와 종종 겹치곤 한다. 결혼과 육아 혹은 가족 때문에 연구를 포기하거나 학위 과정을 포기하는 경우도 있고, 이 시기가 지난 뒤에 다시 연구로 돌아와 끝내 업적을 남기는 여성들도 있지만 이들은 나이 제한에 걸리고 만다. 어쩌면 이와 같은 제약들 때문에 21세기가 되고도 14년이 더 지난 뒤에야 여성 수학자가 필즈상을 받을 수 있었는지도 모른다.

한편 필즈상 수상 후 열린 기자회견에서 마리암 미르자하니는 수학을 공부하려는 학생들을 향해 가장 중요한 조언을 남겼다.

"수학을 하는 데 있어 중요한 것은 재능이 아닙니다. '내가 재능이 있다'고 느끼는 것이죠. 자신의 안에 깃들어 있는 창조성을 발현해줄 자신감을 가지는 게 가장 중요합니다. 대부분의 사람은 창조적인 생각을 할 수 있는 재능이 있으니, 이를 발현할 자신감이 필요해요. 청소년들, 특히 여학생들은 수학에 대한 자신감이 부족한 경우가 많습니다. 하지만 내가 무언가를 할 수 있다는 믿음 없이는 이룰 수 없어요. 스스로를 믿어주기 바랍니다."

참고문헌

도서

김민형,《수학이 필요한 순간》, 인플루엔셜(주), 2018.

김빛내리 외 4명,《과학하는 여자들》, 메디치미디어, 2016.

달렌 스틸, 김형근 옮김,《시대를 뛰어넘은 여성 과학자들》, 양문, 2008.

더멋 튜링, 김의석 옮김,《계산기는 어떻게 인공지능이 되었을까》, 한빛미디어, 2019.

레일라 슈넵스 · 코랄리 콜메즈, 김일선 옮김,《법정에 선 수학》, 아날로그(글담), 2020.

사이먼 싱,《페르마의 마지막 정리》, 영림카디널, 2014.

시드니 파두아, 홍승효 옮김,《에이다 당신이군요 최초의 프로그래머》, 곰출판, 2017.

양재현,《20세기 수학자들과의 만남》, 경문사(경문북스), 2004.

월터 아이작슨, 정영목 · 신지영 옮김,《이노베이터》, 오픈하우스, 2015.

이강영,《스핀》, 계단, 2018.

이상구,《한국 근대수학의 개척자들》, 사람의무늬, 2013.

이숙인,《또 하나의 조선》, 한겨레출판, 2021.

이혜순 · 정하영,《한국고전 여성작가 연구》, 태학사, 1999.

장혜원,《조선 수학》, 경문사(경문북스), 2006.

차이톈신, 박소정 옮김,《세계사가 재미있어지는 20가지 수학이야기》, 사람과나무사이, 2021.

칼 B. 보이어 · 유타 C. 메르츠바흐, 양영오 · 조윤동 옮김,《수학의 역사 (상)》, 경문사(경문북스), 2000.

칼 B. 보이어 · 유타 C. 메르츠바흐, 양영오 · 조윤동 옮김,《수학의 역사 (하)》, 경문사(경문북스), 2000.

코둘라 톨민, 김혜숙 옮김,《불꽃처럼 살다간 러시아 여성 수학자》, 시와진실, 2003.

클레어 L. 에반스, 조은영 옮김, 《세상을 연결한 여성들》, 해나무, 2020.

Lisa Yount, *A to Z of Women in Science and Math*, Inforbase Publishing, 2007

Rosanne Welch, *Technical Innovation in American History: An Encyclopedia of Science and Technology*, ABC-CLIO, 2019

Minjia Shi et al, *Codes and Modular Forms: A Dictionary*, World Scientific Publishing Company, 2019

논문

노선숙(2008), 〈여성 수학자 에미 뇌터의 수학적 삶의 역사〉, 《한국수학사학회지》, 21(4), 19-48.

이경언(2014), 〈조선시대 수학과 수학자에 대한 역사 드라마〉, 《한국콘텐츠학회논문지》, 14(7), 93-102.

최은아(2013), 〈조선산학의 교수학적 분석〉, 서울대학교 대학원 수학교육과.

Elon Lindenstrauss et al(2019), In Memory of Marina Ratner 1938–2017, *Notices of the American Mathematical Society*, 66(03)

Ethel W. McLemore(1979), Past Present (we) - Present future (you), *AWM Newsletter*, 9(6)

Moira Chas(2019), The Extraordinary Case of the Boole Family, *Notices of the American Mathematical Society*, 66(11), 1853-1866

通堂あゆみ・永島広紀(2019), 京城帝国大学に学んだ女子学生: 制度的な前提とその具体事例, "韓国研究センター年報", 19, 43-65

신문 기사 및 웹사이트

HelloDD, "독일 지속성장 비결…큰문화 이룬 수학", 2014.8.27., www.hellodd.com/news/articleView.html?idxno=49801

Horizon, "2019년 아벨상 수상자 캐런 울렌벡", 2019.6.21., horizon.kias.re.kr/10071

NCSOFT, "SCIENCE to the Future #5 변치 않는 진리를 찾는 수학자, 최영주",

2020.06.01., blog.ncsoft.com/science-to-the-future-05-20200528

POSTECH, "Professional Experience (selective) 최영주", 2021.8.26., yjchoie. postech.ac.kr/index.php/professional-experience-selective

SBS news, "[취재파일] 세계적 수준 이르렀던 조선시대 수학자들", 2014.08.12., news. sbs.co.kr/news/endPage.do?news_id=N1002533024&plink=COPYPASTE&cooper =SBSNEWSEND&plink=COPYPASTE&cooper=SBSNEWSEND

ScienceON, "도브시 국제수학연맹 회장 "수학을 문화로 만들어야"", 2014.8.5., scienceon.kisti.re.kr/srch/selectPORSrchTrend.do?cn=SCTM00127034

SK hynix NEWSROOM, "반도체인명사전", news.skhynix.co.kr/tag/반도체인명사전

TED, "NASA 최초의 소프트웨어 기술자 - 매트 포터, 마거릿 해밀턴", www.ted.com/ talks/matt_porter_and_margaret_hamilton_nasa_s_first_software_engineer_margaret_ hamilton/transcript?language=ko

VOA, "[인물 아메리카] 미국 우주 개발의 숨은 공로자, 캐서린 존슨", 2020.9.4., www. voakorea.com/a/episode_katherine-johnson-220621/6025314.html

Whastic, "Roya Beheshti Zavareh – The Binary Star", 2020.09.21., podcasts. whastic.com/featurettes/roya-beheshti-zavareh

WISET(한국여성과학기술인육성재단, "[2021 She Did it 캠페인 #27] 포항공대 수학과 최영주 교수", 2021.4.23., blog.naver.com/wisetter/222320017405

WISET한국여성과학기술인육성재단, "수학 '정수론' 대표학자 포항공대 최영주 교수", 2021.5.12., www.youtube.com/watch?v=NHLeDRtZAeg

World Meeting for Woman in Mathematics 2018, "Maryam Mirzakhani", 2018. worldwomeninmaths.org/maryam-mirzakhani.html

Yale News, "Hee Oh designated the Abraham Robinson Professor of Mathematics", 2015.4.6., news.yale.edu/2015/04/06/hee-oh-designated-abraham-robinson-professor-mathematics

Yale Scientific, "Hee Oh: Coming Full Circle", 2020.11.26., www.yalescientific. org/2020/11/hee-oh-coming-full-circle

YTN, ""도브시처럼"...젊은 여성수학자들이 모였다", 2012.07.16., www.ytn.co.kr/_ ln/0105_201207160013430875

ZDNET, "히든 피겨스' 캐서린 존슨 별세…"우주 가는 길 열고 떠났다'", 2020.02.25., zdnet.co.kr/view/?no=20200225142750

경기일보, "[실학, 조선의 재건을 꿈꾸다] 여성 수학자 영수합 서씨의 '산학계몽(算學啓蒙)'", 2017.5.29., www.kyeonggi.com/news/articleView.html?idxno=1357831

고대신문, "밀접한 기하학과 해석학… 서로의 방법으로 응용돼", 2019.5.8., www.kunews.ac.kr/news/articleView.html?idxno=30344

대학신문, "엄격한 교수자격, 정부의 간섭없는 연구소 지원", 2003.11.15., www.snunews.com/news/articleView.html?idxno=498

동아사이언스, "[주말N수학] 수학과 물리학을 잇는 다리를 건설하다", 2019.5.25., dongascience.donga.com/news.php?idx=28742

동아사이언스, "NASA본부 흑인여성 엔지니어 '메리 잭슨 본부'로 개명…영화 '히든피겨스' 두 번째 주인공", 2021.2.28., dongascience.donga.com/news.php?idx=44347

동아사이언스, "여성 필즈상 수상자 '마리암 미르자카니' 미국 스탠퍼드대 교수 별세", 2017.7.16., dongascience.donga.com/news.php?idx=18972

동아사이언스, "한국 수학계도 36년만에 유리천장 깨졌다", 2018.10.3., www.dongascience.com/news.php?idx=24247

매일경제, "여성인재 요람 경기여고 15일 100주년", 2008.10.14., www.mk.co.kr/news/society/view/2008/10/628813

매일경제, "예일대 수학과 '금녀의 벽' 뚫은 한인교수", 2013.5.29., www.mk.co.kr/news/society/view/2013/05/417655

매일경제, "최영주 포스텍 교수, 수학을 IT에 접목한 세계적 석학", 2008.12.24., www.mk.co.kr/news/it/view/2008/12/779559

사이언스타임즈, "과학자의 명언과 영어공부(44)", 2007.1.4., www.sciencetimes.co.kr/news/%EA%B3%BC%ED%95%99%EC%9E%90%EC%9D%98-%EB%AA%85%EC%96%B8%EA%B3%BC-%EC%98%81%EC%96%B4%EA%B3%B5%EB%B6%8044

사이언스타임즈, "우주궤도 비행을 성공시킨 나사의 숨겨진 인물들", 2021.5.17., www.sciencetimes.co.kr/news/우주궤도-비행을-성공시킨-나사의-숨겨진-인물들

사이언스타임즈, "이란의 수학 천재, 미르자카니", 2016.12.12., www.sciencetimes.co.kr/

news/이란의-수학-천재-미르자카니

사이언스타임즈, "지난 45년 달 밟은 인간 없었다", 2017.1.26., www.sciencetimes.co.kr/news/%EC%A7%80%EB%82%9C-45%EB%85%84-%EB%8B%AC%EC%9D%84-%EB%B0%9F%EC%9D%80-%EC%9D%B8%EA%B0%84%EC%9D%80-%EC%97%86%EC%97%88%EB%8B%A4

서울신문, "[박형주 세상 속 수학] 미술 작품 위작 가려내기", 2016.6.14., www.seoul.co.kr/news/newsView.php?id=20160615030001

성균관대학교 수학과 대수학 연구실, "李林學박사와의 대담(大韓數學會史 1권)", 2008, matrix.skku.ac.kr/KMS/KMS-Ree-1996.htm

수학동아, "수학, 잠든 그림에 숨결을 넣다", 2016.11., dongascience.donga.com/news.php?idx=14435

여성신문, "달 착륙 50주년… '위대한 도약' 이끈 여성 과학자들", 2019.7.24., www.womennews.co.kr/news/articleView.html?idxno=191900

전북도민일보, "유한당 홍원주(幽閒堂 洪原周)의 그리운 차 향기", 2018.08.19., www.domin.co.kr/news/articleView.html?idxno=1208262

전자신문, "[역사속 과학, 이번주엔]미국 최초 유인위성 '프렌드십 7호' 비행", 2015.2.15., www.etnews.com/20150213000115

중앙일보, "1701년 설립 미 예일대 수학과 한국인 오희 첫 여성 종신교수에", 2013.5.30., www.joongang.co.kr/article/11662423

중앙일보, "조상들, 세종대에 10차 방정식까지 풀었다", 2007.3.2., news.joins.com/article/2649927

프레시안, "POSTECH 최영주 교수, 수학 분야 최고 권위 저서 잇달아 출간", 2020.1.8., www.pressian.com/pages/articles/273171?no=273171

한겨레, "중간고사 때 답안 대신 쓴 '학생운동 이유서'가 내 운명 바꿨죠", 2013.6.17., www.hani.co.kr/arti/society/society_general/592152.html

Agnes Scott College, "Biographies of Women Mathematicians", 2021.9.18., www.agnesscott.edu/lriddle/women/women.htm

AMS, "Shining a Light on a Hidden Figure: Dorothy Hoover", 2020.3., www.ams.org/journals/notices/202003/rnoti-p368.pdf

Ancient Origin, "Theano - A Woman Who Ruled the Pythagoras School", 2016.5.26., www.ancient-origins.net/history-famous-people/theano-woman-who-ruled-pythagoras-school-005965

Association for Women in Mathematics(AWM), awm-math.org

BIOGRAPHY, "Mary Jackson Biography", 2016.12.6., www.biography.com/scientist/mary-winston-jackson

Celebratio Mathematica, celebratio.org

Encyclopædia Britannica, www.britannica.com

futurism, "Margaret Hamilton: The Untold Story of the Woman Who Took Us to the Moon", 2016.7.21., futurism.com/margaret-hamilton-the-untold-story-of-the-woman-who-took-us-to-the-moon

Heritage History, www.heritage-history.com

MacTutor, "MacTutor History of Mathematics Archive", mathshistory.st-andrews.ac.uk

MIT Press, "Maryam Mirzakhani, Fields medalist", 2014.8.20., mitpress.mit.edu/blog/maryam-mirzakhani-fields-medalist

NASA, "Dorothy Vaughan Biography", 2017.8.4., www.nasa.gov/content/dorothy-vaughan-biography

NASA, "Katherine Johnson Biography", 2020.2.25., www.nasa.gov/content/katherine-johnson-biography

NASA, "Mary W. Jackson Biography", 2021.2.9., www.nasa.gov/content/mary-w-jackson-biography

NASA, "Who Was Katherine Johnson?", 2020.2.24., www.nasa.gov/audience/forstudents/k-4/stories/nasa-knows/who-was-katherine-johnson-k4

National Academy of Science, "Maryam Mirzakhani Prize in Mathematics", www.nasonline.org/programs/awards/mathematics.html

nautilus, "The Woman the Mercury Astronauts Couldn't Do Without, 2016.12.1., nautil.us/issue/43/Heroes/the-woman-the-mercury-astronauts-couldnt-do-without

NPR, "'Hidden Figures': How Black Women Did The Math That Put Men On The Moon", 2016.9.25., www.npr.org/2016/09/25/495179824/hidden-figures-how-black-women-did-the-math-that-put-men-on-the-moon

PBS, "Art Authentication", 2008.07.02., www.pbs.org/wgbh/nova/tech/art-authentication.html

quantamagazine, "A Tenacious Explorer of Abstract Surfaces", 2014.8.12., www.quantamagazine.org/maryam-mirzakhani-is-first-woman-fields-medalist-20140812

ScienceDirect, "Historia Mathematica", www.sciencedirect.com/journal/historia-mathematica

Stanford, "Maryam Mirzakhani, Stanford mathematician and Fields Medal winner, dies", 2017.7.15., news.stanford.edu/2017/07/15/maryam-mirzakhani-stanford-mathematician-and-fields-medal-winner-dies

The EDGE Program, "EDGE: A Program for Women in Mathematics", www.edgeforwomen.org

The Engines of Our Ingenuity, uh.edu/engines

The Indian Express, "Prime Number: Women mathematicians speak about surviving in a man's world", 2014.8.24., indianexpress.com/article/lifestyle/prime-number-women-mathematicians-speak-about-surviving-in-a-mans-world

The Seattle Times, "Margaret Hamilton's sister shares her memories as Seattle's seniors celebrate the 50th anniversary of the moon landing", 2019.7.20., www.seattletimes.com/life/margaret-hamiltons-sister-shares-her-memories-as-seattles-seniors-celebrate-the-50th-anniversary-of-the-moon-landing

The Wall Street Journal, "Apollo 11 Had a Hidden Hero: Software", 2019.7.14., www.wsj.com/articles/apollo-11-had-a-hidden-hero-software-11563153001

theundefeated, "Don't forget Dorothy Hoover, another hidden treasure once lost to black history", 2017.2.24., theundefeated.com/features/dorothy-hoover-black-history-hidden-figures

Tynker, "Margaret Hamilton, Lead Software Engineer for NASA's Apollo 11 Mission", www.tynker.com/blog/articles/ideas-and-tips/margaret-hamilton-leadsoftware-engineer-for-nasas-apollo-11-mission/

Tan, S. L., Whittal, A., Lippke, S. (2018). 《Associations among Sleep, Diet, Quality of Life, and Subjective Health》. *Health Behavior and Policy Review*, 5(2), 46-58.

✦ 묻고 답하다

소설이 묻고 과학이 답하다
소설 읽는 봉구의 과학 오디세이

민성혜 지음 | 유재홍 감수 | 값 12,000원
2011년 문화체육관광부 교양도서
2011년 행복한아침독서 청소년 추천도서

소설이 묻고 철학이 답하다
문득 당연한 것이 궁금해질 때 철학에 말 걸어보는 연습

박연숙 지음 | 13,500원
2018년 세종도서 교양 부문 선정
2018~2019년 학교도서관저널 청소년 추천도서
2019년 행복한아침독서 청소년 추천도서

역사가 묻고 지리가 답하다
지리 선생님이 들려주는 우리 땅, 우리 역사 이야기

마경묵, 박선희 지음 | 14,000원
2019년 세종도서 교양 부문 선정
2019년 행복한아침독서 추천도서 선정

✦ 십대에게 들려주고 싶은 이야기

세상이 던지는 질문에 어떻게 답해야 할까?

생각의 스펙트럼을 넓히는 여덟 가지 철학적 질문

페르난도 사바테르 지음 | 장혜경 옮김 | 14,000원
2012년 한국출판문화산업진흥원 청소년 추천도서
2012년 인디고서원 추천도서

십대에게 들려주고 싶은 우리 땅 이야기

지리 선생님과 함께 떠나는 통합교과적 국토 여행

마경묵, 박선희, 이강준, 이진웅, 조성호 지음 | 13,000원
2014년 학교도서관저널 청소년 추천도서
2014년 행복한아침독서 청소년 추천도서

십대에게 들려주고 싶은 밤하늘 이야기

에밀리 윈터번 지음 | 이중호 옮김 | 15,000원
2015년 한국과학창의재단 우수과학도서 선정
2015년 행복한아침독서 추천도서

일상적이고 감성적인 물리학 이야기

우주의 법칙이 나를 위해 움직이게 하는 방법

크리스틴 맥킨리 지음 | 박미용 옮김 | 14,500원
2016년 학교도서관저널 추천도서
2016년 행복한아침독서 청소년 추천도서

✦ 십대에게 들려주고 싶은 이야기

지금 놀러 갑니다, 다른 행성으로
호기심 많은 행성 여행자를 위한 우주과학 상식
올리비아 코스키, 야나 그르세비치 지음
김소정 옮김 | 17,000원
2019년 학교도서관저널 청소년 추천도서
2019년 행복한아침독서 추천도서

고전적이지 않은 고전 읽기
읽기는 싫은데 왜 읽는지는 궁금하고
다 읽을 시간은 없는 청소년을 위한
박균호 지음 | 14,000원
2019년 세종도서 교양 부문 선정
2019년 대한출판문화협회 청소년 교양도서
2020년 행복한아침독서 청소년 추천도서

SF는 인류 종말에 반대합니다
'엉뚱한 질문'으로 세상을 바꾸는 SF 이야기
김보영, 박상준 지음 | 이지용 감수 | 14,800원
2019년 대한출판문화협회 청소년 교양도서
2019년 도깨비책방 추천도서
2019년 행복한아침독서 청소년 추천도서
2019년 학교도서관저널 청소년 추천도서
2021년 전국독서새물결모임 추천도서

수학의 눈으로 보면 다른 세상이 열린다
영화와 소설, 역사와 철학을 가로지르는 수학적 사고법
나동혁 지음 | 14,800원
2020년 학교도서관저널 청소년 추천도서

수업 시간에 들려주지 않는 돈 이야기
성인이 되기 전 꼭 알아야 할 일상의 경제
윤석천 지음 | 14,500원
경기중앙교육도서관 추천도서

감수자 **이기정**

연세대 수학과를 졸업하고, 미국 미네소타 대학에서 수학 박사 학위를 받았다. 현재 아주대학교 수학과 교수로 재직 중이다.

그림 **다드래기**

호기심이 많은 만화가. 언제나 새로운 탐구생활을 하고 있다. 《달댕이는 10년차》, 《거울아 거울아》, 《안녕 커뮤니티》, 《혼자 입원했습니다》를 만들었다.

우리가 수학을 사랑한 이유

초판 1쇄 발행 2021년 11월 8일
초판 4쇄 발행 2023년 11월 21일

지은이 • 전혜진
감수 • 이기정

펴낸이 • 박선경
기획/편집 • 이유나, 지혜빈, 김선우
홍보/마케팅 • 박언경, 황예린
표지 디자인 • 조성미
일러스트 • 다드래기
본문 디자인 • 디자인원
제작 • 디자인원(031-941-0991)

펴낸곳 • 도서출판 지상의책
출판등록 • 2016년 5월 18일 제2016-000085호
주소 • 경기도 고양시 일산동구 호수로 358-39 (백석동, 동문타워 I) 808호
전화 • 031)967-5596
팩스 • 031)967-5597
블로그 • blog.naver.com/kevinmanse
이메일 • kevinmanse@naver.com
페이스북 • www.facebook.com/galmaenamu
인스타그램 • www.instagram.com/galmaenamu.pub

ISBN 979-11-91842-06-7/43410
값 16,500원